U0151657

中国海洋装备发展报告

中国海洋装备工程科技发展战略研究院　编著

上海交通大学出版社
SHANGHAI JIAO TONG UNIVERSITY PRESS

内容提要

本书以年度为时间单位,对中国与世界海洋装备领域的现状与发展态势展开分析和预测,以专业角度、专家视野和实证研究方法,分析研究海洋装备各重点领域年度发展情况,综合阐述国内外年度海洋装备领域重要突破及标志性成果,为我国相关从业人员准确把握海洋装备领域发展趋势提供参考,为我国制定海洋装备科技发展战略提供支撑。

图书在版编目(CIP)数据

中国海洋装备发展报告/ 中国海洋装备工程科技发展战略研究院编著. —上海:上海交通大学出版社,2021.11
ISBN 978-7-313-24260-0

Ⅰ.①中… Ⅱ.①中… Ⅲ.①海洋工程-工程设备-研究报告-中国 Ⅳ.①P75

中国版本图书馆 CIP 数据核字(2021)第 115947 号

中国海洋装备发展报告
ZHONGGUO HAIYANG ZHUANGBEI FAZHAN BAOGAO

编 著:中国海洋装备工程科技发展战略研究院
出版发行:上海交通大学出版社　　　　　　　　　　地　址:上海市番禺路 951 号
邮政编码:200030　　　　　　　　　　　　　　　　电　话:021-64071208
印　制:当纳利(上海)信息技术有限公司　　　　　经　销:全国新华书店
开　本:787 mm×1092 mm　1/16　　　　　　　　印　张:18.25
字　数:416 千字
版　次:2021 年 11 月第 1 版　　　　　　　　　　印　次:2021 年 11 月第 1 次印刷
书　号:ISBN 978-7-313-24260-0
定　价:68.00 元

版权所有　侵权必究
告读者:如发现本书有印装质量问题请与印刷厂质量科联系
联系电话:021-31011198

编 委 会

顾　问　潘云鹤　陈明义　马德秀

主　编　林忠钦

副主编　吴有生　周守为　李家彪　李华军　邱志明　张　偲
　　　　朱英富　金东寒　曾恒一　何　琳　杨德森

编　委（以姓氏笔画为序）

　　　　丁德文　马德秀　方银霞　王传荣　王树青　王　毅
　　　　包张静　付　强　冯景春　朱英富　刘世禄　陈巍旻
　　　　陈明义　何　琳　李家彪　李华军　李清平　邱志明
　　　　吴有生　吴　刚　杨德森　杨志峰　杨建民　张　偲
　　　　张相木　林忠钦　金东寒　金建才　金燕子　范　模
　　　　周守为　周建平　胡可一　胡　震　柳存根　崔东华
　　　　盛焕烨　曾恒一　潘云鹤

编委工作组

　　　　柳存根　方　梅　郑　洁　王欣月　曾晓光　赵羿羽
　　　　程　兵　王叶剑　杜君峰　孟祥尧　何　翼　祝振昌

前　言

....

随着人类利用海洋活动的不断深入,海洋已成为各国提高综合国力、争夺战略优势的制高点。我国是一个海陆兼备的大国,经略海洋,事关经济社会长远发展和国家安全大局。国家先后提出"建设海洋强国""海上丝绸之路""陆海统筹"等战略方向,做出"海洋是高质量发展战略要地"等重要论断,为新时代海洋事业发展提供了行动指引。海洋环境的特殊性决定了人类探索认识海洋、开发利用海洋资源、保护海洋环境、维护国家海洋安全等一切海上活动,必须依赖相应的海洋装备和技术。可以说,谁拥有先进的装备和技术,谁就能够在未来的海洋开发中占据优势。

海洋装备是高度集成化的新兴战略产业,市场和资源"两头在外"特征明显。海洋装备行业的上下游产业链较长,涉及领域众多,长期以来力量分散、信息多元。作为长期从事海洋装备领域的研究者,我们清楚地认识到海洋装备产业和行业正面临历史性的转折,世界政治、经济、科技格局都发生了深刻的变化。中国在实现国内经济持续稳定发展的同时,谋求由海洋大国向海洋强国的转变。海洋装备是国家海洋强国战略目标的核心支撑力所在,我国海洋装备走上高水平自立和高质量发展的道路,提升原始创新能力,集中力量攻克"卡脖子"问题,改变目前技术空心化严重的局面。

带着这样的思考和使命感,我们开始构思编撰海洋装备行业的首本《中国海洋装备发展报告》一书,希冀打造成为权威资讯产品。本书聚焦海洋运载装备、海洋油气开发装备、深海矿产资源开发装备、海洋渔业装备、深海生物资源开发装备、深海环境生态保护装备、海洋科考装备、海洋可再生能源开发装备、海洋施工装备、海洋装备配套设备这十大重点领域,以专业角度、专家视野和实证研究方法,按全球海洋装备的发展态势和国内海洋装备的发展现状分别展开叙述,全面、系统、综合梳理海洋装备各个领域年度发展情况、重要突破及标志性成果,阐明未来海洋装备及相关产业发展的趋势和方向。希望本书的出版能对海洋装备行业相关人员有所裨益,为推进海洋装备行业的发展尽绵薄之力,也为国家制定海洋装备发展战略提供支撑。

本书的出版是多位院士和数百名专家学者努力的结果,是集体智慧的结晶。在项目研究和文稿撰写过程中,得到中国工程院"海洋装备发展战略研究"和"海洋装备发展分析与对策研究"两个咨询项目的大力支持,承蒙各位专家、学者提出宝贵意见和建议,相关海洋装备研究机构和企业单位也给了我们不遗余力的帮助,在此一并表示衷心的感谢。

由于海洋装备涉及的专业领域和范围较为广泛,加之项目研究所限,不当或疏漏之处在所难免,敬请广大读者批评指正。

中国海洋装备工程科技发展战略研究院

2021 年 5 月

目 录

综 合 篇

政　策　篇

领　域　篇

展　望　篇

综合篇

第一章 海洋装备总论

海洋是人类生存和发展的重要空间,是人类可持续发展的战略资源宝库,在当今世界政治、军事、经济、社会等领域的地位与作用越来越突出。海洋环境的特殊性和复杂性,决定了海上的一切活动必须依赖相应的技术和装备。海洋装备作为必要的手段和基础的支撑,对认识海洋、开发海洋和保护海洋起着不可或缺的关键作用。

一、海洋产业及装备的发展历程

人类开发利用海洋资源已有数千年历史,这与海洋装备的发展历史有密不可分的关系。人类对海洋的探索与开发都是伴随着包括造船技术、海洋工程技术等在内的海洋装备技术的进步而不断深化的。

(一) 海洋产业的发展历程

海洋装备是人类从事各种海洋活动必不可缺的手段,海洋装备业本身涵盖了海洋产业及海洋相关产业的多个大类。根据《海洋及相关产业分类》(GB/T 20794—2006)的定义:海洋产业,指开发、利用和保护海洋所进行的生产和服务活动,包括海洋渔业、海洋油气业、海洋矿业、海洋盐业、海洋化工业、海洋生物医药业、海洋电力业、海水利用业、海洋船舶工业、海洋工程建筑业、海洋交通运输业、滨海旅游等主要海洋产业,以及海洋科研教育管理服务业。海洋相关产业,指以各种投入产出为联系纽带,与主要海洋产业构成技术经济联系的上下游产业,涉及海洋农林业、海洋设备制造业、涉海产品及材料制造业、涉海建筑与安装业、海洋批发与零售业、涉海服务业等。

根据《第一次全国海洋经济调查海洋及相关产业分类》,目前我国海洋产业包括 24 个大类(见表 1-1)、83 个中类、282 个小类,海洋相关产业包括 10 个大类(见表 1-2)、45 个中类、134 个小类。

同时,海洋产业需求的不断升级又推动着海洋装备更新迭代的发展。起初,海洋装备与技术从人类航海、捕捞产生,逐渐形成了海洋渔业、海洋盐业和海洋运输业等传统的海洋开发产业;随后,伴随着科技和认识水平的显著发展尤其是海洋装备的快速升级,海洋运输、海洋捕捞等发展成为成熟海洋产业;随着人类对矿物资源、能源的需求不断增加,新兴的海洋开发产业逐渐形成,催生了海洋油气开发业、海水增养殖业、海水直接利用和盐化工业、航运业、滨海旅游业等产业。而这些新兴的产业需求推动着人类不断深入海洋进

表 1-1　海洋产业的 24 个大类

序号	大　类	序号	大　类	序号	大　类
1	海洋渔业	9	海洋和生物制品业	17	海洋管理
2	海洋水产品加工业	10	海洋工程建筑业	18	海洋技术服务
3	海洋油气业	11	海洋可再生能源利用业	19	海洋信息服务
4	海洋矿业	12	海水利用业	20	涉海金融服务业
5	海洋盐业	13	海洋交通运输业	21	海洋地质勘探业
6	船舶船舶工业	14	海洋旅游业	22	海洋环境监测预报服务
7	海洋工程装备制造业	15	海洋科学研究	23	海洋社会团体与社会组织
8	海洋化工业	16	海洋教育	24	海洋文化产业

表 1-2　海洋相关产业的 10 个大类

序号	大　类	序号	大　类
1	海洋农、林业	6	海洋新材料制造业
2	涉海设备制造	7	涉海建筑与安装
3	海洋仪器制造	8	海洋产品批发
4	涉海产品再加工	9	海洋产品零售
5	涉海原材料制造	10	涉海服务

行探索,从而不断提升海洋资源利用能力,这也是海洋装备工程与技术迭代升级的源动力。

(二) 海洋装备的发展历程

海洋装备的发展与完善不是一蹴而就的,而是与人类开发海洋及海洋产业的发展进程息息相关并相互推动。

早期沿海地区的人们从海中捕鱼、晒盐、采集海菜,随着舟筏浮具和船舶的出现开始了海上航行。可见,早期海洋装备(主要是船舶)发展的动力来自人类生存的需要,人们使用船只捕捞海产品,通过航海认识世界并进行货物运输、开展商品交易。

15 世纪开始的世界地理大发现时代,就是通过航海探索海洋、发现世界的,支撑这一事业的是日益强大的造船技术。船舶一直是海洋装备的重要组成部分。在飞机、卫星等技术出现之前,船舶几乎是海洋技术应用的唯一载体,同时也是海洋运输、海洋军事等活动的重要载体,在海洋装备和技术发展中起了巨大的作用。

大航海时代之后,随着科学技术的进步,海洋工程技术也有了很大发展,海洋装备的种类越来越丰富,新兴的海洋装备逐渐形成,能够支撑现代海洋资源开发。1936 年,为了开发墨西哥湾陆上油田的延续部分,美国成功开发了第一口海上油井并建造了木质结构生产平台。两年后,美国又成功开发了世界上第一个海洋油田。海洋油气的勘探开发开启了海洋资源利用新阶段,人类开始大规模获取海洋资源,海洋工程装备发展迅速。

如今,人类逐步在深远海持续开发海洋新资源,促使了海洋装备的需求不断更新升级,战略新兴海洋产业的崛起使新兴海洋装备市场不断得到拓展;海上风力发电装备、海洋牧场平台装备、深远海养殖装备、海洋能(潮汐能、波浪能等)发电装备、海水淡化装备、海上核电装备、海上大型浮式结构装置、深海采矿装备等新型海洋装备不断涌现,海洋装备范畴也逐渐扩大。随着信息技术的进步,海洋装备和技术的研究进入了智能化时代。进入21世纪,物联网、云计算、大数据、移动互联、超大规模计算等技术的发展,使海洋装备的智能化发展迈上新的台阶。

二、海洋装备的定义界定

在我国,海洋工程装备由来已久,但海洋装备这一概念在学术领域还是很新的,国务院及相关部委颁布的海洋及装备领域的相关文件,多以海洋工程装备或船舶工业等为对象,尚未统筹出台以海洋装备为主体的国家规划。就目前学术界关于海洋装备的内涵研究来看,存在着对"海洋装备"概念界定不统一,对"海洋装备"分类标准不一致等问题,没有统一的权威定义。

(一) 海洋装备的定义

1. 与海洋装备相关的概念

要对海洋装备的内涵做出比较科学的界定,必须先了解"海洋工程""海洋工程装备"等相关概念,了解它们之间的联系和区别,才能更好地把握海洋装备内涵定义和分类标准。

海洋工程,是一个主要为海洋科学调查和海洋开发提供一切手段与装备的新兴工程门类,指以开发、利用、保护、恢复海洋资源为目的,且工程主体位于海岸线向南一侧的各类新建、改建、扩建工程,包括海岸工程和离岸工程[1]。海洋工程属于多学科高新技术工程,具有很强的综合性、配套性和知识与资本密集性,与其他学科诸如机械工程、电子工程、环境工程、材料工程、化学工程、航海工程等密切相关。海洋资源开发技术、工程设施和装备的技术研究、开发和实现都属于海洋工程范畴。联合国教科文组织认为海洋工程一般包括以下几类:一是海洋资源开发,包括海底矿物资源、生物资源、自然可再生能源和化学资源;二是海洋勘探和测量,包括海洋资源和环境及其各种活动的调查研究;三是海洋环境保护,包括防止海洋及其边缘环境恶化和人造装置损坏的措施;四是海岸带开发,包括海陆交接地带、200米等深线内的浅海区和滩涂、港湾等区域的建设和利用等。

海洋工程装备,是指"海洋工程"中所涉及的装备,在国家发改委2011年发布的"海洋工程装备产业创新发展战略(2011—2020)"文件中,海洋工程装备主要指海洋资源(特别是海洋油气资源)勘探、开采、加工、储运、管理、后勤服务等方面的大型工程装备和辅助装备[2]。而在工信部2012年发布的《海洋工程装备制造业中长期发展规划》中,将海洋工程装备界定为人类开发、利用和保护海洋活动中使用的各类装备的总称,是海洋经济发展的前提和基础,处于海洋产业价值链的核心环节[3]。这一定义听起来更像是海洋装备的定义,实际上海洋工程装备的范围比海洋装备要窄,主要是指海洋装备中的运输和开发装备。

2. 本书对于海洋装备的定义

通过梳理发现,国内目前就"海洋装备"定义提出界定的不多,且对于用"设备""工具"还是"装备"来界定海洋装备的含义并未达成共识,例如,有学者认为,海洋装备是指与蓝色经济有关的各类海洋仪器设备,包括海洋动力环境监测设备、海洋生化环境监测设备、海洋生物资源调查设备、海洋灾害预报预警系统设备、海洋生物资源综合利用设备、海洋矿产资源开放利用设备、海洋能源综合利用设备、海水养殖监控设备、海洋捕捞辅助设备、海洋运输辅助设备、海洋旅游资源开发利用装备、船舶制造维修关键技术设备、港口装卸控制设备、深远海洋探测开发技术设备和海洋国防装备等[4]。还有学者认为,海洋装备是支撑和服务于人类进行海洋及海洋资源探查、开发、利用与保护的工具[5]。其他学者认为,海洋装备是使用海洋技术所形成的装备[6]。

在本书中,海洋装备的定义是人类在从事各项海洋活动中使用的各类装备及配套设备的总称(注:在本书中海洋装备以民用为主,不涉及军用)。海洋装备产业包括传统海工装备和战略新兴海洋装备,涵盖各类海洋装备制造业、海洋装备配套业及海洋装备生产性服务业。当然,从时代发展的角度来看,海洋装备大"家族"远不止现有的海洋工程装备与高技术船舶类别,未来随着技术水平的提升,将会有更多种类的海洋装备产生和实现运用。因此,海洋装备的内涵和概念是一个不断修正和壮大的过程,要用动态和发展的视角去认识海洋装备及其产业。

(二) 海洋装备分类

海洋装备种类繁多、分类不一,目前尚未有机构公开提出统一的海洋装备分类标准。国际上将海洋工程装备分为三大类:海洋油气资源开发装备、其他海洋资源开发装备和海洋浮体结构物,海洋油气资源开发装备是海洋工程装备的主要部分。按照应用领域的不同,又可以分为六大类:海洋矿场资源开发装备、海洋可再生能源装备、海洋化学资源开发装备、海洋生物资源开发装备、海洋空间资源开发装备和通用及辅助装备[7]。

中国船舶界将海洋装备分为四大类:海洋安全装备、海洋科考装备、海洋运输装备和海洋开发装备。海洋安全装备主要是指各类海洋军事装备和海上执法装备,海洋科考装备主要是指各类专门用于海洋资源、环境等科学调查和实验活动的装备,海洋运输装备主要是指各类海洋运输船舶,海洋开发装备主要是指各类海洋资源勘探、开采、储存、加工等方面的装备。

还有的认为,海洋装备主要包括各类调查、勘探开发施工、生产浮动式海洋平台(TLP、SEMI、FPSO、SPAR、Semi-FPS、FDPSO、LNGFPSO 等)、水下生产系统(SUBSEA)、各种运输类装备[海底输油管线系统(细长类结构)、各类运输船舶、海洋工程船、辅助船舶等]和深海勘察作业装备[HOV、ROV、AUV、深海载人工作站(deep sea work station,DSWS)]等,是实现深远海资源的勘探、开发、利用的高科技装备[8]。

由于海洋装备"包罗万象",体系难以厘清,本书试图从各个分领域装备分类来构建海洋装备体系,主要分析十大重点装备领域:海洋运载装备、海洋油气开采装备、深海矿产资源开发装备、海洋渔业装备、深海生物资源开发与环境生态、保护装备、海洋科考装备、海洋可再生能源装备、海洋施工装备、海洋维权保障装备和配套装备。

(三) 海洋装备体系

1. 海洋运载装备

海洋运载装备是指以开发和利用海洋资源、维护海洋权益为目的的运输与作业装备,按照用途和功能可以分为两大类(见图 1-1):以运输为目的的民用商船及装备;以完成特定海上任务和作业为主要用途的特种船舶及装备[9]。下文分析的海洋运载装备仅涉及民用船舶。

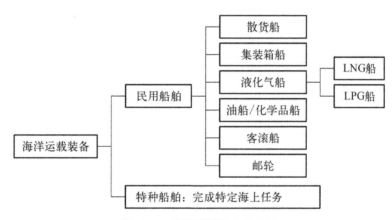

图 1-1　海洋运载装备的分类

2. 海洋油气开采装备

海洋油气开采装备主要是指海洋油气资源和天然气勘探、开采、储存、加工等方面的大型工程装备和辅助性装备。海洋油气资源开发装备是目前海洋工程装备的主体,包括各类钻井平台、生产平台、浮式生产储油船、卸油船、起重船、铺管船、海底挖沟埋管船、潜水作业船等。本书中将海洋油气开发装备分为海洋油气勘探装备、海洋钻井装备、海洋油气生产装备、海洋油气施工装备和海洋油气开发应急保障装备 5 个部分(见图 1-2)。

3. 深海矿产资源开发装备

深海矿产资源开发装备主要是指深海矿产勘探,深海矿床开采、深海矿石转运装备、水面控制与辅助开采、安全监测、环境监测等方面的装备(见图 1-3)。

4. 海洋渔业装备

如图 1-4 所示,海洋渔业装备主要包括海洋捕捞装备(一般指渔业船舶,如远洋渔船、南极磷虾船等)和深海养殖装备(深海网箱和养殖工船、养鱼平台)。

渔业船舶是指从事渔业生产的船舶以及为渔业生产服务的船舶,包括捕捞船、养殖船、水产运销船、冷藏加工船等。远洋渔船是指在公海或他国管辖海域作业的捕捞渔船和捕捞辅助船,包括专业远洋渔船和非专业远洋渔船。海上渔业养殖设施指在海洋设定区域内,直接用于渔业养殖或以渔业养殖为主兼具渔业休闲功能的海洋工程设施。

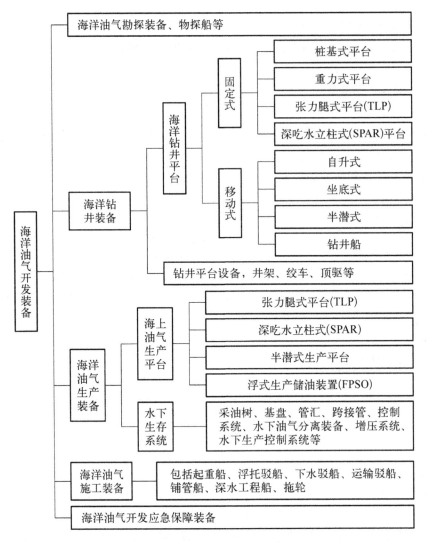

图 1-2 海洋油气开发装备的分类

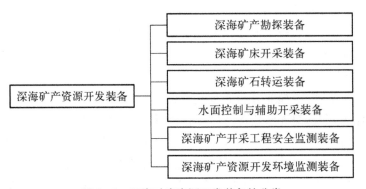

图 1-3 深海矿产资源开发装备的分类

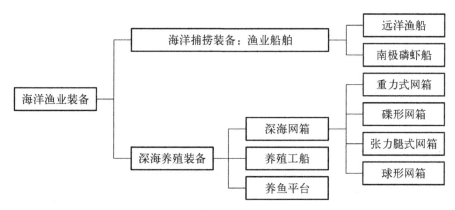

图 1 - 4 海洋渔业装备的主要分类

5. *海洋科考装备*

海洋科考装备是人类认知海洋、探测与研究海洋最重要和最有效的平台、基本工具与载体。海洋科考装备从广义上看,主要包括岸基台站、天基、空基和船基(各类海洋科考船、调查船和钻探船等)以及各类深海运载器[载人潜水器(HOV)、无缆自主潜水器(AUV)、缆控潜水器(ROV)],如图 1 - 5 所示;外加各类浮标、潜标、海床基、水下移动平台、深海传感器(声学、光学、电磁学、热学传感器)和深海取样探测设备(生物取样、海水取样、深海岩芯探测)等。

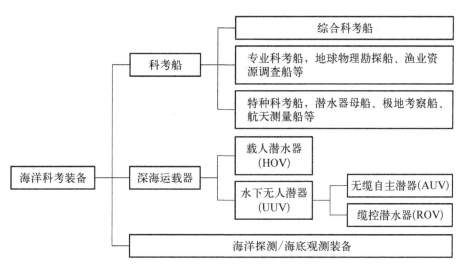

图 1 - 5 海洋科考装备的分类

6. *海洋可再生能源装备*

海洋可再生能源开发装备指开发和利用海洋可再生能源时所需要和使用的装备与设置,包括海洋风电开发装备、潮流能开发装备、波浪能开发装备、温差能开发装备等(见图 1 - 6)。海洋可再生能源还包括盐差能、生物质能等,由于其装备开发和利用处于概念阶段,本书中暂不予以论述。

7. *海洋施工装备*

海上施工装备是海洋开发过程中必不可少的工具,指各类从事海上工程作业的船舶

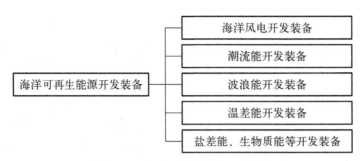

图1-6   海洋可再生能源开发装备

及海洋装备,主要功能是海上的施工建设和运行维护。海洋施工装备从分类来看,有部分
装备和船舶既能算作施工装备/工程船,又能算作其他类别的装备,如半潜运输船就有运
载装备、开发装备和施工装备多重身份;有的装备在本书的分类体系中会交叉重合,如海
上施工装备与海洋油气应急救援装备。总体来看,海上施工装备按功能应用场景不同,可
以分为4大类型:航道和港口服务、救助打捞、水域施工及其他。本书会分析海上施工装
备中最为典型的三类船型——起重船、挖泥船、风电安装船(见图1-7)。

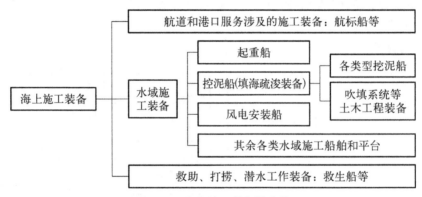

图1-7   海上施工装备的分类

8. 海洋维权保障装备

海洋维权保障装备指针对海洋安全、海洋权益和领海完整的保障、维权和执法装备,
包括海上执法船、海上救助船、多用途保障船、海上保障基地(活动基地、海礁基地、水下安
保系统)等,但不包括海军作战装备。

9. 深海生物资源开发与环境生态保护装备

深海生物资源开发装备包括深海微生物原位取样与多级富集装备、深海宏生物主动
诱捕原位取样装备、深海生物原位定植培养装备等;深海环境生态保护装备包括深海环境
探测装备、深海环境模拟装备、深海原位水下实验室。

参考文献
[1]马延德,孟梅,王锦连,等.海洋工程装备[M].北京:清华大学出版社,2013:10-13.
[2]国家发展改革委,科技部,工信部,等.海洋工程装备产业创新发展战略(2011—2020)[Z].[2011-8-5].http://www.gov.cn/gzdt/att/att/site1/20110916/001e3741a2cc0fdd4fd101.pdf.

［3］工业和信息化部,发展改革委,科技部,等.海洋工程装备制造业中长期发展规划[N].中国船舶报,
2012-2-10(3).

［4］王军成.话说海洋装备[J].商周刊,2009,18：50.

［5］黄豪彩,杨灿军,陈道华,等.基于LabVIEW的深海气密采水器测控系统[J].仪器仪表学报,2011
(1)：42-47.

［6］陈鹰.海洋技术定义及其发展研究[J].机械工程学报,2014,50(2)：1-7.

［7］张惠荣.上海海洋装备产业的发展概述[C]//上海-釜山海洋研讨会论文集,2013：19-23.

［8］翁震平,谢俊元.重视海洋开发战略研究　强化海洋装备创新发展[J].海洋开发与管理,2012,29
(1)：1-7.

［9］吴有生.中国海洋工程与科技发展战略研究：海洋运载卷[M].北京：海洋出版社,2014：3.

第二章　全球海洋装备业的发展趋势

一、发展现状

(一) 总体态势

海洋装备是开发和利用海洋资源的前提与基础,海洋装备业具有技术门槛高、资金密集度高、国际化程度高的基本特征,具有先导性、成长性、带动性的特点,已成为当今世界各海洋强国发展海洋经济的战略取向。

目前除美国、挪威、澳大利亚等老牌发达国家雄踞在海洋工程装备前端设计和核心设备领域外,韩国、新加坡等造船、修船强国,巴西、俄罗斯等新兴经济体和资源大国,都在大力发展海洋装备制造业,以抢占海洋开发和海洋经济的制高点。

过去几十年,海洋装备产业和技术得到快速发展。海洋运载装备除了传统三大主流船型(油船、散货船、集装箱船),液化气船、豪华邮轮等高新技术船舶也得到进一步发展,相关设计、建造和配套技术逐步完善;海洋油气开发装备形成了 3 000 米以下海域内的勘探开发、生产储运、工程施工等全流程装备技术体系,恶劣海况下的开采技术也基本攻克;海上风电开发、潮汐能发电已从实验阶段进入了产业成熟期;海洋渔业养殖从近海走向了深远海,大型化、无人化装备技术已经成功实现产业化;海洋观/监测技术逐步成熟,已初步建成海洋观/监测网络体系;海洋生物资源开发装备技术等也都得到了快速发展,并逐步向产业化迈进。

1. 绿色船舶技术日益受到关注

近年来,船舶所带来的能耗问题和海洋环境污染问题越发引人注目。同时,国际海事组织针对船舶节能减排的新公约、新规范也不断出台,促使船舶工业界及其上下游产业不得不考虑如何更好地实现船舶绿色化发展。绿色船舶的核心内容在于海洋经济可持续发展,其要求是在船舶的全生命周期内(设计建造、营运、拆解),采用先进技术,在满足功能和使用性能要求的基础上,实现节省资源和能源消耗,并减小或消除造成的环境污染,绿色船舶技术包含船舶总体绿色技术、船舶动力绿色技术、船舶营运绿色技术等方面。

2. 海洋装备智能化飞速发展

5G、人工智能、大数据重心、物联网等新一代信息技术的发展,将推动海洋装备智能化、自动化、信息化加速发展。以船舶为例,智能船舶是指利用传感器、通信、物联网、互联网等技术手段,自动感知和获得船舶自身、海洋环境、物流、港口等方面的信息和数据,并基于计算机技术、自动控制技术以及大数据处理和分析技术,在船舶航行、管理、维护保养、货物运输等方面实现智能化运行的船舶,以使船舶更加安全、环保、经济和可靠。在新兴技术快速发展的时代背景下,世界各国纷纷投入人力物力,加快推进智能船舶的设计研发。

3. **主流海洋装备向深水化、多功能化和专业化方向发展**

在深水化方面,钻井船、半潜式钻井平台向 3 600 米的超深水海域挺进,钻井深度达到 12 000 米,韩国已提出以此为特征的第 7 代钻井船概念。在多功能化和专业化方面,一方面,浮式钻井生产储卸船(FDPSO)、多功能平台供应船(平台供应、钻井辅助、潜水支持、溢油回收)等功能复合型装备进一步拓展了海工装备的作业能力;另一方面,专业完井修井平台、Lift-boat、住宿平台等专业化装备使得海洋装备功能划分更为明确,更为经济,并利于操作和管理。

4. **各国积极开展深海采矿技术储备**

西方国家自 20 世纪 70—80 年代就已成功开展多次 5 000 米的深海采矿试验,初步完成了深海多金属结核资源开采系统装备研制,具备了进行商业化开采的技术条件。近年来,比较活跃的国外采矿公司有加拿大的鹦鹉螺矿业公司(Nautilus Minerals)和澳大利亚的海王星矿业公司(Neptune Minerals),两家公司针对多金属硫化物的开采分别提出了可商业化开采的深海采矿系统。

5. **传统海洋装备存量竞争更加激烈**

传统海洋装备领域如船舶、海工等新增需求放缓,现有过剩装备仍需进一步消化,对产业的拉动极为有限。海洋装备的建造市场若要恢复还要面对上游运营企业的经营亏损和库存装备处理两大问题。在上游运营企业方面,尽管大多数企业近两年的营收明显增长,但是受极低租金费率以及债务和财务成本的影响,企业仍持续处在亏损状态,部分企业的亏损甚至进一步扩大,这将严重影响船东的订船能力。在库存装备方面,目前全球仍有约 80 座钻井平台尚未交付,即使是已经交付的部分装备,或是船厂租出去的装备,目前仍掌控在船厂关联公司这些非运营商手中,这些装备仍将是未来运营商扩大规模的首要选择,而非新建装备。在短期内传统海洋装备市场过剩的局面难以得到缓解,预测短期内全球海洋工程装备成交额仍会小幅下降,到 2025 年成交额为 62 亿美元左右(见图 2 - 1)。

在过去一些阶段,低速的世界经济对全球海洋装备的发展和市场带来了一定的负面影响,不过是仅在部分地区、部分产品领域有所影响,整体来说,世界范围内的海洋装备产业一直处于相对稳步发展的时期。而新一代技术革命,给海洋装备尤其是转型升级、高端海洋装备的发展提供了极好的时机。

(二) 竞争格局

1. **欧美垄断了海洋装备设计和高端制造领域**

欧美国家是世界海洋油气资源开发的先行者,也是世界海洋工程装备技术发展的引

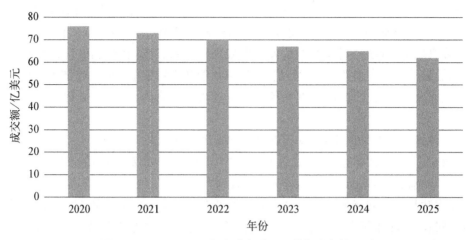

图 2-1   2020—2025 年全球海洋工程装备成交额预测

领者,在装备设计和高端制造领域世界领先。随着世界制造业向亚洲国家转移,欧美企业逐渐退出了中低端海洋装备制造领域,但在高端海洋装备制造和设计方面仍然占据垄断地位,拥有多项开创性技术专利。自升式平台设计主要有美国、荷兰的公司,半潜式平台设计有美国、挪威和意大利等公司,且欧美企业垄断着海洋工程装备运输与安装、水下生产系统安装和深水铺管作业业务等。

欧美海洋装备龙头企业的技术领导地位与其长期海洋开发和探索实践密切相关,在此基础上形成了大量的海洋装备技术专利和技术储备,并积累了丰富的工程实践经验,成为其研发新技术和新型海洋装备的重要支撑。目前,欧美企业仍是世界大多数海洋油气开发工程的总承包商,掌握着海洋油气田开发方案设计、装备设计和油气田工程建设的主导权,为降低开发风险,石油公司会选择具有技术优势的欧美企业负责装备设计工作。这在客观上又增强了其技术领先地位。

2. 亚洲国家逐渐主导海洋装备总装建造领域

亚洲国家的海洋装备业日渐成熟,发展较快,但是在装备设计方面,与欧美存在着较大的差距。在亚洲,韩国、新加坡和阿联酋是主要的海洋工程装备制造国,韩国垄断了钻井船市场,三星重工、大宇造船、现代重工和 STX 造船拥有极高的钻井船市场占有率;韩国和新加坡则占据了 FPSO 改装和新建的大部分市场;在自升式钻井平台和半潜式钻井平台建造领域,新加坡和阿联酋逐渐占据主导地位。亚洲虽然在装备制造中逐渐占据主导地位,但在设计研发方面仍存在一定差距。特别是我国,近年重总装而轻设计,大型、高端海洋装备多购买国外图纸,没有掌握核心技术。自升式平台的设计公司主要有美国 F&G 公司、荷兰 Gusto MSC 公司,半潜式钻井平台的设计公司主要有美国 F&G 公司、Sevan 公司以及意大利 Saipem 公司等。

3. 海洋资源大国开始进入海洋装备制造领域

海洋资源大国依托海洋油气资源开发的巨大需求,巴西和俄罗斯等资源大国开始培育本国的海洋工程装备制造企业,成为世界海洋装备领域新的竞争者。巴西提出在本国海域进行油气勘探开发的装备由本国企业制造,其国内几家船厂加快能力建设。俄罗斯通过本国能源公司的系列订单,实现本国造船业现代化,并以订单为由,邀请日本、韩国造船企业参与该国船厂建设和改造。

总而言之,虽然海洋装备建造重心已经向亚洲转移,但在高端海洋装备制造和设计方面与少量高端装备总装建造、关键通用和专用配套设备集成供货等领域,欧美企业仍然占据着垄断地位,处于整个海洋装备产业价值链的高端[1]。随着海洋开发步伐的加快,海洋装备业将迎来广阔的发展机遇,越来越多的国家认识到了这一产业的重要性,开始抢占这一领域,海洋装备产业的竞争将会更加激烈。

二、主要国家和地区的海洋装备业发展概况

(一)美国海洋装备业的概况

美国重视海洋装备技术创新,制定了一系列海洋领域科技创新政策,意在保持领先地位。美国先后发布《海洋国家的科学:海洋研究优先计划》(以下简称《优先计划》)、《海洋科学 2015—2025 发展调查》《海洋变化:2015—2025 海洋科学十年计划》,确定海洋基础研究的关键领域。系统部署了海洋装备科技优先领域和重点任务,由美国国家大气海洋局和国家科学基金会(NSF)为美国海洋研究和设施提供持续稳定支持,在推动美国海洋装备产业发展、落实国家海洋政策上发挥了重要作用。在海洋开发领域,美国无疑走在了世界的前列。美国是深海油气资源开发技术水平最先进的国家,名列世界前 5 位的深海钻井承包商均是美国公司,美国拥有的深海钻井装置占全球总数的 70%。另外,美国 LeTourneau 公司设计建造了世界首座自升式钻井平台,其在自升式钻井平台设计上占据了世界 34% 的份额。美国企业的技术领导地位与其长期海洋油气开发实践密切相关。

美国公司拥有钻井平台、海洋工程辅助船的品牌设计,在深海 FPSO、TLP、SPAR、LNG - FPSO 等高端产品的设计方面也占据了领先地位。如美国的 Friede Goldman、Exmar、Frigstad 等公司针对 3 000 米深水半潜式钻井平台设计船型这一领域具有相对成熟的经验。同时,美国企业具有大量的技术专利和技术储备,并积累了丰富的工程实践经验,这些成了其研发新技术和新装备的重要支撑。

近半个世纪以来,美国在海洋科技政策与规划制定、海洋科技投入与管理、海洋科研设施与平台建设以及海洋装备产业发展方面开展了大量工作。在新科技革命不断深入发展的背景下,美国显著加强了对海洋高端装备和前瞻性装备的研发,在海洋探测、水下通信、深海资源勘探、船舶制造等传统领域继续保持领先地位的同时,着力支持无人自主船舶、低成本智能感应器、深潜机器人、水下云计算等新一代颠覆性海洋装备技术的迅速发展,并开始应用于海洋开发活动。

(二)欧盟海洋装备业的概况

作为现代工业的发源地,欧盟的航运和海洋装备业曾一度领先全球,盛极一时。然而,随着亚洲等新兴国家的崛起,再加上近年发生且仍在不断发酵的欧债危机,使得欧洲各国逐渐丧失了在海洋领域的霸主地位。对此,欧盟不仅屡屡出台高于国际标准的单边立法,包括欧盟拆船法案和欧盟碳排放交易体系,还接连提出海洋装备科技界的战略规

划：2013 年，欧盟委员会与欧洲船舶和海事配套协会共同提出了一项名为"船舶领袖 2020"(Leadership 2020)的新战略规划，旨在进一步增强欧洲造船、海洋、船舶配套产业技术竞争力。这是欧盟继 2003 年 10 月出台"船舶领袖 2015"规划之后，再次提出关于加速欧洲造船业复兴的路线图，"船舶领袖 2020"规划将为欧盟海洋装备产业在改革创新、绿色、新技术的适用以及推动新兴市场（如近海风能）多样化发展方面带来新动力。

1. 英国

目前英国海洋装备产业在国际上处于领先地位。英国 Sigma Offshore 公司，主要生产海洋装备配套设备，在世界处于前列。英国海洋能源丰富，开发条件优越。英国海上天然气生产一直位于世界前列，海上油气总产量位居世界第 12 位，排在尼日利亚、科威特和印度尼西亚之前。2018 年 9 月，道达尔公司公布了位于设得兰群岛西部英国近海的 Glendronach 勘探区的主要天然气发现，估计可采资源量约为 1 万亿立方英尺（283.1 亿立方米）。通过利用现有的 Laggan-Tormore 基础设施，英国可以将这个发现迅速商业化。英国非常重视海洋产业的发展，将其视为新兴产业进行培育，力求促进可持续经济增长和就业。

2. 其他国家

欧洲地区的荷兰和瑞典这两个国家在海洋装备设计与承包领域也具备较强实力。如荷兰 Gusto MSC 公司、SBM offshore 公司、Bluewater 公司，还有 Offshore Discoverer、Global Marine、Heerema 公司等都是海洋装备领域的龙头企业。瑞典地区海洋装备代表性企业为 GVA Consultants AB 公司，其在海洋装备制造领域也具有较强的技术优势。荷兰和瑞典的主要海工装备企业及其技术优势如表 2-1 所示。

表 2-1　荷兰和瑞典的主要海工装备企业及其技术优势

企　业	技　术　优　势
Gusto MSC 公司（荷兰）	在深水钻井平台、钻井船方面技术领先
SBM offshore 公司（荷兰）	世界上著名的海洋工程总承包商
Bluewater 公司（荷兰）	全球领先的 FPSO 承包商和租赁商
GVA Consultants AB 公司（瑞典）	在自升式钻井平台、半潜式钻井平台、海工装备模块设计、制造方面具备优势

（三）韩国海洋装备业的概况

韩国在总装建造领域的发展较快，以价格低廉、交货迅速、质量上乘等优势在全球海洋装备制造上占据领先地位[2]，除了低端海洋工程装备之外，韩国在高端装备领域的制造上也逐步掌握了关键技术，在钻井船、FPSO、高规格自升式钻井平台、半潜式平台领域也有着极强的竞争能力，拥有现代重工、大宇造船、三星重工、韩国 STX 等多家企业。现代重工是韩国造船业的领头羊，累计完成了全球 170 多个海洋工程项目，为多个国家建造 FPSO、半潜式钻井平台等各种海洋工程装备[3]；三星重工是全球第二大造船企业，不仅在钻井船建造方面居世界首位，而且在破冰型深海钻探石油船方面堪称世界第一[4]。大宇造船则是一家专注于造船和海洋工程的企业，目前共有 6 家船厂，主要海洋产品包括 FPSO、固定式平台、石油化工装备等,基本上以承建高附加值船舶和海洋工程设备为主[5]。不仅如此,韩国还鼓励本国的造船企业去国外学习,吸收欧洲先进的海洋工程制造技术,积极进行国际合作以拓展海外市场,现代重工、大宇造船等企业积极开拓巴西和俄罗斯的海洋油气开发市场。

2016 年,韩国造船业陷入低谷期,韩国政府全面介入拯救造船业,在要求造船业企业自身进行自我改革的同时,连续出台多项支援政策和方案帮助造船业脱离困境。2016 年10 月,韩国政府联合金融和产业界发布《造船产业竞争力强化方案》和《造船密集区经济振兴方案》;2018 年 4 月,韩国政府又出台《造船产业发展战略》;仅 7 个月后,韩国政府发布了第三项造船领域专项政策,即《造船产业活力提高方案》。3 年内,韩国方面出台三项重量级政策,可见对造船产业的重视。通过政府与金融界的政策与金融支持,行业与企业进行结构调整,大幅削减成本,提高竞争力,在复苏的同时,韩国造船业将发展绿色船舶产业作为未来产业发展的重心与突破口,全面布局并积极推动船舶产业"绿色化"。

（四）挪威海洋装备业的概况

挪威的海洋装备制造主要集中在海工船以及高端配套装备的设计制造上,建造商包括 Havyard Leirvik 公司、Kleven Verft 公司、Ulstein 公司以及 Vard 公司等,这些企业在海工船市场以及系泊系统市场占有非常重要的地位,出现较大幅度的增长。挪威海洋工程装备的市场发展现状如表 2-2 所示。

表 2-2　挪威海洋工程装备的市场发展现状

特　点	具　体　表　现
船舶数量多,种类齐全	共有 500 余艘,包括物资供应、拖船、地震数据收集、管道铺设、水下操作、原油泄漏处理、救助等;同时挪威致力于发展海床和水下施工操作船舶,如遥控潜器母船、施工支持船和油井干预作业船(well intervention services vessel)等
船舶技术水平高	挪威海洋工程船在设计中加大了发动机功率、操作性能,拓宽了甲板面积,降低噪声,提高燃油效率,增加仓储容量,提高起重和绞盘功率;挪威海洋工程船队在载重吨、拖曳功率、可支持作业水深等方面处于世界领先地位
船队规模化	挪威海洋工程船队规模化程度较高,在吨位和功率等指标上,规模化经营的企业占相当比例
船队服务于高端市场	挪威海洋工程船公司面向高端市场,许多公司排名世界前列,公司的盈利能力较强,利润率高于行业内一般公司

（五）新加坡海洋装备业的概况

近年来,新加坡企业已经成功由造船转型到海洋工程建造商,70%以上的船厂业务都集中在海洋工程建设方面,在自升式和半潜式的设计、建造方面处于世界领先地位。新加坡企业的海洋工程加工装备和焊接装备大致与中国造船集团骨干船厂的装备相似,但新加坡企业在起吊运输能力和下水设施方面远强于中国船厂。

新加坡积极应对行业低迷,并助力企业度过 2016 年的困难时期。在那个阶段,政府推出国际化融资计划(internationalisation financing scheme, IFS)和过渡性货款计划(bridging loan),协助本地海事与岸外工程业者获得营运资金和贷款。过渡性贷款主要协助本地公司应付银根紧缩的局面，国际化融资计划主要协助业者获得资金来收购资产或项目。本地造船厂、工程承包商、岸外服务供应商、勘探和生产公司、石油和天然气设备与服务公司及其供应商都可申请。此外，新加坡政府投入1亿零700万新元，设立"新加坡海事与岸外工程科技中心（TCOMS）"。该中心位于新加坡国立大学，由新加坡国立大学与新加坡科技研究局联合建设，具备各类先进的海事研发设备，有助于提升新加坡在海洋装备领域的研发能力。

2018年，新加坡海事与岸外工程产业转型蓝图正式出炉。该蓝图从三个方面着手推动行业转型，包括寻找新增长领域、帮助新加坡国人掌握相关技能，以及通过创新和提高生产力，为未来复苏做好准备。在寻找新增长领域方面，政府将为本地企业与这些新增长领域的国内外相关企业牵线搭桥，帮助其寻求资源和合作伙伴，开拓新市场。在提高生产力方面，新加坡政府将支持投资先进制造业，如机器人和自动化领域，从而提高生产力，降低人力依赖。在劳动技能培训方面，推出海事与岸外工程业技能框架，为业界制定技能、薪金和职业发展指南。

新加坡企业海洋装备的行业发展经验：一是与欧美国家密切合作。新加坡在海洋装备制造领域的技术生产方面与欧美和韩国紧密合作，互通有无，在30多年前就锁定海洋工程的研发和建造，有专门的机构和人才储备。二是企业管理得当。船厂在管理上不断加强，全面承包平台组件所有的建造任务，而且有印度、巴基斯坦等国输入劳动力作为支撑。三是设备定制性强。采用的国际配套、技术含量高的部件如齿条、桩腿、井架等皆由专业制造厂制造，装备定制性较强。四是按时交付。新加坡一向以交船准时而著名，新加坡吉宝和胜科的钻井平台一般都在规定时间前交付。

（六）日本海洋装备业的概况

近几年，日本也将海洋装备作为新的重点产业，虽然目前日本在海洋工程装备方面还不如韩国、新加坡的市场占有率高，但是考虑到其综合技术优势，日本未来在海洋装备建造方面的实力也不可小觑。随着近来海洋装备新造市场的不断升温，日本一些船厂决定重返海工装备制造领域。日本力争从提升产品和服务能力、开拓商业领域、提升船舶制造能力和加强人力资源储备4个方面助推日本船舶工业进一步创新做强，以扩大产品出口量，提升产业价值。日本政府推出了"i-Shipping"产业创新政策，即将物联网、大数据技术运用到船舶运营和维修中，通过及时反馈信息达到设计、建造、运营和维护一体化的效果，全面提升产品的竞争力。同时，日本政府计划通过改革生产现场、建设稳定高效的生产体系提高效率。此外，日本强化船舶减排技术研发，提出开发应用新型减排技术建造零排放的船舶，到2050年减少80％排放量。

三、全球海洋装备业的发展趋势

（一）未来先进技术发展趋势对海洋装备业的影响

当前，世界新一轮科技革命和产业变革蓄势待发，能够影响未来的颠覆性技术和前沿技术层出不穷。在全球技术创新发展的驱动下，海洋装备在设计、制造、运营、维护各方面都会受到较大甚至颠覆性影响。未来能够影响海洋装备产业发展的因素主要有机器人技术、清洁能源和节能技术、人工智能技术、可再生能源技术、远程遥控技术、储能技术、自动驾驶技术、纳米技术、物联网技术、增材制造技术、超级工厂和新材料技术等。

1. 智能机器人代替人类

未来，机器人将广泛应用到海洋装备领域中，替代人类完成工作。工业机器人可达到人所不及的精密、可靠的生产要求，完成"超越人"的使命；可应用于对人类存在较大风险的危险、恶劣环境中，完成"代替人"的使命；可将人类从简单、重复、繁重的体力劳动中解放出来。从长期发展来看，海洋装备领域要推进智能化、无人化两化深度融合，采用以工业机器人为代表的海洋装备智能制造是最为可行的方式，如果仅依靠人类劳动力无法完全满足要求。

未来一艘船上仅需少量人员，大部分装备的运营、检修维护的工作将由机器人承担。例如，维护机器人能够辅助一些繁重的工作，如在船舶的不同区域焊接、切割等；迷你机器人能够在小区域范围内从事较为危险的工作；消防机器人能够在船上实施消防作业；施工机器人带有安装、维修与建造功能的多功能工具，可用于安装重件等；家政机器人能够为船员的日常生活提供服务等。

2. 海洋装备物联网

未来所有的海洋装备、生产制造装备之间通过物联网技术将实现互联，构建出智能化识别、定位、跟踪、监控和管理的物联网系统，任何装备的运行状态都可随时被掌握，装备之间能够实时进行信息交换和通信。

在海洋装备制造方面，基于物联网技术，企业通过构建物联网系统，将实现人与物的识别、定位、跟踪和监控。同时，通过搭建覆盖海洋装备制造过程的制造信息感知网，将实现信息的有效采集和有效传输。此外，通过连通船厂生产装备物理系统，企业将实现运行设备的实时感知和能源管理的实时管控与优化。

建立船舶物联网系统对于船舶营运的意义则更加深远，利用物联网能够实现人—船舶—环境—货物之间更为广泛的互联，从而最大限度地提高船舶航行、装卸货物和港口作业的经济性、高效性和安全性。此外，传统的船舶维修工作不能实时监控船舶的状态，构建船舶物联网系统，使得对船舶故障的预测和预报变为可能，通过岸与船、船与船之间数据传输，完成咨询、设备维护、故障诊断等活动，提高船舶使用效率，延长船舶使用寿命。

3. 海洋装备人工智能全寿命周期管理

未来，日益成熟的人工智能系统将应用于海洋装备领域，通过深度学习算法，实现类似于人类大脑的"思考"过程。在突发环境变化等特殊环境状况下，人工智能系统通过深度学习进行判断，辅助人类或者自主完成决策及操作。全球范围内已开展了多个智能船舶和无人驾驶船舶项目，如中国的"大智"号、欧盟资助研发的代号为"MARS"的无人驾驶船项目、DNV－GL的无人运输船设计项目、韩国现代重工的智能船舶项目等。

人工智能在船舶上的应用，除了运营方面，还有设计和建造。目前，船舶的设计和建造普遍应用软件、机械臂等，这是一种最初级的人工智能应用。在这方面走在前面的国家是韩国和日本，目前都已拥有较为完善的智能化设计、生产运行和运营管理系统，以及从船舶设计、研发到建造的智能化控制体系。同时，由于船舶产品的非标准化和定制化特点，船厂将机器人应用于生产还存在一定的困难，未来具有深度学习能力的人工智能机器人很有可能是解决这一问题的突破口。

4. 海洋装备的动力来源

未来,新能源、清洁能源将席卷能源消费的各个领域。相对于传统能源,新能源具有污染少、储量大等特点,对于解决当今世界严重的环境污染问题和资源枯竭问题具有重要意义。储能技术和清洁能源技术、可再生能源技术的融合将共同推动海洋装备动力向新能源方向发展。

现代船舶特别是远洋船舶因使用传统的化石燃料,从而对环境产生严重的污染。未来,船舶航行动力、控制系统、警戒防务系统、照明系统等都有望采用新能源驱动。新能源目前已经在海洋装备领域得到初步应用发展,例如风帆助航技术已经有了很大发展并在实船上有了应用,且取得了很好的效果,未来依然是风能利用的主要方向。SolarCity 公司研发的太阳能电池板,太阳能的转化率高达 22%,对于推广船舶绿色航行具有巨大推进作用。对于海洋深潜器而言,蓄电池容量、放电能力等是制约深潜器航行作业时间的瓶颈,而新能源电池(如燃料电池)具有较高能量和安全性,将大幅改善深潜器的航行作业性能。

5. 海洋装备趋于环境友好型

未来,海洋装备从设计、制造、运营到报废处理的全寿命周期中,都将做到使废弃物和有害排放物最少,减小对环境的影响。例如,在船舶设计阶段,将广泛采用绿色材料、标准化和模块化零部件或单元,在考虑加工制造过程中的材料充分达到利用率的同时,还必须满足船舶产品在营运寿命终止后,报废、拆解等阶段对环境不造成负面影响,并实现部分材料、零部件和设备再生利用;在船舶制造阶段,近年来绿色高效焊接方式得到了广泛的应用,焊剂石棉衬垫单面焊(flux aided backing, FAB)法、自动立脚焊、垂直气电焊、自动横焊、焊机机器人等在船舶制造中的应用充分体现了其高效性,促进了焊接质量的提高,为改善环境、提高能源利用率起到了关键作用。

6. 先进材料的使用

未来,海洋装备本身将更多地使用先进材料,先进材料将具有更好的强度、韧性和耐久性,并具备智能、自我修复等能力,从而使海洋装备整体性能得到大幅提升。

船用先进材料的研发将成为提高未来船舶性能的关键,未来的先进材料会具备一些新特性并具有多功能用途。如石墨烯材料的应用可降低一些目前在用产品的重量,从而减轻船舶的整体重量。此外,石墨烯的特定应用会增强热传递性,将来可用在机舱的某些部件上,包括热交换管、过滤器、海水箱、冷凝器和锅炉。陶瓷作为一种应用于水下耐压罐的新型耐压材料,越来越受到人们的重视。美国的新型无人深潜器"海神号"的耐压罐就使用了此种新型的耐压材料。根据国际载人潜水器委员会的报告,碳纤维增强材料、陶瓷耐压材料、低密度、玻璃微珠可加工浮力材料等一大批新材料将越来越多地用于深海载人潜水器的制造中。

(二)海洋装备产业发展趋势

1. 海洋装备产业由传统海洋经济产业向新兴海洋经济产业发展的趋势

由于国际社会和经济格局发生了重大变化,当今世界处于一个海洋世纪来临和新产业革命启动的时代,对海洋能源资源、海洋环境灾害控制、海洋生物医药业等的需求成为各国关注的焦点,海洋经济必然由传统产业向新兴产业拓展,且越来越加速,而海洋装备产业就是为适应这一变化趋势发展的一个高科技、高附加值的新兴战略产业,它的发展壮大将促进传统海洋经济产业向新兴海洋经济产业发展。

2. 海洋装备产业有适应浅水领域向适应深水领域发展的趋势

随着海洋装备技术水平的发展,人类海洋开发活动逐渐从近海走向深远海。深水是当今世界油气勘探开发的热点,当前全球各大石油公司的新动向就是走出已经勘采较多的大陆架海区,寻找深海海底的油气资源。十多年来,全世界主要的海上油气发现大多在深水区,深水海域将是未来全世界海洋油气资源开发战略接替的主要区域。由于深水海域勘探开发的需要,海洋油气开发装备设计、建造、安装技术有了突飞猛进的发展,其工作水深、原油储存能力,天然气处理能力、抗风暴能力以及总体性能都在向更深、更强、更大的方向推进。海洋油气资源开发作业水深不断加深,推动了海洋平台和钻井装备技术的快速发展。适合深水钻井的钻井船、钻井平台以及相配套的技术和配套设施应运而生;物探船、铺管船、大型起重船等各类海上作业船和辅助工作船得到快速的发展。钻井技术、各种作业技术、平台定位技术、油气输送技术、海上工程安装、铺管、布缆、检测、潜水作业、通信技术等也都在快速发展,从而促进海洋油气资源勘探开发的技术发展。

3. 海洋装备产业以传统工业化为主向新型工业化方向发展的趋势

传统的海洋装备产业发展以工业化(机械化、电气化和自动化)为主,近年来它的信息化(数字化、智能化、网络化和集成化)进展十分神速,特别是与绿色化相结合的新型工业化方向,是当今最引人关注的发展趋势。解决海洋空间利用的工程技术问题也是近年来海洋工程界研究的热点。对超大型浮体结构、箱型超大型浮体和海上移动基地(MOB)的水动力特性的理论分析和试验研究,已经取得了有实际指导意义的成果。

总之,海洋装备产业正在向大型化、深水化、多样化、标准化、信息化和绿色环保等方向发展。

(三) 海洋装备制造技术发展趋势

当前世界海洋装备呈现以"绿色制造技术"为基础,以"综合集成""智能制造"和"面向深远海"为主要发展趋势。应用先进制造与节能减排技术,将性能与环保紧密结合,在设计、建造、使用、维护及拆解的全周期过程中,节约资源使用、减少环境污染;通过将智能技术与信息技术相结合,打造专用智能制造装备,并在涂装、焊接与大型构件加工过程中全面使用,大幅度提高海洋装备制造的效率与产品质量;深远海与极地特种装备的需求进一步加大,深海资源探测与极地环境下的科学考察专用设备成为装备研发的新高地。

以信息化和工业化深度融合为重要特征的新科技革命和产业变革正在兴起,多领域技术群体的突破和交叉融合推动了制造业生产方式的深刻变革,"制造业数字化、网络化、智能化"已成为未来技术变革的重要趋势,制造模式加快向数字化、网络化、智能化转变,柔性制造、智能制造、虚拟制造等日益成为世界先进制造业发展的重要方向。

海洋装备制造技术发展是紧随着数字信息技术的发展而发展的,目前正朝着设计智能化、产品智能化、管理精细化和信息集成化等方向发展。同时国际海事安全与环保技术规则日趋严格,排放、生物污染、安全风险防范等节能环保安全技术要求不断提升,绿色制造与智能制造是海洋装备制造的两大并列发展方向。

海洋配套产品技术升级步伐也将进一步加快,设计更优化,配套更先进也是海洋装备技术发展的重要方向之一。

综上所述,海洋装备与技术将逐步向集成化—智能化—低碳化—深远化发展,绿色、智能、深海、极地仍然是未来海洋装备发展的重点方向。推动海洋科技革命,发挥物联网、大数据、云计算、人工智能等高新技术对海洋装备与技术发展的推动作用;实现高端海洋装备设计、建造、安装与运维的信息化、智能化、无人化、精准化;增强对海洋环境保护的认知和全球协同,促进海洋健康可持续发展是国际海洋装备与技术发展的必由之路。

参考文献

[1] 中船重工集团公司经济研究中心.世界海洋工程装备市场报告(2010—2011)[R].2011.

[2] Korea Marine Equipment Research Institute. A global leader in marine equipment research & testing[R].2009.

[3] Hyundai Heavy Industries. [DB/L].http://english.hhi.co.kr/main/.

[4] Samsung Heavy Industries. [DB/L].http://www.samsungshi.com/eng/default.aspx.

[5] Daewoo International. [DB/L].http://www.daewoo.com/eng/.

第三章　中国海洋装备发展概况

一、海洋装备产业发展现状

整体而言,21世纪以来,我国海洋装备产业抓住难得的国内外市场机遇,进入了历史上发展最快的时期,取得了显著成就,获得了长足进步。海洋装备和技术的长足进步已成为推动我国海洋经济发展不可或缺的重要因素,特别是海洋探测、海洋运载、海洋能源、海洋生物资源、海洋环境和海陆关联等重要工程技术领域呈现快速发展的局面,科技竞争力明显提高,有力支撑海洋产业的发展。我国海洋装备正实现浅海装备自主化、系列化和品牌化,深海装备自主设计和总包建造取得突破,专业化配套能力明显提升,基本形成健全的研发、设计、制造和标准体系,创新能力显著增强,国际竞争力进一步提升。

1. 海洋装备业务长足进步,分布在东部沿海地区

在海洋油气开发装备领域夯实了较好的发展基础,初步实现了我国海洋产业深海发展的历史性跨越。我国不仅已全面具备500米以内浅海油气开发装备的自主设计建造能力,并开始向深海油气研发装备进军,且已形成探、勘、钻、采、输、储、辅的全产业链,产品也走向全面系列化、配套本土化的良好趋势。

在环渤海地区、长三角地区、珠三角地区,初步形成了具有一定产业集聚度的区域性布局,涌现出一批具有较强竞争力的企业(集团)。沪东中华的LNG船接单进入世界第一方阵,中集来福士的半潜式钻井平台、大连船舶重工的自升式钻井平台接单量居世界前列,中远船务(南通)研制的圆筒式钻井平台更是全球独创独有,浙江船厂、福建东南船厂等在海洋工程特种船细分市场中占有率领先。

2. 市场规模有升有降,高端装备承接有限

(1) 我国造船成交、交付和手持三大指标呈现"三降"局面,承接高附加值船型的比例仍显不足。2018年,我国成交船舶483艘、3 287万DWT[1]、1 000万CGT[2]按DWT计,同比少18.8%;交付船舶550艘、3 486万DWT、1 113万CGT,按DWT计,同比减少5.8%;截至2018年末,手持订单1 658艘、973万DWT、3 202万CGT,按DWT计,同比减少25%。从承接船型看,我国造船业主要仍以散货船、油船为主,近年大型集装箱船承

---

[1] 载重吨(dead weight tonnage, DWT)。
[2] 修正总吨(compensated gross tonnage, CGT)。

接份额有所提高,但占整体接单的比例仍然较少,大型液化气船成交能力明显不足。

(2)海工市场份额稳步提升,积极抓住新发展机遇。我国海洋工程装备产业几乎与新加坡同时起步,但发展道路曲折,经过多年发展基本形成了较为完备的产品体系,目前具备较强国际竞争力的核心产品有自升式钻井平台、半潜式钻井平台、FPSO 改装和海洋工程船舶建造。近些年来我国海洋工程装备产业在全球海工市场中的占比基本在 40% 波动,克拉克森数据显示,2018 年我国共承接 47 座/艘订单,较 2017 年增加 18 座/艘,接单金额为 52.5 亿美元,较 2017 年增加约 28.5 亿美元,以接单金额计算,2018 年我国在全球海工市场中份额约 56%。在激烈的市场竞争下,内抓机遇,外抢订单,在低迷的形势下获得多艘高附加值订单,在 2018 年全球成交的 5 艘 FPSO 中,国内船厂获得了其中 4 艘,成为一大亮点。一方面,国内船厂积极挖掘国内需求,与国内船东签订了多艘海上建造与施工装备,包括坐底式海上风电安装平台、自升式风电安装、风电运维船等的合同,国内海工装备市场需求仍有巨大潜力可挖。另一方面,在国际市场上,我国船企积极参与竞争投标,大连中远海运重工为 MODEC 公司改装的 FPSO Carioca MV30 项目顺利开工;招商重工继续在平台拆解装备市场发力,与荷兰 OOS International 公司签订两座多功能自升式平台建造合同。

3. 产品结构更加高端、多元化,细分领域仍存不足

与韩国和新加坡相比,我国具备海洋装备制造能力的船厂众多,因此产品结构也更为多元,产品种类最为齐全,从几千万美元的小型海工船到数十亿美元的生产平台均具备建造能力。一方面,随着技术的不断发展,我国船厂由早期只建造低价值量的海工船舶及自升式钻井平台,到目前形成了油气开发装备、生产储运装备、海洋工程船三大领域近 20 类装备的设计建造能力,产品结构更为多元。但另一方面,与韩国、新加坡相比,我国在某些细分装备领域仍然存在差距,对一些高端、前瞻性装备的研发和技术储备仍显不足。如在大型 LNG - FSRU 领域,韩国、新加坡均已接获多艘大型 LNG - FSRU 订单,我国仅有沪东中华获得过相关订单;在 LNG - FPSO 领域,韩国已有产品交付使用,我国尚处在产品研发阶段;在天然气水合物、多金属结核以及多金属硫化物等海底能源和矿产资源开发装备领域的研发进程较为缓慢。

4. 高端装备产能不足,行业大而不强

我国船舶工业经历了跨越式发展,三大造船指标连续多年位居世界第一。但船舶工业"大而不强",面向高新船舶与其他海洋装备的基础材料如大厚度海洋平台用钢、绿色环保涂料等严重依赖进口,在船舶通信导航设备、甲板专用机械和水下生产系统等关键部件的国产化程度不高,性能与国际主流产品存在差距。

由于长期注重产业规模扩张,技术水平提升有限,导致了产业仍集中在低技术含量、低附加值的低端海洋工程装备制造领域。产业发展处于幼稚期,属于产业链的低端,国际竞争力不强。低端海洋工程产品订单承接多,在设计研发上,仅能设计部分浅海海洋工程装备,无法涉足高端、新型装备领域。

5. 配套能力不足,自主创新能力匮乏

海洋工程装备平台所需的配套装备规格种类较多、技术含量高、研发困难,海上作业的环境对配套装备的材料、精度、寿命、可靠性、防漏油、环境适应性以及维护甚至免维护

等提出了更高要求。目前,国外供应商基本垄断了专利技术多、附加值高的高端配套设备。我国只在低端配套上占有一定份额,高端配套设备则严重依赖进口。本土化程度很低,据统计,我国配套装备自给率不足 30%,关键设备配套率低于 5%。海洋工程装备制造领域大部分的造价集中在各种配套设备,配套设备在价值链中占比高达 55%,导致我国海工业整体获利不高。加之我国海工关键配套设备通用性较差,无法在全球范围内开展有效的售后支持,严重影响国内产品在世界范围内的竞争力。

二、海洋装备科技现状

在国家创新驱动战略和科技兴海战略的指引下,我国海洋领域科研基础不断壮大,海洋高技术自主创新能力得到大幅提升,取得了丰硕的科研成果。海洋装备在深水、绿色、安全等高技术领域取得突破,在部分核心技术方面取得了重大进展。

海洋渔业高技术专业化快速发展,10 万吨级智慧渔业大型养殖工船中间试验船"国信 101"号正式交付,开展了大黄鱼、大西洋鲑等主养品种深远海工船养殖中试试验,构建了深远海绿色养殖新模式。海洋船舶研发建造向高端化发展,17.4 万方液化天然气(LNG)船、9.3 万方全冷式超大型液化石油气船(VLGC)等实现批量接单;23 000 标准箱(TEU)双燃料动力超大型集装箱船、节能环保 30 万吨超大型原油船(VLCC)、18 600 立方米液化天然气(LNG)加注船、大型豪华客滚船"中华复兴"号等顺利交付。深海技术装备研发实现重大突破,我国首艘万米级载人潜水器"奋斗者"号在马里亚纳海沟成功坐底,坐底深度为 10 909 米,创造了中国载人深潜的新纪录。海水利用技术取得新进展,开展了 100 万平方米超滤、纳滤及反渗透膜规模化示范应用,形成了 5 千吨/年海水冷却塔塔心构建加工制造能力。海上风电机组研发向大兆瓦方向发展,产业链条进一步延伸。国内首台自主知识产权 8 MW 海上风电机组安装成功,10 MW 海上风电叶片进入量产阶段。

一系列的海洋装备科技领域创新性成果有效地拓展了中国蓝色经济发展的空间,在创新引领海洋经济高质量发展中取得了重要进展。

1. 主流船型形成全系列研发建造能力

在主流船型方面,我国已经具备了散货船、油船全系列船型的研发和建造能力,形成了自主品牌产品,得到了国内外客户认可;我国能够生产建造 1 000 TEU~22 000 TEU 的集装箱船,大部分产品具备自主设计能力。在高新技术船舶方面,已经具备大型 LNG 船、VLCC、汽车滚装船等船舶建造能力,并在国际上享有一定声誉。同时,在化学品船、挖泥船、客滚船等特种船舶方面也实现了批量建造。

2. 海洋油气开发装备具备较强建造能力

我国深水油气工程技术装备起步于"十一五"期间,建成了以海洋石油 981、海洋石油 201、振华 30 为代表的大型深水海洋油气开发装备。目前,对于 300 米水深以内的海洋油气资源开发工程装备领域,我国建成固定平台近 300 座、浮式生产储运装置 13 艘,具备固定式平台、自升式平台、半潜式平台、FPSO 总装建造能力,相对建造成本低,形成了比较完整的产业链;具备了 300 米水深以内常规油气田勘探、开发、钻完井、工程设计与建设、油气田运营维保能力,并在国际上具有较高的竞争力和影响力,已在国际市场占有了一席之地。

3. 深海矿产源开采装备技术持续进步

我国已经拥有多艘具有国际先进水平的大洋矿产资源勘探调查船,海底资源勘查开发技术也取得了快速发展。深海固体矿产资源评价工作全面开展,调查对象从单一的多金属结核资源拓展为多金属结核、多金属硫物、富钴结壳、稀土等多种资源,作业海域从太平洋向印度洋、大西洋拓展。目前,我国已开展深海采矿单体工程技术海试,标志着中国深海采矿技术由湖试转入海试,缩小了中国与美国在深海多金属结核采矿技术方面的差距。

4. 海洋新能源开发装备大多处于试验与工程示范阶段

我国的潮汐能技术相对成熟,研建了大量的小型潮汐电站,部分电站还进行了长期的商业运行;海上风能方面,正在逐渐缩短与挪威、英国等风电强国之间的技术差距,并逐步实现从固定式向浮式、从近岸到深海的技术突破,浮式风机的研发与样机试验正在积极进行之中;其他可再生能源如潮流能、波浪能、温差能、盐差能等,目前还处于原理研究或试验性工程示范阶段,距实现商业化生产应用还有很长一段路要走。

5. 研发设计和创新能力薄弱,产品技术含量较低

技术作为企业生存和发展的基本前提,在海工业发展中起了无可替代的作用。随着经济全球化的发展,企业面临激烈的国际竞争,只有通过技术创新,不断提高产品的科技含量,才能够实现产品质的飞跃从而提升其国际竞争力。

多年来,我国海洋装备企业自主创新能力不强,核心技术研发能力薄弱,参照或直接引进国外技术现象普遍,产品技术含量低,核心专利技术多由国外垄断,限制我国海洋装备的快速发展,导致产业扎堆于价值链的低端,缺乏专业的设计人员和设计机构,研发力量不足,基本以总装为主。部分企业的产品竞争力弱、更新换代缓慢,企业主要依靠从事外国产品的代理工作,以求快速获取利润。近年来,国家强调关键领域核心技术自主可控,大力支持基础创新和原始创新,海洋装备关键技术、核心零部件与配套设备的自主研发能力有待进一步增强。

总体上,中国海洋装备的发展围绕绿色、智能、极地、深海4个核心方向,海洋装备从近海走向深远海,海洋装备智能化符合节能环保、绿色可再生能源的发展,布局深海采矿装备体系等,这些变化仅仅是一个开始,后面还需要在科技与应用层面开展更多的深入研究。

三、海洋装备领域新增长点

1. 新一代的信息技术与传统的海洋经济融合趋势十分明显

在海洋油气、海洋养殖、航运乃至海上公共管理这些业务基础之上,利用无人技术、远程监控技术、区块链技术、人工智能技术、卫星通信技术等,发展出来无人船、预防性维护、远程操作、透明海洋、信息传输、智能港口等新业务。这些新业务(新增长点)的核心在于对生产和运营流程进行再造,以去人工化的方式,产生结构性成本降低的效果。另外还实

现了传统海洋资源开发技术的迭代,使保守的传统海洋装备产业敞开一道大门,为新进入者提供了机会。

2. 海洋可再生能源和各类清洁能源备受市场和资本青睐

在保持传统油气资源的有序开发前提下,主要能源公司纷纷在可再生能源和各类清洁能源方面发力;同时纷纷预测化石能源峰值。预测出一个行业的峰值将对该行业投资产生重大影响,当预测到某年或者某一段时间该行业的需求达到峰值时,市场将思考投资回报在可预期的未来能否达到预期,是否还有更好的、替代的投资领域。目前来说,全球各主流油气公司,纷纷进行多元化能源领域的投入,未来新能源会是不可避开的新增长点。

3. 新兴海洋经济应用领域层出不穷,陆海统筹有新含义

自从中共十八大报告提出陆海统筹概念之后,海洋领域全行业对于如何诠释陆海统筹有各种各样的看法,甚至在统计数字上也有各种不同的理解。除了风靡的深水养殖、海上风电业务以外,近年来还出现海上卫星发射、海上垃圾处理、人工浮岛、海上核电小堆、海上悬浮式隧道等示范性项目或者研发性项目。很多项目“陆而优则海”,陆上取得的成熟技术累计经验,形成的成熟商业模式,可努力争取移植到海上,这是非常符合产业发展规律的道路,很多国外跨国公司都走这一条路,这也是海洋装备产业和陆海统筹战略结合的一个新思路。

4. 全球海洋装备组装建造格局集中度大幅度提升

海洋装备产业国际竞争格局的新变化之一是海洋装备企业集中程度有不断提升趋势。2019 年以来,世界主要造船国家的骨干造船企业均在不同程度上开展整合重组,行业龙头“抱团”加速,重点企业强强联合。2019 年 2 月,韩国现代重工开始收购大宇造船海洋股权,与大宇造船海洋的最大股东——韩国产业银行(KDB)达成协议,收购后持有大宇造船海洋 55.7% 的股权,并新成立韩国造船海洋。2019 年 11 月,本今治造船与日本联合造船(JMU)宣布就资本和业务合作的基本事项达成协议,大岛造船决定收购三菱重工长崎(KOYAGI)船厂并于 2020 年上半年商定具体内容。2019 年 11 月 26 日中国船舶集团成立,总资产达到 7 900 亿、员工达到 31 万人的全球最大海洋装备建造企业出现。此前新加坡淡马锡完成对新加坡两大海工产业集团——吉宝集团和胜科海事的控股,铺平两大造船与海工集团合并道路。全球海洋装备制造强国齐齐提升产业集中度,不仅对造船和组装建造环节产生重大影响,更将因其巨大规模优势,在与下游航运、油气、防务等客户博弈中都会出现新的情况。行业集中度及带来影响的变革正在开始,还在持续变化。

我国海洋工程装备制造业发展前景可期,一方面是海洋油气业的地位提升,海洋油气开发的旺盛投资为行业未来发展提供了充沛动力。另一方面,我国经济快速增长,大型基础设施建设越来越完善,产业发展的经济实力越来越强;我国具有完善的产业配套体系,拥有完整的钢铁、能源、交通运输和机电设备基础制造体系;而且劳动生产效率越来越高,这些都为我国发展海洋工程装备制造业提供了所需的技术和人才条件。

四、存在的制约因素

1. 基础技术和建造经验的因素

目前,国内海工企业对技术、人才、金融和配套的支持不够,发展潜力不足,容易受外

部供求变化的制约。由于海洋工程产品具有高技术的特点,使得船舶企业转型海洋装备还只是一个"少数人的游戏"。大多数的船舶企业没有涉足海工,无建造、管理等相关经验,目前都只能采取各种措施,以弥补自身的劣势,因此经验困乏可能成为制约船企快速发展的瓶颈。

2. 自主创新能力不够和国外技术封锁的因素

产品缺乏创新能力是中国船企普遍存在的问题,目前国内基本上是参照或直接使用欧美技术承接订单;国外抱着核心技术不肯撒手,我们面临着技术封锁的严峻现实。虽然我国海工装备订单量以及订单金额较高,但在单价上却并不占优势,自主设计方面仍存在缺陷。而因为我国基本采用欧美设计,所得利润进一步减少。因此,加强自主设计研发以及高端装备的建造能力,是目前我国亟须解决的问题。

3. 海工产能过剩的因素

国内大船厂已纷纷开始在海工装备领域布局,山东、江苏、浙江、广东等省的地方项目也陆续上马。造船业鼎盛时期的一拥而上局面再度显现。目前国家有关部门正在酝酿制定海洋工程规划,避免出现新的产能过剩。

政策篇

第四章 中国海洋装备的重点政策

为增强海洋工程装备产业的创新发展和国际竞争力,推动海洋资源开发和海洋工程装备产业创新、持续、协调发展。国家与有关部委发布了一系列海洋工程装备产业创新发展战略和规划,将我国海洋工程装备产业列为培育发展的战略性新兴产业,要求优化海洋产业结构,培育壮大海洋工程装备制造业,积极创建和培育国家新型海洋工程装备产业基地,全面提升海洋工程装备制造的科技自主创新能力和竞争力。

一、宏观政策梳理

作为为海洋开发提供技术装备支持的战略性产业,国家在宏观层面上相继出台了多项鼓励海洋装备行业发展的政策和规划等,针对不同的海洋装备,也分别提出了相应的规划方法以及质量要求。2019 年 6 月,我国国家市场监督管理总局联合中国国家标准化管理委员会发布了《自升式钻井平台建造质量要求》,对 90 米以上作业水深自升式钻井平台提供了要求,并规范了其交验以及交付的过程。近几年一系列政策的出台向海洋装备尤其是船舶行业提出了高质量发展的指导意见,指明了现代船舶智能制造的发展趋势(见表 4-1)。

表 4-1 我国关于海洋装备发展的政策文件汇总

文件出台/年份	文件名称	摘要
2018	《国务院关于发展海洋经济加快建设海洋强国工作情况的报告》 ——国务院	一是深刻学习领会习近平总书记关于建设海洋强国的重要论述;二是客观分析我国发展海洋经济、建设海洋强国的总体情况;三是采取有力措施进一步推动海洋经济发展和海洋强国建设
2018	《促进海洋经济高质量发展的实施意见》 ——自然资源部、中国工商银行	(1)目标:推动海洋经济发展,共同探索构建海洋经济金融服务模式,促进海洋领域投融资产品与服务方式创新; (2)主要内容:提出加强对海洋经济重点领域的支持力度、加强对重点区域海洋经济发展的金融支持、创新海洋经济发展金融服务方式、构建顺畅的政银合作机制

文件出台/年份	文件名称	摘　　要
2018	推进船舶总装建造智能化转型行动计划(2019—2021年)——工业和信息化部及国家国防科技工业局	(1)背景：以信息技术和制造业深度融合为重要特征的新科技革命和产业变革正在孕育兴起,数字化、网络化、智能化日益成为未来制造业发展的主要趋势,世界主要造船国家纷纷加快智能制造步伐。 (2)总体考虑：紧扣行业特点与需求,坚持问题导向,以全面推进数字化造船为重点,以关键环节智能化改造为切入点,提出了2019—2021年船舶总装建造智能化转型的总体要求、重点任务和保障措施。 (3)发展目标：经过三年努力,船舶智能制造技术创新体系和标准体系初步建立,切割、成型、焊接和涂装等脏险难作业过程劳动强度大幅降低,造船企业管理精细化和信息集成化水平显著提高,2~3家标杆企业率先建成若干具有国际先进水平的智能单元、智能生产线和智能化车间,骨干企业基本实现数字化造船,建造质量与效率达到国际先进水平,为建设智能船厂奠定坚实基础。 (4)重点任务：一是攻克智能制造关键共性技术和短板装备;二是夯实船舶智能制造基础;三是推进全三维数字化设计;四是加快智能车间建设;五是推动造船数字化集成与服务。 (5)保障措施：一是加强组织协调;二是强化创新和示范应用的支持力度;三是加大金融支持力度;四是大力培育系统解决方案供应商;五是加强人才队伍建设;六是深化国际交流合作
2018	《智能船舶发展行动计划（2019—2021年)》——工业和信息化部、交通运输部、国家国防科技工业局	(1)背景：为深入贯彻落实党中央、国务院关于建设制造强国、海洋强国、交通强国的战略部署,抢抓发展机遇,促进船舶工业供给侧结构性改革,提升船舶工业核心竞争力,实现我国船舶工业高质量发展。 (2)发展目标：经过三年努力,形成我国智能船舶发展顶层规划,初步建立智能船舶规范标准体系,突破航行态势智能感知、自动靠立泊等核心技术,完成相关重点智能设备系列研制,实现远程遥控、自主航行等功能的典型场景试点示范,扩大典型智能船舶"一个平台＋N个智能应用"的示范推广,初步形成智能船舶虚实结合、岸海一体的综合测试与验证能力,保持我国智能船舶发展与世界先进水平同步。 (3)重点任务：全面强化顶层设计、突破关键智能技术、推动船用设备智能化升级、提升网络和信息安全防护能力、加强测试与验证能力建设、健全规范标准体系、推动工程应用试点示范、打造协同发展生态体系、促进军民深度融合。 (4)措施：加强组织实施、完善激励政策、推进跨界融合、加快人才培养、加强国际合作
2017	《海洋工程装备制造业持续健康发展行动计划(2017—2020年)》——工业和信息化部、国家发展和改革委员会、科技技术部、财政部、人民银行、国资委、银保监会、国家海洋局	(1)背景：海洋工程装备处于海洋产业价值链的核心环节,具备良好的发展前景;我国海洋工程装备制造业快速发展,进入世界海洋工程装备总装建造第一梯队;随着国际油价的断崖式骤降,我国海工企业面临严峻的生存挑战;我国海洋强国战略加快实施,为海工装备制造业发展提供了广阔空间。 (2)发展目标：到2020年,我国海洋工程装备制造业国际竞争力和持续发展能力明显提升,产业体系进一步完善,专用化、系列化程度不断加强,产品结构迈向中高端,力争步入海洋工程装备总装制造先进国家行列。

文件出台/年份	文件名称	摘　要
		（3）重点任务：深化改革促创新、加大力度调结构、多措并举去"库存"、突破瓶颈补短板、强化基础创品牌、全面开放促发展。 （4）保障措施：加大金融支持力度、扩大海洋工程装备有效需求、加大科研开发和应用推广支持力度、加强人才队伍建设、发挥行业组织和专业机构作用,加强行业自律
2017	《增强制造业核心竞争力三年行动计划（2018—2020年)》 ——国家发展和改革委员会	（1）总体目标：到"十三五"末,轨道交通装备等制造业重点领域突破一批重大关键技术实现产业化,形成一批具有国际影响力的领军企业,打造一批中国制造的知名品牌,创建一批国际公认的中国标准,制造业创新能力明显提升、产品质量大幅提高、综合素质显著增强。 （2）主要内容：涉及重点领域包括轨道交通装备关键技术产业化、高端船舶和海洋工程装备关键技术产业化、智能机器人关键技术产业化、智能汽车关键技术产业化、现代农业机械关键技术产业化、高端医疗器械和药品关键技术产业化、新材料关键技术产业化、制造业智能化关键技术产业化、重大技术装备关键技术产业化。其中高端船舶和海洋工程装备关键技术产业化涉及发展高端船舶和海洋工程装备是海洋运输、资源开发和国防建设的重要保障。加快船舶工业自主创新、转型升级,有利于提高国际竞争力。 （3）产业化的重点任务：发展高技术船舶与特种船舶、发展海洋资源开发先进装备、提升关键系统和核心部件配套能力、提升研发制造基础能力等
2017	《"十三五"先进制造技术领域科技创新专项规划》 ——科学技术部	（1）目标：要瞄准国际制造业发展的最前沿,力争率先突破,构筑先发优势。依托新兴信息技术,建立健全制造业的创新发展模式,形成网络协同制造创新服务体系,提高市场竞争力。 （2）主要内容：先进制造领域重点从"系统集成、智能装备、制造基础和先进制造科技创新示范工程"四个层面,围绕13个主要方向开展重点任务部署,包括增材制造、激光制造、智能机器人、极大规模集成电路制造装备及成套工艺、新型电子制造关键装备、高档数控机床与基础制造装备、智能装备与先进工艺、制造基础技术与关键部件、工业传感器、智能工厂、网络协同制造、绿色制造、先进制造科技创新示范工程等。其中制造基础技术与关键部件中涉及大型海洋装备、高速列车、海上风电、机器人等装备、海洋工程装备等
2017	《全国海洋经济发展"十三五"规划》 ——国家发展和改革委员会、国家海洋局	（1）目标：到2020年,我国海洋经济发展空间不断拓展,综合实力和质量效益进一步提高,海洋产业结构和布局更趋合理,海洋科技支撑和保障能力进一步增强,海洋生态文明建设取得显著成效,海洋经济国际合作取得重大成果,海洋经济调控与公共服务能力进一步提升,形成陆海统筹、人海和谐的海洋发展新格局。 （2）内容：全文分总体要求、优化海洋经济发展布局、推进海洋产业优化升级、促进海洋经济创新发展、加强海洋生态文明建设、加快海洋经济合作发展、深化海洋经济体制改革和保障措施共计八个方面

文件出台/年份	文件名称	摘　　要
2017	《"十三五"海洋领域科技创新专项规划》——科学技术部、自然资源部、国家海洋局	(1) 总体目标:大幅提升对全球海洋变化、深渊海洋、极地的科学认知能力;快速提升深海运载作业、信息获取及资源开发利用的技术服务能力;显著提升海洋生态保护、防灾减灾、航运保障的技术支撑能力。 (2) 重点任务:① 实现深潜装备谱系化,形成全海深(11 000 米级)探测及运载能力;② 全面提升我国海洋环境监测预警与安全保障科技支撑能力;③ 提升1 500 米到3 000 米深水油气资源自主开发能力,形成海底天然气水合物试验开采能力;④ 显著提高我国深海生物资源勘探、获取和开发能力,全面提升远洋渔业资源开发能力;⑤ 提高我国极地科研水平和技术保障能力,为维护我国极地权益提供技术支撑;⑥ 为"21 世纪海上丝绸之路"建设提供海洋科技支撑;⑦ 建设国际一流海洋科研基地,培养一批海洋科技领军人才和团队 (3) 政策措施:组织保障(跨部门的统筹协调和会商推进机制);政策保障(与海洋政策法规体系紧密结合);资金保障(海洋科技创新多元资金机制);国际合作(完善"21 世纪海上丝绸之路"国际科技合作交流机制)
2016	《中华人民共和国国民经济和社会发展第十三个五年规划纲要》——全国人大常委会	(1) 目标:经济保持中高速增长,在提高发展平衡性、包容性、可持续性的基础上,到2020 年国内生产总值和城乡居民人均收入比2010 年翻一番,产业迈向中高端水平,消费对经济增长贡献明显加大,户籍人口城镇化率加快提高。农业现代化取得明显进展,人民生活水平和质量普遍提高,我国现行标准下农村贫困人口实现脱贫,贫困县全部摘帽,解决区域性整体贫困。国民素质和社会文明程度显著提高。生态环境质量总体改善。各方面制度更加成熟更加定型,国家治理体系和治理能力现代化取得重大进展。 (2) 主要内容:共分为20 篇,具体包括指导思想、主要目标和发展理念;实施创新驱动发展战略;构建发展新体制;推进农业现代化;优化现代产业体系;拓展网络经济空间;构筑现代基础设施网络;推进新型城镇化;推动区域协调发展;加快改善生态环境;构建全方位开放新格局;深化内地和港澳、大陆和台湾地区合作发展;全力实施脱贫攻坚;提升全民教育和健康水平;提高民生保障水平;加强社会主义精神文明建设;加强和创新社会治理;加强社会主义民主法治建设;统筹经济建设和国防建设;强化规划实施保障 (3) 优化现代产业体系中涉及海洋工程装备及高技术船舶,发展深海探测、大洋钻探、海底资源开发利用、海上作业保障等装备和系统。推动深海空间站、大型浮式结构物开发和工程化。重点突破邮轮等高技术船舶及重点配套设备集成化、智能化、模块化设计制造核心技术;推动区域协调发展中涉及壮大海洋经济、加强海洋资源环境保护、维护海洋权益等内容;构建全方位开放新格局涉及深入推进国际产能和装备制造合作,开展国际产能和装备制造合作,推动装备、技术、标准、服务走出去
2016	《"十三五"国家科技创新规划》——国务院	(1) 发展目标:国家科技实力和创新能力大幅跃升,创新驱动发展成效显著,国家综合创新能力世界排名进入前15 位,迈进创新型国家行列,有力支撑全面建成小康社会目标实现。实现自主创

续表

文件出台/年份	文件名称	摘　　要
2016	《"十三五"国家科技创新规划》——国务院	新能力全面提升、科技创新支撑引领作用显著增强、创新型人才规模质量同步提升、有利于创新的体制机制更加成熟定型、创新创业生态更加优化。 （2）主要内容：规划共分 8 篇 27 章,从创新主体、创新基地、创新空间、创新网络、创新治理、创新生态 6 个方面提出建设国家创新体系的要求,并从构筑国家先发优势、增强原始创新能力、拓展创新发展空间、推进大众创业万众创新、全面深化科技体制改革、加强科普和创新文化建设等 6 个方面进行了系统部署,最后强化规划实施保障。规划提出 12 项主要指标,其中国家综合创新能力世界排名从现在的 18 位提升到第 15 位,科技进步贡献率从现在的 55.3% 提高到 60%,知识密集型服务业增加值占国内生产总值的比重由现在的 15.6% 提高到 20%。 （3）在总体部署中涉及未来五年,我国科技创新工作将紧紧围绕深入实施国家"十三五"规划纲要和创新驱动发展战略纲要,有力支撑"互联网＋"、网络强国、海洋强国、航天强国、健康中国建设、军民融合发展、"一带一路"建设、京津冀协同发展、长江经济带发展等国家战略实施,充分发挥科技创新在推动产业迈向中高端、增添发展新动能、拓展发展新空间、提高发展质量和效益中的核心引领作用。 （4）构筑国家先发优势中深入实施国家科技重大专项,涉及发展现代交通技术与装备,涉及突破绿色、智能船舶核心技术,形成船舶运维智能化技术体系,研制一批高技术、高性能船舶和高效通用配套产品,为提升我国造船、航运整体水平,培育绿色船舶、智能船舶等产业提供支撑。发展保障国家安全和战略利益的技术体系中涉及发展海洋资源高效开发、利用和保护技术,发展深地极地关键核心技术等
2016	《"十三五"国家战略性新兴产业发展规划》——国务院	根据"十三五"规划纲要有关部署,特编制本规划,规划期为2016—2020 年。以创新、壮大、引领为核心,坚持走创新驱动发展道路,促进一批新兴领域发展壮大并成为支柱产业,持续引领产业中高端发展和经济社会高质量发展。立足发展需要和产业基础,大幅提升产业科技含量,加快发展壮大网络经济、高端制造、生物经济、绿色低碳和数字创意等五大领域,实现向创新经济的跨越。着眼全球新一轮科技革命和产业变革的新趋势、新方向,超前布局空天海洋、信息网络、生物技术和核技术领域一批战略性产业,打造未来发展新优势。遵循战略性新兴产业发展的基本规律,突出优势和特色,打造一批战略性新兴产业发展策源地、集聚区和特色产业集群,形成区域增长新格局。把握推进"一带一路"建设战略契机,以更开放的视野高效利用全球创新资源,提升战略性新兴产业国际化水平。加快推进重点领域和关键环节改革,持续完善有利于汇聚技术、资金、人才的政策措施,创造公平竞争的市场环境,全面营造适应新技术、新业态蓬勃涌现的生态环境,加快形成经济社会发展新动能
2016	《全国海洋标准化"十三五"发展规划》——国家海洋局、国	（1）规划目标：到 2020 年,我国将基本建成支撑海洋治理体系和治理能力现代化的具有中国特色的海洋标准化体系,使中国海洋标准的国际影响力和贡献力显著提升,海洋标准体系更加完善,

文件出台/年份	文件名称	摘　　要
2016	家标准化管理委员会	海洋标准化效益更加明显,海洋国际标准化水平显著提高,海洋标准化基础更加夯实。到 2030 年,我国进入世界海洋标准强国行列。 (2) 规划内容:提出 6 项主要任务:一是优化海洋标准体系;二是推进海洋标准实施;三是强化海洋标准监督;四是提升海洋标准化服务能力;五是加强海洋国际标准化工作;六是夯实海洋标准化工作基础
2016	《船舶工业深化结构调整加快转型升级行动计划(2016—2020 年)》 ——工业和信息化部、国家发展和改革委员会、财政部	(1) 发展思路:牢固树立创新、协调、绿色、开放、共享的发展理念,以创新发展和产业升级为核心,以制造技术与信息技术深度融合为重要抓手,大力推进供给侧结构性改革,稳增长、去产能、补短板、降成本、调结构、提质量、强品牌,全面提升产业国际竞争力和持续发展能力。 (2) 目标:提出到 2020 年,建成规模实力雄厚、创新能力强、质量效益好、结构优化的船舶工业体系,力争步入世界造船强国和海洋工程装备制造先进国家行列。 (3) 重点任务:一是提高科技创新引领力,加强基础及前沿技术研究,建设高水平创新中心,实施重大专项工程;二是调整优化产业结构,努力化解过剩产能,大力扶植优强企业,积极培育新的经济增长点;三是发展先进高效制造模式,大力推进智能制造,积极发展"互联网+"与服务型制造,全面推行绿色制造;四是构筑中国船舶制造知名品牌,提升产品质量,推进品牌建设,强化制造体系管理;五是推动军民深度融合发展,促进军民协同创新,推进军民资源共享;六是促进全方位开放合作,加快"走出去"步伐,积极引入全球创新资源。 (4) 提出了加强产业创新和推广应用支持力度、加大金融支持、完善保险支持政策、加强新需求的培育、健全多层次人才保障体系、发挥中介组织和专业机构作用六个方面的保障措施
2016	《海洋可再生能源发展"十三五"规划》 ——国家海洋局	我国首个海洋能发展专项规划,《规划》指出,"十三五"期间将以显著提高海洋能装备技术成熟度为主线,着力推进海洋能工程化应用,夯实海洋能发展基础,实现海洋能装备从"能发电"向"稳定发电"转变,务求在海上开发活动电能保障方面取得实效。《规划》从海洋能发展方向、需求和作用影响力等角度考虑,提出了总体目标,即到 2020 年,核心技术装备实现稳定发电,工程化应用初具规模,产业链条基本形成,全国海洋能总装机规模超过 50 000 千瓦,在 5 个海岛以上建成独立电力系统,扩大各类海洋能装置生产规模,我国海洋能开发利用水平步入国际先进行列。在《规划》部署的 5 个重点任务中,推进海洋能工程化应用排在首位。在推进海洋能工程化应用上,首先提到的是开发高效、稳定、可靠的海洋能技术装备。《规划》将推进海洋能装备产品化摆在了十分重要的位置,提出了具体的要求
2016	《全国海水利用"十三五"规划》 ——国家发展和改革委员会、国家海洋局	(1)《规划》客观总结了我国"十二五"期间海水利用产业规模、技术创新等方面取得的进展和推进海水利用产业发展过程中形成的政策模式,分析了"十三五"期间我国海水利用产业发展的趋势和政策导向。考虑海水利用技术产业发展现状、存在问题及面临形势,《规划》主体包括总体要求、扩大海水利用应用规模、提升海水利用创新能力、健全综合协调管理机制、推动海水利用开放发展、强化规划实施保障六个章节。

续表

文件出台/年份	文件名称	摘要
2016	《全国海水利用"十三五"规划》——国家发展和改革委员会、国家海洋局	(2)在框架设置和内容上突出问题导向,一是应对海水利用规模化发展和提升国际竞争力的需要,将"扩大海水利用应用规模""提升海水利用创新能力"作为规划的重要内容;二是对应目前海水利用产业政策机制不健全等问题,提出"健全综合协调管理机制";三是应对海水淡化技术产业与国际接轨和国际化战略需求,提出"推动海水利用开放发展"
2016	《全国科技兴海规划(2016—2020年)》——国家海洋局、科学技术部	到2020年,形成有利于创新驱动发展的科技兴海长效机制。海洋科技成果转化率超过55%,海洋科技进步对海洋经济增长贡献率超过60%,发明专利拥有量年均增速达到20%,海洋高端装备自给率达到50%。该规划为实现总体目标提出了"新引擎""新动力""新能力""新局面""新环境":① 加快高新技术转化,打造海洋产业发展新引擎;② 推动科技成果应用,培育生态文明建设新动力;③ 构建协同发展模式,形成海洋科技服务新能力;④ 加强国际合作交流,开拓开放共享发展新局面;⑤ 创新管理体制机制,营造统筹协调发展新环境
2016	《全国渔业发展第十三个五年规划》(涉及渔业装备)——中华人民共和国农业农村部	"十三五"是全面建成小康社会的决胜阶段,也是大力推进渔业供给侧结构性改革,加快渔业转方式调结构,促进渔业转型升级的关键时期。根据《中华人民共和国国民经济和社会发展第十三个五年规划纲要》《全国农业现代化规划(2016—2020年)》总体要求,结合渔业实际,制定《全国渔业发展第十三个五年规划》。重点任务包括转型升级水产养殖业;调减控制捕捞业;推进一二三产业融合发展;大力养护水生生物资源;规范有序发展远洋渔业;提高渔业安全发展水平
2016	《中华人民共和国船舶污染海洋环境应急防备和应急处置管理规定》——中华人民共和国交通运输部	(1)发文目的:提高船舶污染事故应急处置能力,控制、减轻、消除船舶污染事故造成的海洋环境污染损害。(2)具体内容:应急能力建设和应急预案,船舶污染清除单位概念,具备的条件和职责,船舶污染清除协议的签订要求,应急处置,需承担的法律责任等
2016	《装备制造业标准化和质量提升规划》	以提高制造业发展质量和效益为中心,以实施工业基础、智能制造、绿色制造等标准化和质量提升工程为抓手,深化标准化工作改革,坚持标准与产业发展相结合、标准与质量提升相结合、国家标准与行业标准相结合、国内标准与国际标准相结合,不断优化和完善装备制造业标准体系,加强质量宏观管理,完善质量治理体系,提高标准的技术水平和国际化水平,提升我国制造业质量竞争能力,加快培育以技术、标准、品牌、质量、服务为核心的经济发展新优势,支撑构建产业新体系,推动我国从制造大国向制造强国、质量强国转变。到2020年,工业基础、智能制造、绿色制造等重点领域标准体系基本完善,质量安全标准与国际标准加快接轨,重点领域国际标准转化率力争达到90%以上,装备制造业标准整体水平大幅提升,质量品牌建设机制基本形成,部分重点领域质量品牌建设取得突破性进展,重点装备质量达到或接近国际先进水平。到2025年,系统配套、服务产业跨界融合的装备制造业标准体系基

文件出台/年份	文件名称	摘　要
2016	《装备制造业标准化和质量提升规划》	本健全,企业质量发展内生动力持续增强,质量主体责任意识显著提高,标准和质量的国际影响力与竞争力大幅提升,打造一批"中国制造"金字品牌。《规划》的主要内容包括4个方面:一是提升装备制造业标准化和质量创新能力;二是实施工业基础、智能制造、绿色制造3个标准化和质量提升工程;三是围绕新一代信息技术、高档数控机床和机器人、航空航天装备、海洋工程装备及高技术船舶、先进轨道交通装备、节能与新能源汽车、电力装备、农业装备、新材料、高性能医疗器械10个重点领域,提出标准化和质量提升要求;四是加快推进装备制造业标准国际化,开展制造业领域标准化比对分析、外文翻译、标准互认,推动中国装备、技术、产品、服务走出去
2016	《全国海洋计量"十三五"发展规划》——国家海洋局、国家市场监督管理总局	《规划》提出,到2020年,海洋计量科技基础更加坚实,量传溯源体系更加完善,服务保障能力显著提高,制度更加健全,监管更加规范,国际互认和检测能力置信水平显著提高,在壮大海洋经济、保护海洋资源环境、加强海洋公共服务和维护海洋权益中发挥重要的技术基础和技术保障作用。《规划》提出,"十三五"期间全国海洋计量工作主要完成五项任务:一是推进海洋计量科技基础研究;二是加强海洋计量检测服务与监督;三是健全海洋计量体系;四是加强海洋计量检测能力建设;五是提升海洋计量国际化水平
2016	《海洋气象发展规划(2016—2025年)》(涉及海洋气象装备保障能力、建设内容)——国家发展改革委、中国气象局、国家海洋局	(1)《规划》提出,到2025年,我国将逐步建成布局合理、规模适当、功能齐全的海洋气象业务体系,实现近海公共服务全覆盖、远海监测预警全天候、远洋气象保障能力显著提升,基本满足海洋气象灾害防御、海洋经济发展、海洋权益维护、应对气候变化和海洋生态环境保护对气象保障服务的需求。 (2)《规划》共分11章,从完善海洋气象综合观测站网、提高海洋气象预报预测水平、构建海洋气象公共服务体系、加强海洋气象通信网络建设、提升海洋气象装备保障能力、建立海洋气象共建共享协作机制等方面进行了部署。 (3)根据《规划》,我国将构建岸基、海基、空基、天基一体化的海洋气象综合观测系统和相应的配套保障体系;建成海洋气象灾害监测预警系统和海洋气象数值预报系统;建成多手段、高时效海洋气象信息发布系统,基本消除信息盲区,实现我国管辖海域和责任海区无缝隙覆盖;实现海洋气象设施的共建共用和统一维护保障,构建各海域、各部门、各行业间的海洋气象业务数据共享通道,提供精细化、集约化、专业化共享服务,多部门海洋气象数据共享充分、信息发布统一高效
2015	《船舶配套产业能力提升行动计划(2016—2020)》——工业和信息化部	主要目标:到2020年,基本建成较为完善的船用设备研发、设计制造和服务体系,关键船用设备设计制造能力达到世界先进水平,全面掌握船舶动力、甲板机械、舱室设备、通导与智能系统及设备的核心技术,主要产品型谱完善,拥有具有较强国际竞争力的品牌产品。行动计划将加强关键核心技术研发,开展质量品牌建设,大力推动示范应用,强化关键零部件基础能力,培育具有国际竞争力的优强企业等列为重要任务。行动计划提到,加强财税金融政策支持。综合应用技术改造、首台(套)重大技术装备保险补偿机制、重大技术装备进口税收政策、船舶信贷、开发性金融促进海洋

续表

文件出台/年份	文件名称	摘　　　要
2015	《船舶配套产业能力提升行动计划（2016—2020）》——工业和信息化部	经济发展等政策加大对我国船舶配套产业发展的支持力度；支持股权投资基金、产业投资基金等参与船用设备研制及示范应用项目；统筹船舶军民资源，推进军民融合发展；加强船舶配套企业实施兼并重组、海外投资的金融支持力度
2014	《海洋工程装备工程实施方案》——国家发展和改革委员会、财政部、工业和信息化部	（1）根据《方案》，"海洋工程装备工程"将从深海油气资源开发装备创新发展、深海油气资源开发装备应用示范、深海油气资源开发装备创新公共平台建设三方面组织实施，旨在突破深远海油气勘探装备、钻井装备、生产装备、海洋工程船舶、其他辅助装备以及相关配套设备和系统的设计制造技术。 （2）《方案》提出，到2016年，我国海洋工程装备实现浅海装备自主化、系列化和品牌化，深海装备自主设计和总包建造取得突破，专业化配套能力明显提升，基本形成健全的研发、设计、制造和标准体系，创新能力显著增强，国际竞争力进一步提升。到2020年，全面掌握主力海洋工程装备的研发设计和制造技术，具备新型海洋工程装备的设计与建造能力，形成较为完整的科研开发、总装建造、设备供应和技术服务的产业体系，海洋工程装备产业的国际竞争能力明显提升。 （3）主要任务：一是加快主力装备系列化研发，形成自主知识产权；二是加强新型海洋工程装备开发，提升设计建造能力；三是加强关键配套系统和设备技术研发及产业化，提升配套水平；四是加强海洋工程装备示范应用，实现产业链协同发展；五是加强创新能力建设，支撑产业持续快速发展
2014	《全国海洋观测网规划》（2014—2020年）——国家海洋局	（1）《规划》实施要求结合国家海洋事业发展规划和全国海洋经济发展规划，面向"十三五"海洋观测发展需求，创新机制体制、增强能力，充分利用现有海洋观测基础，采用国内外可靠、先进的海洋观测技术，优化资源配置，统筹兼顾海洋观测网的发展。 （2）发展目标：到2020年，建成以国家基本观测网为骨干，地方基本观测网和其他行业专业观测网为补充的海洋综合观测网络，覆盖范围由近岸向近海和中、远海拓展，由水面向水下和海底延伸，实现岸基观测、离岸观测、大洋和极地观测的有机结合，初步形成海洋环境立体观测能力；建立与完善海洋观测网综合保障体系和数据资源共享机制，进一步提升海洋观测网运行管理与服务水平；基本满足海洋防灾减灾、海洋经济发展、海洋综合管理、海洋领域应对气候变化、海洋环境保护、海洋权益维护等方面的需求。 （3）总体布局：海洋观测网的覆盖范围包括我国近岸、近海和中远海，以及全球大洋和极地重点区域，按岸基、离岸、大洋和极地布局。 （4）主要任务：强化岸基观测能力、提升离岸观测能力、开展大洋和极地观测和建设综合保障系统
2013	《国家海洋事业发展"十二五"规划》——国家海洋局	本规划以2008年国务院批复实施的《国家海洋事业发展规划纲要》为基础，结合面临的新形势，对新时期海洋事业发展做了全面深入的部署。本规划所指海洋事业，涵盖海洋资源、环境、生态、经济、权益和安全等方面的综合管理和公共服务活动。规划期至2015年，远景展望到2020年。到2020年，海洋事业发展的总体目标如下：海洋科技自主创新能力和产业化水平大幅提升。海洋开

文件出台/年份	文件名称	摘　　要
2013	《国家海洋事业发展"十二五"规划》——国家海洋局	发布局全面优化,海域利用集约化程度不断提高。陆源污染得到有效治理,近海生态环境恶化趋势得到根本扭转,海洋生物多样性下降趋势得到基本遏制。海洋经济宏观调控的有效性和针对性显著增强,海洋综合管理体系趋于完善,海洋事务统筹协调、快速应对、公共服务能力显著增强。参与国际海洋事务的能力和影响力显著提高,国际海域与极地科学考察活动不断拓展。全社会海洋意识普遍增强,海洋法律法规体系日益健全。国家海洋权益、海洋安全得到有效维护和保障,海洋强国战略阶段性目标得以实现
2013	《船舶工业加快结构调整促进转型升级实施方案(2013—2015年)》	船舶工业是为海洋运输、海洋开发及国防建设提供技术装备的综合性产业。受国际金融危机的深层次影响,国际航运市场持续低迷,新增造船订单严重不足,新船成交价格不断走低,产能过剩矛盾加剧,我国船舶工业发展面临前所未有的严峻挑战。按照稳增长、调结构、促转型的工作要求,为保持产业持续健康发展,特制定本实施方案。发展目标:① 产业实现平稳健康发展。"十二五"后三年,国内市场保持稳定增长,国际市场份额得到巩固,骨干企业生产经营稳定,船舶工业实现平稳健康发展。② 创新发展能力明显增强。新建散货船、油船、集装箱船三大主流船型全面满足国际新规范、新公约、新标准的要求,船用设备装船率进一步提高。高技术船舶、海洋工程装备主要产品国际市场占有率分别达到25%和20%以上。③ 产业发展质量不断提高。产业布局调整优化,建成环渤海湾、长江口、珠江口三大世界级造船和海洋工程装备基地。骨干企业建立现代造船模式,造船效率达到15工时/修正总吨,单位工业增加值能耗下降20%,平均钢材一次利用率达到90%以上。④ 海洋开发装备明显改善。运输船队结构得到优化,渔业装备水平明显提高,科学考察、资源调查等装备配置得到加强,海洋油气资源勘探开发装备满足国内需求,邮轮游艇产品适应海洋旅游产业发展需要。⑤ 海洋保障能力显著提升。行政执法船舶配置大幅提升,调配使用效率明显提高,适应海上维权执法需要,救助、打捞船舶升级换代,航海保障能力及海上综合应急救援能力显著增强。⑥ 化解过剩产能取得进展。产能盲目扩张势头得到遏制,产能总量不增加;企业兼并重组稳步推进,产业集中度不断提高,一批大型造船基础设施得到整合,产业布局更加合理;一批中小企业转型转产,落后产能退出市场。主要任务包括:① 加快科技创新,实施创新驱动;② 提高关键配套设备和材料制造水平;③ 调整优化船舶产业生产力布局;④ 改善需求结构,加快高端产品发展;⑤ 稳定国际市场份额,拓展对外发展新空间;⑥ 推进军民融合发展;⑦ 加强企业管理和行业服务 支持政策:① 鼓励老旧运输船舶提前报废更新;② 支持行政执法、公务船舶建造和渔船更新改造;③ 鼓励开展船舶买方信贷业务;④ 加大信贷融资支持和创新金融支持政策;⑤ 加强企业技术进步和技术改造;⑥ 控制新增产能,支持产能结构调整
2013	《海洋可再生能源发展纲要(2013—2016年)》——国家海洋局	重点任务:① 突破关键技术,重点支持具有原始创新的潮汐能、波浪能、潮流能、温差能、盐差能利用的新技术、新方法以及综合开发利用技术研究与试验,攻克关键技术,为海洋能开发利用储备技术。② 提升装备水平,采取技术引进与自主研制相结合,形成一批

文件出台 /年份	文件名称	摘　　　要
2013	《海洋可再生能源发展纲要（2013—2016年）》 ——国家海洋局	具有自主知识产权的关键技术和核心装备。③ 示范项目建设。④ 健全产业服务体系，建立健全标准规范体系，制定海洋能资源勘查、评价、装备制造、检验评估、工程设计、施工、运行维护、接入电网等标准与规范，形成较为完备的海洋能技术标准规范体系。⑤ 资源调查与选划
2012	《国家重大科技基础设施建设中长期规划（2012—2030年）》 ——国务院	（1）规划目标：到2030年，基本建成布局完整、技术先进、运行高效、支撑有力的重大科技基础设施体系。 （2）规划内容：主要包括总体部署、"十二五"时期建设重点以及保障措施，其中总体部署中未来20年，瞄准科技前沿研究和国家重大战略需求，从预研、新建、推进和提升四个层面逐步完善重大科技基础设施体系；"十二五"时期建设重点包括海底科学观测网等16项重大科技基础设施建设；保障措施具体包括健全管理制度、保障资金投入、强化开放共享、协同推进预研、加强人才培养、促进国际合作。 （3）在总体部署中，地球系统与环境科学领域涉及现场探测与观测方面，包括建成海洋科学综合考察船，满足综合海洋环境观测、探测以及保真取样和现场分析需求；"十二五"时期建设重点涉及海底科学观测网等
2012	《"十二五"国家战略性新兴产业发展规划》 ——国务院	（1）规划目标：产业创新能力大幅提升。一批关键核心技术达到国际先进水平。到2020年，力争使战略性新兴产业成为国民经济和社会发展的重要推动力量，增加值占国内生产总值比重达到15%，部分产业和关键技术跻身国际先进水平，节能环保、新一代信息技术、生物、高端装备制造产业成为国民经济支柱产业，新能源、新材料、新能源汽车产业成为国民经济先导产业。 （2）规划内容：该《规划》分背景，指导思想、基本原则和发展目标，重点发展方向和主要任务，重大工程，政策措施，组织实施6部分。重点发展方向和主要任务：节能环保产业、新一代信息技术产业、生物产业、高端装备制造产业、新能源产业、新材料产业、新能源汽车产业。其中高端装备制造产业包括航空装备产业、卫星及应用相关产业、轨道交通装备产业、海洋工程装备产业、智能制造装备产业。 （3）政策措施主要包括加大财税金融政策扶持、完善技术创新和人才政策、营造良好的市场环境、加快推进重点领域和关键环节改革
2012	《全国海洋经济发展"十二五"规划》 ——国务院	（1）本规划涉及的海洋产业及海洋相关产业包括海洋渔业、海洋船舶工业、海洋油气业、海洋盐业和盐化工业、海洋工程装备制造业、海洋药物和生物制品业、海洋可再生能源业、海水利用业、海洋交通运输业、海洋旅游业、海洋文化产业、涉海金融服务业、海洋公共服务业等。规划期为2011—2015年，展望到2020年。 （2）第四章改造提升海洋传统产业中针对船舶工业提出：提高自主研发能力，大力发展船舶配套产业。 （3）第五章培育壮大海洋新兴产业中针对海洋工程装备制造业提出：① 海洋油气资源勘探开发装备要重点研发新型、深水装备及关键配套设备和系统，突破设计制造核心技术；② 推进海洋能源综合集成利用，加快研发海岛可再生能源独立电力系统设备；③ 海水利用装备要提高海水利用装备国产化水平，积极研发日产10万吨以上海水淡化设备、循环冷却及海水脱硫成套设备，延伸海水利用装备产业链条

文件出台/年份	文件名称	摘　　要
2012	《海洋工程装备制造业中长期发展规划》——工业和信息化部	主要任务：一是加快提升产业规模；二是加强产业技术创新；三是提高关键系统和设备配套能力；四是构筑海工装备现代制造体系；五是提升对外开放水平；六是实施重大创新工程
2012	《船舶工业"十二五"发展规划》——工业和信息化部	本规划依据《国民经济和社会发展第十二个五年规划纲要》《工业转型升级规划（2011—2015年）》和《船舶工业中长期发展规划（2006—2015年）》（简称《中长期规划》）制定，与《船舶工业调整和振兴规划》相衔接。本规划根据国家的战略部署和产业发展的客观需要，按照《中长期规划》提出的总体要求和方向，针对新时期的新形势和新问题，提出"十二五"期间船舶工业发展的指导思想、发展目标、主要任务和政策措施。规划期为2011—2015年。发展目标是到2015年，我国船舶工业产业体系更为完善，产业结构更趋合理，创新能力和产业综合素质显著提升，国际造船市场份额稳居世界前列，成为世界造船强国
2012	《全国海洋标准化"十二五"发展规划》——国家海洋局、国家标准化管理委员会	（1）主要任务：一是构建层次分明、系统完善的海洋标准体系。二是加大海洋标准制修订力度。三是强化标准贯彻实施与监督管理。四是实施标准化科研创新活动。五是建设全国海洋标准信息服务平台。六是推进海洋标准国际化进程。七是引导涉海企事业单位标准化活动。八是加强地方海洋标准化工作。 （2）此外，本《规划》还为海洋标准化在体系运行、编制质量控制、效能发挥、富饶海洋标准化、生态海洋标准化、数字海洋标准化、安全海洋标准化、科技海洋标准化8个方面指明了技术路线。 （3）保障措施：一是加强海洋标准化组织机构建设；二是强化海洋标准化工作管理；三是加强海洋标准化人才培养；四是加大海洋标准化经费投入和宣传力度
2011	《全国海洋人才发展中长期规划纲要（2010—2020年）》——国家海洋局、教育部、科学技术部	（1）规划目标：本纲要是我国第一个海洋人才发展中长期规划，是今后一个时期我国海洋人才工作的指导性文件。制定实施本纲要是贯彻落实中共中央关于坚持陆海统筹，实施海洋发展战略，提高海洋开发、控制和综合管理能力的指导方针的重要举措，对进一步加强海洋人才队伍建设，实现海洋事业跨越式发展、建设海洋强国具有重大意义。 （2）规划内容：共分为6个部分，分别阐述了海洋人才发展的指导思想、基本原则、发展目标、主要任务、工作机制、政策措施、重点工程和规划实施等
2011	《海洋工程装备产业创新发展战略》（2011—2020）——国家发展和改革委员会、科学技术部、工业和信息化部、国家能源局	（1）战略目标：到"十二五"末，我国基本形成海洋工程装备产业的设计制造体系，初步掌握主力海洋工程装备的自主设计和总包建造技术、部分新型海洋工程装备的制造技术、关键配套设备和系统的核心技术，基本满足国家海洋资源开发的战略需要。到2020年，形成完整的科研开发、总装制造、设备供应、技术服务产业体系，打造若干知名海洋工程装备企业，基本掌握主力海洋工程装备的研发制造技术，具备新型海洋工程装备的自主设计建造能力，产业创新体系完备，创新能力跻身世界前列。 （2）我国将采取加大国家支持力度，鼓励研究开发和创新，改进和完善金融服务，做好组织和协调等措施，推动要素整合和技术集成，努力实现海洋工程装备产业核心技术重大突破。鼓励企业加

续表

文件出台/年份	文件名称	摘 要
2011	《海洋工程装备产业创新发展战略》(2011—2020) ——国家发展和改革委员会、科学技术部、工业和信息化部、国家能源局	大对海洋工程装备的研发投入和创新成果产业化的投入。制定和落实相关政策,组织实施海洋工程装备创新研发及产业化专项工程。支持信誉良好、产品有市场、有效益的海洋工程装备企业加快发展。 (3)主要内容:未来十年,我国将围绕发展主力海洋工程装备、新型海洋工程装备、前瞻性海洋工程装备、关键配套设备和系统、关键共性技术五大战略重点,通过支持创新驱动,实施产业创新发展工程;以需求为牵引,形成产业联盟,加强国际合作,打造一流人才队伍;加强政策引导,完善产业结构等实施途径,推动我国海洋工程装备产业由低端制造向高端集成方向发展
2011	《国家"十二五"海洋科学和技术发展规划纲要》 ——国家海洋局、教育部、科技部、国家自然科学基金委员会	规划纲要对我国2011年至2015年海洋科技发展进行了总体规划。规划纲要共分五个部分,按照国家的重大需求和国际前沿问题,对"十二五"期间我国海洋科技发展任务做出了部署,提出了"十二五"期间的奋斗目标,描绘了海洋科技的发展前景。规划纲要明确提出,"十二五"期间海洋科技对海洋经济的贡献率要由"十一五"时期的54.5%上升到60%。海洋开发技术自主化要实现大发展,科技成果转化率要显著提高。海洋科技将从"十一五"时期支撑海洋经济和海洋事业发展为主,转向引领和支撑海洋经济和海洋事业科学发展
2010	《关于加快培育和发展战略性新兴产业的决定》 ——国务院	(1)目标:我国培育和发展战略性新兴产业的宏观目标应体现三个方面,一是形成我国经济社会可持续发展和转变经济发展方式的重要力量;二是形成满足人民群众生活质量提升新要求的客观能力;三是形成我国参与国际经济技术合作和竞争发展的新优势。 (2)主要内容:① 抓住机遇,加快培育和发展战略性新兴产业;② 坚持创新发展,将战略性新兴产业加快培育成为先导产业和支柱产业;③ 立足国情,努力实现重点领域快速健康发展;④ 强化科技创新,提升产业核心竞争力;⑤ 积极培育市场,营造良好市场环境;⑥ 深化国际合作,提高国际化发展水平;⑦ 加大财税金融政策扶持力度,引导和鼓励社会投入;⑧ 推进体制机制创新,加强组织领导。其中在实现重点领域快速发展中,涉及生物产业以及高端装备制造产业,生物产业涵盖海洋生物技术及产品的研发和产业化;高端装备制造产业包括面向海洋资源开发,大力发展海洋工程装备。强化基础配套能力,积极发展以数字化、柔性化及系统集成技术为核心的智能制造装备等

二、重点政策解析

(一)海洋工程装备产业创新发展战略(2011—2020年)

本战略意在增强海洋工程装备产业的创新能力和国际竞争力,推动海洋资源开发和海洋工程装备产业创新、持续、协调发展。战略实施期为2011—2020年。

战略提出,在"十三五"期间,着力开展集成创新,注重培育原始创新能力,进一步提高主力海洋工程装备的设计制造能力,掌握关键共性技术,加快发展新型海洋工程装备,开展前瞻性海洋工程装备技术研究,推动我国海洋工程装备产业由低端制造向高端集成方向发展。并部署主力海洋工程装备、新型海洋工程装备、前瞻性海洋工程装备、关键配套设备和系统、关键共性技术5大战略重点,通过支持创新驱动,实施产业创新发展工程;以需求为牵引,形成产业联盟;加强国际合作,打造一流人才队伍;加强政策引导,完善产业结构等战略实施途径,实现战略目标。

(二)海洋工程装备制造业持续健康发展行动计划(2017—2020年)

2018年1月4日,工业和信息化部等八部门联合印发《海洋工程装备制造业持续健康发展行动计划(2017—2020年)》,提出到2020年,我国海洋工程装备制造业国际竞争力和持续发展能力明显提升,产业体系进一步完善,专用化、系列化、信息化、智能化程度不断加强,产品结构迈向中高,力争步入海洋工程装备总装制造先进国家行列。本行动计划提出了六个方面的17项重点任务。

一是深化改革促创新。优化产业创新模式,建立海洋工程装备制造业创新中心,强化基础共性技术、市场需求前景好的高端装备以及新型和前瞻性产品研发。组织实施一批重大工程和专项,推动产学研用协同创新,一揽子解决重点领域创新问题。

二是加大力度调结构。加大调整重组力度,推动海工装备制造企业(集团)实施专业化重组以及内部资源整合,压减过剩产能。围绕市场需求和前瞻布局,加快产品结构调整。延伸产业服务链条,拓展以工程服务为主的产业链发展新方向,向提供"产品+服务"模式转变。

三是多措并举去"库存"。创新商业模式,通过开展基金投资、融资租赁、资产重整等多种途径推动海工装备交付运营,通过强化项目全过程风险管控,帮助客户解决融资和运营租赁问题,为保交船创造条件。

四是突破瓶颈补短板。通过自主研发、引进专利、合资合作、并购参股、陆用向海上拓展等形式,大力培育发展核心优势配套产品;加强试验验证能力建设,以重大工程示范项目为牵引,推动设备系统装船应用。

五是强化基础创品牌。持续强化企业管理,提升海工项目综合决策效率和智能化管理水平;积极推进智能制造,针对海工装备定制化、多样化特点,推进海工装备设计制造的智能化改造;加强质量管控和标准化建设,推动建立覆盖产品全生命周期的质量管理体系和技术标准规范体系。

六是全面开放促发展。推动军民融合深度发展,加大国际合资合作力度,加强技术交流和国际项目合作,提高国际竞争力和影响力。

(三)船舶工业深化结构调整加快转型升级行动计划(2016—2020年)

本行动计划为贯彻落实党中央、国务院关于推进供给侧结构性改革、建设海洋强国和制造强国的决策部署,全面深化船舶工业结构调整,加快转型升级,促进产业持续健康发展而制定。

提出坚持创新驱动。把科技创新摆在行业发展全局的核心位置,面向世界船舶和海洋工程装备科技前沿,突破关键技术瓶颈,提高自主创新能力,以科技创新带动全面创新,使创新成为产业结构调整和转型升级的主动力。坚持深化融合。大力发展军民两用技术,促进军民技术双向转移转化,加强军民资源共享,在船舶研发、设计、制造、服务等方面全面推进军民融合;顺应数字化网络化智能化的制造方式变革方向,大力推进船舶中间产品智能制造,加快船舶和海洋工程装备制造技术和信息技术的深度融合。坚持开放协同。推进高水平双向开放,提高全球资源配置和利用能力,促进造船、修船、配套、海工协同发展,制造业与服务业协调发展,产学研用及产融紧密结合,建立优势互补、合作共赢的开放高效的产业生态体系。

(四) 智能船舶发展行动计划(2019—2021年)

智能船舶融合了现代信息技术和人工智能等新技术,具有安全可靠、节能环保、经济高效等显著特点,是未来船舶发展的重点方向。智能船舶成为国际海事界新热点,世界主要造船国家大力推进智能船舶研制与应用;我国智能船舶科研攻关取得积极进展,智能技术工程化应用初显成效,已形成一定的技术积累和产业基础,基本与国际先进水平保持同步;全球智能船舶仍处于探索和发展的初级阶段,智能船舶的定义、分级分类尚未统一,智能感知等核心技术尚未突破,智能船舶标准体系、测试与验证体系亟待建立,智能技术工程化应用十分有限。

在这样的背景下编制了本行动计划,工业和信息化部、交通运输部和国防科工局联合印发《智能船舶发展行动计划(2019—2021年)》,提出了四项基本原则和九项重点任务,力争经过三年努力,形成我国智能船舶发展顶层规划,初步建立智能船舶规范标准体系;突破航行态势智能感知、自动靠离泊等智能船舶基础共性技术和关键核心技术;推动船舶航行、作业、动力等相关设备的智能化升级;全面提升智能船舶网络和信息安全防护能力;完成相关重点智能设备系统研制,实现远程遥控、自主航行等功能的典型场景试点示范,保持我国智能船舶发展与世界先进水平同步。

提出全面强化顶层设计,研究制定我国智能船舶中长期发展规划;突破智能船舶基础共性技术和关键智能技术;推动船舶航行、作业、动力等相关设备的智能化升级;全面提升智能船舶网络和信息安全防护能力;加强测试与验证能力建设和构建规范标准体系等重点任务。抢抓发展机遇,提升船舶工业核心竞争力,实现我国船舶工业高质量发展。

领域篇

第五章　海洋运载装备

一、海洋运载装备总体情况

(一) 概念范畴

本章所研究的海洋运载装备范畴涉及运输旅客或货物的水面民用船舶装备及其相关配套设备/系统,包括散货船(bulk carrier)、集装箱船(container ship)、油船(oil tanker)三大主流船型,以及液化气船(liquified gas carrier)、客滚船(roll-on/roll-off passenger ship)、邮轮(cruise)等高技术高附加值船舶。

(二) 总体现状

我国船舶总装建造产业在教育、研究、设计与制造的规模、能力、实力和水平方面处于国际先进水平。2020 年,全国规模以上船舶工业企业 1 043 家,实现主营业务收入 4 362.4 亿元[①];我国有四十多所高校可以培养船舶与海洋工程方面的人才,世界上一半以上的船舶行业人才都是由中国培养;在 2010—2020 年,按载重吨计,我国造船完工量占世界完工船舶总量的比重均在 36%～44% 之间,位居世界领先水平[②];我国具备建造几乎所有船型的能力;我国能够满足 80% 以上船舶配套设备的装船需求。

从世界范围来看,全球船舶产业仍为中日韩"三巨头格局",我国与日韩相比,仍有一定差距。一是我国接单船型仍以散货船和油船等为主,高附加值船舶接单占比低,而韩国在大型液化天然气船(liquified natural gas carrier,LNG 船)市场占据明显优势。二是我国船舶总装制造的生产效率有待提升,目前仅为世界先进水平的二分之一左右。三是我国船舶配套产业发展相对滞后,如我国三大主流船舶配套设备平均本土化装船率(国内采购价值量占比)约为 60%,日本达到 95%,韩国达到 90% 以上。

(三) 发展形势环境

一是全球市场竞争态势与环保政策倒逼船舶行业转型创新发展。受世界政治、经济、

---

① 数据来源:中国船舶工业行业协会。根据国家统计局规定,规模以上工业企业为全部国有企业及年销售收入在 2 000 万元以上的非国有企业;船舶工业统计范围是规模以上的船舶工业企业、100 总吨以上钢制海船和 3 000 吨以上内河船。
② 数据来源:克拉克森数据库,查询日期为 2021-2-22。

贸易形势变化影响,国际船舶市场持续深度调整,全球船舶产业进入技术、质量、效率、服务等全面竞争时代。自从 2008 年新造船高峰过后,全球造船业一直处于结构调整之中,主要造船国家竞争进入白热化,全球造船产能进一步退出的难度较大,预计未来全球新造船市场中短期保持缓慢复苏。同时,随着近年来全球气候变暖等环境污染问题日趋严重,保护海洋生态环境已成为全球海事业可持续发展的迫切追求,国际海事组织(international maritime organization,IMO)对船舶排放控制的要求日趋严格。在市场与政策双重倒逼下,亟须提升船舶的运营效率、安全性、减排性能。

二是新科技变革为船舶行业发展带来前所未有的机遇与挑战。当前,全球科技创新空前活跃,以信息技术、新材料和先进制造技术等为核心的智能技术集群和以生物技术、新能源技术、环保技术为核心的绿色技术集群迅猛发展,成为新一轮科技革命和产业变革的核心驱动力。两大技术集群正在向船舶行业加速渗透、融合,引发船舶规划、设计、制造、运维和拆解等全生命周期的技术与产业革新,既是对船舶行业现有技术体系的巨大挑战,也是产业创新发展的历史机遇。

三是加快海洋运载装备领域自主创新迫在眉睫。我国海洋运载装备领域基础科学研究短板依然突出,在行业软件、材料、智能船舶感知控制元器件、观通导航核心元器件、动力配套设备核心零部件等方面仍受制于人,产业链存在明显缺失环节。因此,亟须提高我国海洋运载装备领域关键核心技术创新能力,努力实现产业安全可控和转型升级,为我国加快海洋强国、造船强国和交通强国建设提供支撑。

(四) 重点技术

一是绿色船舶技术。随着国际社会对海洋环境保护的日益重视,绿色船舶技术成为关注和开发重点,涵盖船舶设计、建造、运营和拆解全生命周期。世界各国均在船舶节能环保方面发布了一定的政策和改进方案,主要研究方向包括船型优化、动力系统优化、新能源开发应用、节能减排装置开发应用等。

二是智能船舶技术。随着新一代信息技术发展,船舶智能化程度不断提升,从自动化、智能化的动力系统、甲板机械系统到全船能效管理系统、综合船桥系统以及正在研究开发的无人驾驶船舶等均是智能化技术在船舶领域的深化应用。船舶智能化不仅仅表现在船体本身,还将深入船舶设计、建造、营运各个阶段,应简化船舶设计建造流程,优化船舶各项功能,提高效率和经济性。

三是极地船舶技术。北极地区的战略重要性正不断提升,北极海上运输引起全球广泛关注,而全球变暖导致的冻冰减少也使得北极航行更加可行;同时,两极地区旅游业和渔业的蓬勃发展,也对极地船舶产生新的需求。极地船舶的船体结构设计、监测系统、应急响应系统、多变环境下的设备可靠性等成为研究开发重点。

四是系统集成技术。近年来,国际知名企业纷纷开展海洋运载装备系统集成技术研究,结合专业优势,将相关设备打包供应,提供整体解决方案。当前,系统集成技术研究应用主要包括动力系统集成技术、甲板机械系统集成技术、通信导航系统集成技术、电气及自动化系统集成技术等。

五是新型材料技术。船用新型先进材料的优势在于重量轻、可塑性强、强度高、耐腐蚀等。未来随着新材料应用技术能力的提升，以及船东对船舶高效、智能、环保、节能等性能要求越来越高，船舶应用新材料的比例会显著提升，一些更加先进的新材料，如纳米材料，也将得到广泛应用。

二、散货船

散货船指主要用于运输散装干货的船舶。其中，用于粮食、煤、矿砂等大宗散货的船又可划分为小型散货船、灵便型散货船、巴拿马型散货船、好望角型散货船等类型。

(一) 全球发展态势

一是 2015 年以来散货船市场三大指标[①]保持低位运行。全球散货船新接订单量在 2007 年达到巅峰，此后开始震荡回落。近五年散货船的新接订单量基本维持在 1 000 万修正总吨[②] (compensated gross tonnage，CGT) 以下。完工交付方面，由于 2007 年市场订单的火爆，2009 年散货船造船完工量开始大幅增加，2011 年造船完工量达到巅峰，此后开始回落，2018 年造船完工量降至 2005 年以来的最低水平。手持订单方面，2008 年以后开启震荡之路，截至 2019 年底，全球散货船手持订单降至 1 855.2 万修正总吨，创下 2006 年以来新低 (见图 5-1)。[③]

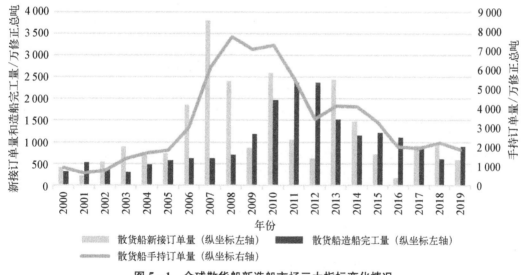

图 5-1 全球散货船新造船市场三大指标变化情况

二是散货船二手船价格波动幅度高于新船。散货船新船价格指数和二手船价格指数在 2007 年站上历史高点，分别涨至 232.1 和 462.2，此后随着市场运力过剩矛盾的加剧，

---

① 船舶工业三大指标指造船完工量、新接订单量、手持订单量。
② 船舶修正总吨：指在船舶总吨基础上考虑进船舶复杂度而算出的船舶度量单位，计算方法为用船舶总吨数乘以修正系数。
③ 数据来源：本章节关于国际船舶市场相关的基础数据来源于克拉克森数据库，查询日期为 2020 年 5 月 20 日。后续相关船舶市场数据如无特别说明，查询日期均为 2020 年 5 月 20 日，不再重复标注。

价格指数开始快速下跌。截至 2019 年底,散货船新船价格指数和二手船价格指数分别降至 128.0 和 110.2。整体来看,散货船二手船价格的波动幅度略大于新船价格,如图 5-2 所示。

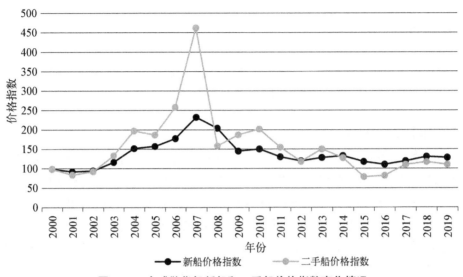

图 5-2   全球散货船新船和二手船价格指数变化情况

三是散货船船队规模保持稳定增长。截至 2019 年底,全球散货船船队规模已达 8.79 亿载重吨[①](dead weight tonnage,DWT)。从船队规模同比增速来看,自 2010 年触及高点后增速持续放缓。2016 年以后船队规模增速止跌回升,2019 年增速较 2018 年提高了 1 个百分点,达到 3.9%。全球散货船船队中,好望角型散货船是船队首要船型,2019 年船队规模为 3.49 亿载重吨(占比 40%),巴拿马型散货船船队为 2.17 亿载重吨(占比 25%),大灵便型散货船船队为 2.08 亿载重吨(占比 23%),小灵便型散货船船队为 1.05 亿载重吨(占比 12%),如图 5-3 所示。

四是中日两国是散货船市场的主要竞争对手。从 2017 年以来各国散货船新接订单情况来看,中日两国是散货船新造船市场的重要力量,两国接单合计占比稳定在八成以上,其中,中国全球占比始终保持在 50% 以上;韩国在散货船方面与中日两国具有显著差距,2017 年占比为 9.8%,2018 年和 2019 年两年占比均在 2% 以下。从手持订单情况来看,截至 2019 年底,中国手持订单占比高达 54.3%,占据"半壁江山",日本占比为 36.4%,两国合计占比为 90.7%;韩国散货船手持订单全球占比仅为 4.2%,如图 5-4 所示。

五是世界各国积极研制推出节能环保型散货船。随着环保问题日益受到重视,世界各国均在积极寻找新的能源方式或者研发更加高效的节能装置。2019 年,日本推出一种以液化天然气(liquefied natural gas,LNG)为燃料的全新超大灵便型散货船设计,该船舶的能效设计指数(energy efficiency design index,EEDI)可减少 50%;2020 年 12 月,日本开建一艘风帆动力巴拿马型散货船,通过安装可伸缩的硬翼帆将风能转换为推进力,可有效减少温室气体排放。

---

①   载重吨:表示船舶的运载能力,包括船舶所运载的货物、船上所需的燃料、淡水和其他储备物品的总和。

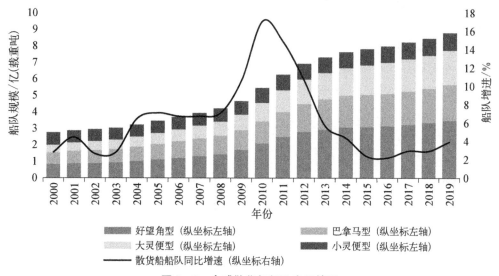

图 5-3　全球散货船船队发展情况

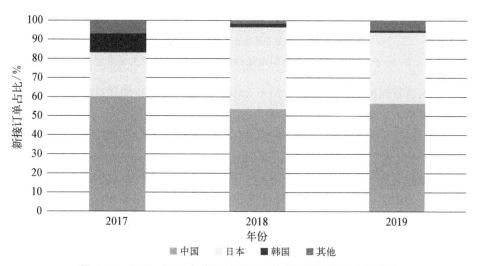

图 5-4　2017—2019 年主要造船国家散货船新接订单占比情况

六是散货船智能化发展态势愈发明显。随着人工智能、大数据分析、先进卫星通信等技术兴起,散货船智能化发展态势愈发明显,具备自动识别海上障碍物、预测碰撞风险、能效管理、航线优化、半自主靠离泊等功能。2020 年 4 月,韩国在一艘 25 万载重吨散货船上成功安装了其研发的现代智能导航辅助系统(hyundai intelligent navigation assistant system,HiNAS),该系统可通过人工智能(artificial intelligence,AI)的摄像头分析,自动识别周围船舶,并根据增强现实(augmented reality,AR)判断和警告碰撞风险。

(二) 我国发展现状

一是我国已成为散货船市场的主要力量。我国散货船新接订单量和造船完工量的总体走势与全球发展基本一致。2014 年以后我国散货船的新接订单量基本维持在 550 万修正总吨以下。造船完工量在2011年达到巅峰,之后开始回落,2018年降至2009年后的最低水平(见图5-5)。从全球份额来看,2017—2019年我国散货船的新接订单量和造船完工量的全球占比均在50%以上。此外,截至2019年底,我国散货船手持订单量仍处于历史较低水平。

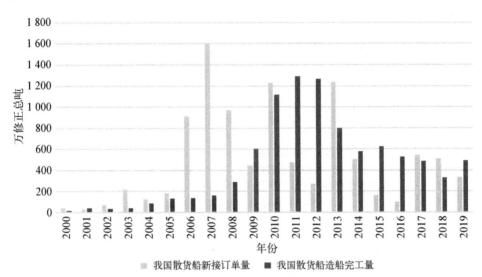

图5-5 我国散货船新造船市场新接订单量及造船完工量变化情况

二是我国散货船船队持续增长。截至2019年底,我国散货船船队规模已发展至1.64亿载重吨。虽然散货船船队规模持续扩大,但从增速同比变化来看,2010年发展速度达到巅峰,同比增速高达41.9%。此后船队规模增速逐步放缓,2015年一度降至0.5%。2017年以来,船队发展规模增速再度回暖,2019年增速上升至11.7%。

三是国内散货船接单集中度相对较高。从2017—2019年国内散货船接单情况来看,中国船舶集团有限公司、中远海运重工有限公司、江苏扬子江船业集团公司占据国内接单领先地位(见图5-6)。国内散货船接单前五造船集团合计占比始终保持在70%以上,接单集中度相对较高。从手持订单来看,国内散货船手持订单前五造船集团的手持订单量,接近国内散货船手持订单的八成。

四是我国已具备全系列散货船船型研发能力。我国散货船的设计建造能力已经跃居世界前沿,具备了灵便型散货船、大灵便型散货船、巴拿马型散货船、好望角型散货船以及矿砂船等全系列船型研发建造能力,在超大型矿砂船、大型散货船方面都具备较强的国际竞争力。同时随着船舶排放要求的日益严苛,我国常规散货船型已基本达到国际上节能环保各项指标要求,船舶智能化、安全性水平得到进一步提升。

但不容忽视的是,我国散货船设计建造相关工业软件和轻型高强度材料、防腐材料等材料仍然依赖国外,航向控制系统、罗经、无线电通信导航等通导设备本土装船率不高。此外,我国全系列船型智能化水平仍有待进一步提高。

(三) 我国未来展望

随着全球散货海运量增速的放缓、散货船运价和新船价格长期低位运行等情况,未来

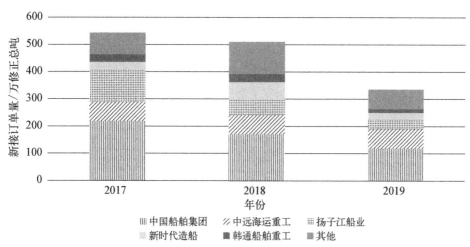

图 5 - 6　2017—2019 年我国主要造船集团散货船新接订单分布情况

散货船新船订造需求将减弱。结合近几年我国散货船造船三大指标完成情况来看,市场面临的下行压力不断加大。提升我国散货船自主研发水平,加快我国散货船优化升级,是抢占未来散货船市场先机的重要保障。

我国应逐步建立完善的散货船研发体系、标准规范体系和知识产权体系,不断提升全系列散货船绿色化、智能化水平。未来,建议重点开展散货船船体结构优化设计、复合材料/低温材料等新型材料、新型节能技术、新型动力装置的综合应用等研究及应用示范;开展散货船智能态势感知、自主靠离泊、智能货物管理等智能化技术研究,推动散货船智能化升级;着力提升散货船通信导航设备本土化装船率;建立散货船岸基数字化运营管理中心等。

(四) 我国最新进展

自 2018 年以来,我国在大型散货船自主设计研发以及智能化升级方面,取得了一定的成果,相继推出了 21 万~40 万载重吨的绿色智能化大型散货船,实现了安全、环保、智能、经济等多项功能。

2018 年 11 月,我国建造的全球首艘 40 万载重吨智能超大型矿砂船(very large ore carrier, VLOC)"明远"号在上海命名交付,该船提出"平台＋应用"的智能船舶设计理念,具备智能辅助驾驶决策、智能能效和智能运维、智能货物管理等功能,同时实现了船-船通信;2019 年,我国第二艘 40 万吨智能超大型矿砂船"明卓"号在上海交付;2020 年 11 月,我国开始建造一艘 21 万载重吨散货船,该船由我国自主研发设计,船型为纽卡斯尔船型,具备安全、环保、经济等优点。

三、集装箱船

集装箱船是专门用于集装箱运输的货运船舶,可分为支线型、中型、新巴拿马型和超巴拿马型等类别。

(一) 全球发展态势

一是集装箱船新船成交处于相对低位。2008 年以来集装箱船新接订单量波动加大,占全球订单的比重整体呈下降趋势,2019 年占比为 12.9%。自 2008 年以来,集装箱船手持订单量持续下滑,目前已处于历史低位,截至 2019 年底手持订单 1 158 万修正总吨,同比下降 15.0%。2016 年以来集装箱船完工造船完工量处于低位,2019 年集装箱船完工交付 512 万修正总吨,同比下降 18.9%,如图 5-7 所示。

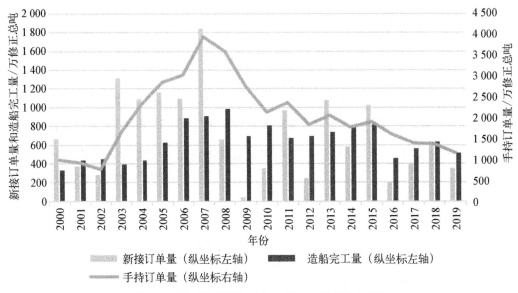

图 5-7　全球集装箱船造船市场三大指标变化情况

二是集装箱船新船价格震荡变化。2008—2017 年,受全球经济影响,集装箱船的新签订单量下降,市场竞争加剧,在此期间新船价格持续下跌。2017 年 2 月集装箱船新船价格指数开始触底,经过两个月的触底期,2017 年 5 月开启上升周期,经过近两年的单边上行,价格指数于 2019 年 3 月达到阶段性高点,随后开始下行,如图 5-8 所示。

三是集装箱船船队规模持续增长。2000 年以来集装箱船船队规模持续增长,船队运力由 2000 年的 492.3 万标准箱[①](twenty-feet equivalent unit,TEU)增长至 2019 年的 2 296.3 万标准箱,年均复合增速为 8.4%。细分船型占比发生明显变化,万箱以上占比显著提高。8 000 标准箱以下的集装箱船占比由 2000 年的 97.2% 降至 2019 年的 46.7%,1.2 万标准箱以上的集装箱船占比由 0% 提高至 28.2%,如图 5-9 所示。

四是集装箱船市场呈现中韩日三足鼎立格局。从集装箱新接订单量情况来看,韩国接单份额始终维持在 40% 以上,中国和日本份额占比波动较大。2017—2019 年,中国在大型集装箱船领域的地位不断提升,累计接单 13 艘 2.3 万标准箱集装箱船,10 艘 1.5 万标准箱集装箱船。日本的客户主要是本国船东,新船订单以支线型集装箱船为主,没有接获过 1.2 万标准箱以上的订单。从手持订单看,2019 年中韩日三国占比分别为 40.1%、35.5% 和 21.9%,如图 5-10 所示。

---

① 标准箱:为了便于计算集装箱数量,以 20 英尺长的集装箱为标准箱。

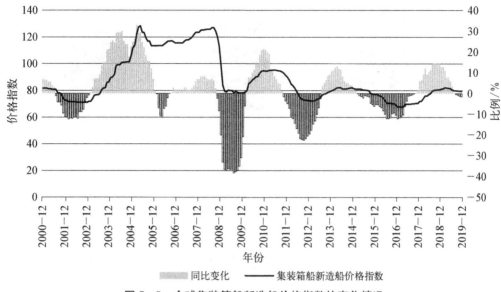

图 5-8　全球集装箱船新造船价格指数的变化情况

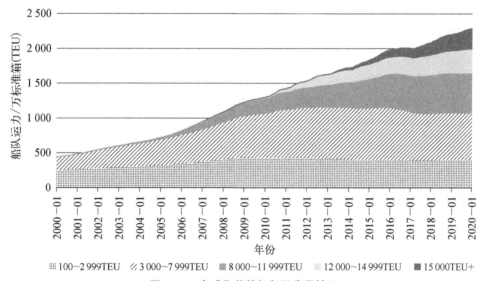

图 5-9　全球集装箱船船队发展情况

　　五是大型化、绿色化和智能化成为集装箱船研发热点。集装箱船技术发展主要呈现大型化的发展态势,2020 年 4 月韩国建造的、全球最大的 2.4 万标准箱超大型集装箱船命名交付,刷新全球最大集装箱船纪录。同时,LNG 动力集装箱船也成为研发热点,法国达飞海运集团公司(CMA CGM)目前正经营 7 艘 LNG 动力集装箱船,预计到 2022 年将拥有 26 艘不同规格的 LNG 动力集装箱船。此外,具备自动装卸功能的无人集装箱船也是现阶段的研发重点,2020 年 5 月,韩国推出全球最大的智能集装箱船,采用了其独立研发的智能船舶解决方案,能够实现船舶主要动力系统、空调通风系统、冷冻集装箱等远程监控及故障诊断。

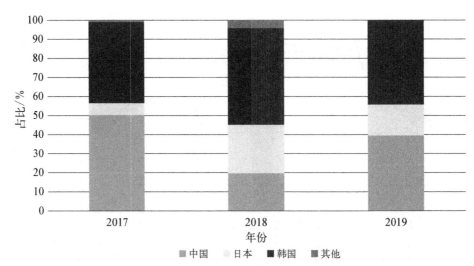

图 5 - 10　2017—2019 年主要造船国家集装箱船新接订单分布占比情况

(二) 我国发展现状

一是我国集装箱船新接订单量处于低位。由于集装箱船航运市场运力过剩,2017 年以来我国集装箱船订单呈下滑趋势,占我国新接船舶订单的比重在 10%～20% 之间,2019 年我国新接集装箱船订单 113.2 万修正总吨。在造船完工方面,2017 年以来我国集装箱船完工交付处于较高水平,占全国的比重为 15%～25%,2019 年我国集装箱船完工交付 192.4 万修正总吨。

二是我国集装箱船队运力持续增加。我国集装箱船船队占全球运力的比重不断提高,由 2000 年底的 5.1% 提升至 2019 年底的 16.2%(见图 5 - 11),目前我国集装箱船队运力位于全球第二,仅次于德国。我国的集装箱船运力主要来自中远海运集团有限公司,截至 2019 年,该公司集装箱运力为 218.8 万标准箱,占全国运力的 57.5%。

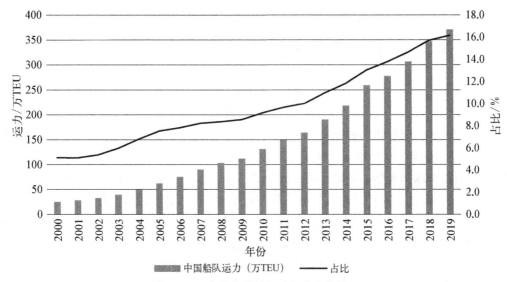

图 5 - 11　我国集装箱船队运力变化情况

三是国内集装箱船接单集中度高。从 2017—2019 年国内集装箱船接单情况来看,中国船舶集团有限公司、江苏扬子江船业集团公司、福建船舶工业集团有限公司、舟山长宏国际船舶修造有限公司以及中远海运重工有限公司等造船集团接单优势显著,这五家船企的国内接单合计占比始终保持在 75% 以上,且集中度持续提高。从手持订单来看,中国船舶集团有限公司手持 267.4 万修正总吨,位居国内第一;造船集团前五的手持订单量占据国内集装箱船手持订单的九成以上,如图 5-12 所示。

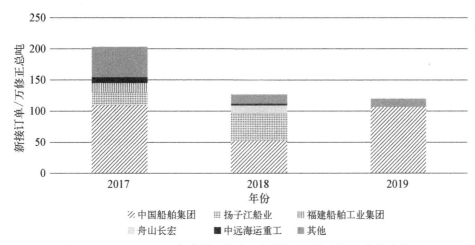

图 5-12 2017—2019 年我国主要造船集团集装箱船新接订单分布情况

四是我国已经基本具备全系列集装箱船设计建造能力。我国在集装箱船领域持续突破创新,实现了多种标准集装箱船自主研发,丰富并发展了多个产品系列。同时我国进一步加大了高端、高技术产品的研发力度,推出了一系列节能环保型集装箱船,并推动"零排放"液氨动力超大型集装箱船的研发。但是,我国在超大型集装箱船方面尚未形成完善的技术研发体系,存在市场占有率不高、竞争力不强的情况。此外,我国集装箱船也存在着通导设备、电气及自动化过度依赖国外进口等问题,国产通导设备、电子及自动化产品知名度低,市场竞争力有限。

(三) 我国未来展望

全球集装箱海运贸易增速持续放缓,同时受新冠疫情在全球蔓延的影响,各国经济活动疲弱,未来集装箱海运贸易的需求可能进一步萎缩。在此情况下,我国船企需要夯实内功,迎接挑战。

我国应加快形成全系列集装箱船的自主设计研发能力,构建完善的集装箱船研发体系、标准规范体系和知识产权体系。未来,建议重点提升超大型集装箱船自主设计能力,突破基于 2030 年碳排放要求的绿色化研发设计技术、基于人工智能/大数据等的自主航行、货物智能管理等智能化关键技术;开展超大型精品集装箱船、多用途集装箱船等研发;构建集装箱船船舶数据库及技术共享平台。

(四) 我国最新进展

2019 年以来,我国加快了双燃料动力集装箱船研发的脚步,已初步达到世界先进水平;同时逐步推进智能集装箱船的设计研发。

2019 年 12 月,我国 2.5 万标准箱双燃料集装箱船获得原理性认可证书。2020 年 9 月,我国建造的全球首艘 2.3 万标准箱液化天然气动力集装箱船顺利交付,该船是全球首个完全以液化天然气为主要动力的超大集装箱船项目,船舶能效设计指数(EEDI)达到第三阶段标准,能满足全球最严格的排放要求。2020 年 5 月,我国首艘具有智能航行能力的集装箱船"智飞"号在青岛开工建造,该船总长约 110 米,装载 316 标准箱,将配备我国自主研发的智能航行系统,可开展无人自主航行试验,于 2021 年下半年进行测试运营。

四、油船/化学品船

油船是运载散装原油和成品油的液货船,按货油种类可分为原油船和成品油船,按照载重吨位可分为灵便型、巴拿马型、阿芙拉型、苏伊士型和超大型油船等类别;化学品船(chemical tanker)是运载各种液体化学品如醚、苯、醇、酸等的专用液货船,可分为小型和灵便型等类型。

(一) 全球发展态势

一是 2016 年以来油船/化学品船市场表现不佳。在油船方面,2016 年以来,受国际油价等因素影响,油船新接订单量处于低位。2019 年,全球油船新接订单量为 576.68 万修正总吨,全球占比为 21.76%。此外,截至 2019 年底,全球造船厂共有油船手持订单 1.66 亿修正总吨,连续 3 年下滑,如图 5-13 所示。

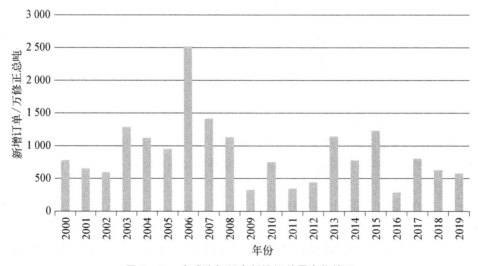

图 5-13　全球油船历史新接订单量变化情况

在化学品船方面,化学品船新接订单量同样低位运行。2019 年,全球化学品船新接订单量仅为 53 万修正总吨,全球占比仅为 2.0%,如图 5-14 所示。

二是油船价格持续低位运行。金融危机后,油运市场运力过剩导致新船订造需求快

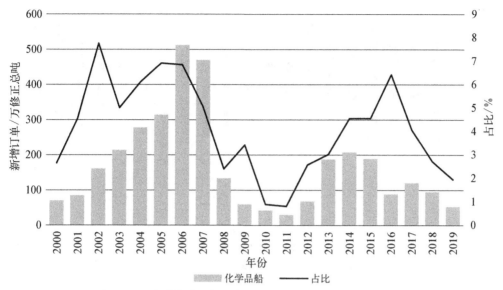

图 5-14　全球化学品船历史新接订单量及全球占比变化情况

速回落,在低迷的新接订单量的环境下,新船价格长期处于低位。二手船价格同样处于历史较低水平,但 2020 年以来油价下滑,推动了储油需求的增长,一定程度上推动了二手船价格的低位回调。截至 2020 年第一季度,油船新船价格指数为 140.67,同比下降 1.2%,二手船价格指数为 124.96,同比上涨 14.0%。

三是全球油船/化学品船船队增速趋缓。在油船方面,2008 年金融危机后原油船订单大幅下跌,油船船队的增速一路放缓,2014 年增速仅为 1.31%。在 2015 年油船订单回暖的情况下,原油船船队增速在 2017 年回到 4% 以上,但随后又快速下落。

在化学品船方面,2008 年之后在金融危机的影响下,船队增速一路放缓,2014 年之后出现了较为明显的触底回升,2019 年增速为 3% 左右。截至 2019 年底,全球化学品船队总运力为 3 860 艘,约 4 655 万载重吨。

四是全球油船/化学品船建造由中日韩主导。在油船方面,全球油船订单主要由中日韩三国造船企业接收。2019 年,中日韩三国船企的新船订单全球占比分别为 29.81%、10.75% 和 58.35%(按修正总吨计),如图 5-15 所示。印度、马来西亚、俄罗斯等也陆续有新订单斩获,但新订单占比均未超过 1%,且主要是服务本国船东。

在化学品船方面,2017—2019 年,中日韩三国船企新船订单合计全球占比分别为 96%、99% 和 94%(按修正总吨计),如图 5-16 所示。土耳其、荷兰等国也陆续有新订单斩获,但新订单占比较低,大多以 1 万载重吨以内的国内小型化学品船为主。

五是超大型、节能环保型油船成为研发热点。20 世纪 90 年代以来,30 万吨级超大型油船(VLCC)成为原油运输主流船型。节能环保型油船已成为全球关注热点,日本和韩国等正在开展液氨、燃料电池、LNG 等新型动力油船的开发,积极抢占低排放/零排放船舶技术制高点和市场先机。2019 年 2 月,日本船企联合开发了一种新的零排放电力推进油船设计;2019 年,韩国先后披露一种 LNG 动力并采用风力辅助推进的 VLCC 设计,以及采用固体氧化物燃料电池的阿芙拉型原油船设计;2020 年初,马来西亚、韩国等开展氨

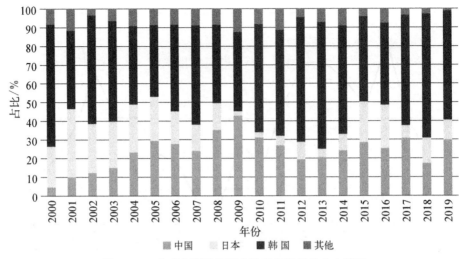

图 5–15   全球主要造船国家油船新接订单分布情况

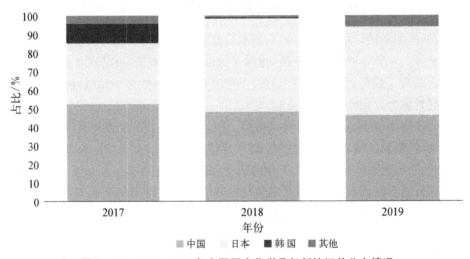

图 5–16   2017—2019 年主要国家化学品船新接订单分布情况

动力油船的联合开发项目。此外,风帆技术已成功应用于油船,也取得了较好的节能效果。

六是大型化、双相不锈钢货舱成为化学品船发展重点。随着全球化学品海运中的远程运输需求不断增长,化学品船的大型化趋势较为明显;双相不锈钢化学品船具备优良的耐腐蚀性能,已成为全球研发热点。此外,为了适应化学品船散装化的运输特征,化学品船货舱数量不断增多,以提高运输灵活性和运输效率。

(二) 我国发展现状

一是我国油船/化学品船全球市场份额稳中有升。在油船方面,2019 年,我国造船企业共获得油船订单 76 艘,共计 166.53 万修正总吨,占全球总比重为 29.81%。在完工交付方面,2019 年我国共完工交付油船 95 艘,合计 187.91 万修正总吨,全球占比为

23.32%。截至 2020 年 4 月底,我国船厂有油船手持订单 170 艘,共计 403.38 万修正总吨,全球占比为 33.07%。

在化学品船方面,我国化学品船全球市场份额处于高位。2019 年,获得化学品船订单 19 艘,共 25 万修正总吨,全球占比约 47%;完工交付 32 艘,共 43 万修正总吨,全球占比约 33%;截至 2020 年 4 月底,手持订单 78 艘,共 104 万修正总吨,全球占比约 54%。

二是我国油船/化学品船船队增速放缓。在油船方面,受中美贸易冲突影响,我国油船船队的增速从 2018 年开始明显下滑,2019 年的增速仅为 5.71%(见图 5-17)。截至 2019 年底,我国油船船队的总数为 1 256 艘,约 1 440 万修正总吨,占全球油船船队总数的 9.20%。

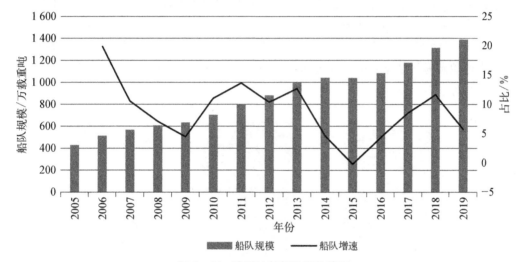

图 5-17　我国油船船队变化情况

在化学品船方面,金融危机后船队的增速逐渐放缓,但仍保持较高增速(见图 5-18)。截至 2019 年底,我国化学品船队的总运力 414 艘,约 400 万载重吨,以载重吨计算全球占比仅为 8.3%。

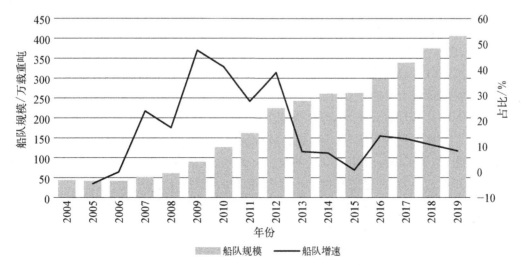

图 5-18　我国化学品船队数量及增速变化情况

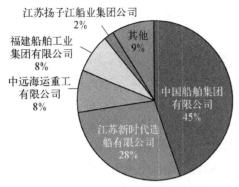

图 5-19　2017—2019 年我国油船主要建造企业累计新接订单占比情况（以 CGT 计算）

三是油船/化学品船建造企业集中度较高。在油船方面，以 2017—2019 年累计油船新接订单修正总吨计算，我国排名前五名的造船集团分别为中国船舶集团有限公司、江苏新时代造船有限公司、中远海运重工有限公司、福建船舶工业集团有限公司和江苏扬子江船业集团公司，五家企业新接订单占我国所有订单的 91.21%，如图 5-19 所示。

在化学品船方面，以 2017—2019 年累计新接订单修正总吨计算，排名前五名的造船集团包括中国船舶集团有限公司、招商局工业集团有限

公司、南通象屿海洋装备有限责任公司、宁波新乐造船集团有限公司以及江苏新世纪造船有限公司，如图 5-20 所示。

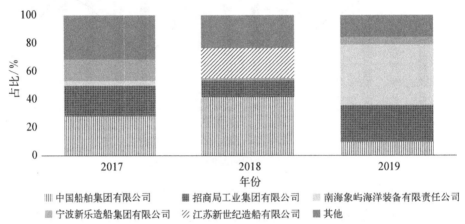

图 5-20　2017—2019 年我国化学品船主要建造企业累计新接订单占比情况（以 CGT 计算）

四是我国已基本具备了全系列油船船型研发建造能力。我国已成功地向市场推出了 MR 型、巴拿马型、苏伊士型、阿芙拉型、VLCC 等多型油船产品，其中节能降耗和智能化是我国 VLCC 研发重点，相关技术达到国际先进水平。节能降耗方面，我国率先突破翼型风帆助推超大型油船设计建造技术，并在 VLCC 上实现示范应用；突破 LNG 燃料系统在 VLCC 应用设计技术，可有效减少 VLCC 排放污染、降低能耗。智能化方面，我国研发了世界领先的智能 VLCC，拥有航行辅助自动驾驶、智能液货管理和综合能效管理等功能，填补了国际智能 VLCC 的空白。此外，我国在大型化学品船方面已具备工程化设计和建造能力，并建造交付了多艘大型双相不锈钢化学品船。

但是，我国油船/化学品船部分关键设备仍存在受制于人的问题。例如超大型油船的低速机、燃油供油单元、无线电通信系统、监控报警系统等关键设备/系统仍然依赖进口；大型化学品船的液货系统、空压机、监控报警系统、洗舱机等关键设备/系统仍来源于国外研发制造，尚无法进行国产化替代。

（三）我国未来展望

在短期看来，新冠疫情控制较好的国家其石油需求正逐步恢复，但以美国能源信息署、国际能源署为代表的机构均认为全球石油需求将在数年内保持疲软。从中长期来看，全球整体石油需求的增速将在经济增长乏力和替代能源的推动下逐步放缓，但从需求结构来看，亚洲新兴经济体的工业化进程仍将带动巨额的石油需求。我国应在现有油船/化学品船的开发基础上，补短板、固优势，开发一批精品油船/化学品船船型，使绿色智能水平达到国际领先水平，并逐步突破大型远洋零碳排放油船/化学品船的关键技术。

未来，建议重点开展油船/化学品船智能化、节能环保相关技术的研究。对自主大型远洋油船/化学品船的总体设计、智能感知、自主决策与协同控制等关键技术进行突破；对船型标准化/轻量化/模块化设计技术和 LNG 动力油船/化学品船设计建造技术进行突破，开展基于风能、太阳能、氢能等清洁能源的零排放船型研发；开展适用不同冰级要求的极地油船/化学品船研发。

（四）我国最新进展

2019 年，我国在智能及环保型 VLCC 和双相不锈钢化学品船等方面取得了标志性成果，市场竞争力不断增强。我国先后自主研发和交付了两艘 30.8 万载重吨的超大型智能原油船"凯征"号和"新海辽"号，实现了船舶航行辅助自动驾驶、智能液货管理、综合能效管理、设备运行维护、船岸一体通信五大智能功能。此外，还交付了"凯歌"号、"瑞春"号等节能环保型 VLCC，品牌船型市场竞争力不断增强。2019 年 8 月，我国建造的 4.9 万载重吨双相不锈钢化学品船顺利交付，可以装载近千种化学品及成品油，船舱容载重量等主要指标达到国际先进水平。

五、液化气船

在全球日益注重绿色发展的时代背景下，天然气作为洁净环保的优质能源，在全球能源消费结构中的地位不断凸显，消费总量快速攀升。2019 年，全球一次能源消费增长1.3%，其中，可再生能源的消费增长 41%，天然气增长 36%[①]。随着全球天然气消费的普及以及地质条件的限制，管道气已经越来越难以满足天然气消费需求，液化天然气（LNG）的出现实现了天然气远距离运输，同时 LNG 来源更为丰富，已经成为各个国家保障天然气供给的主要途径。2019 年全球 LNG 贸易增长 13%，达 3.547 亿吨[②]。据国际能源署预测，到 2040 年，天然气在一次能源中占比约为 26%，并且超过 80% 的天然气增量会来自液化天然气。未来 LNG 生产及消费市场前景极为广阔。

液化气船是专门装运液化气的液货船，可分为液化天然气船（LNG 船）、液化石油气船（liquefied petroleum gas carrier，LPG 船）、液化乙烯船（liquefied ethylene gas carrier，

---

① 数据来源：英国石油公司（BP）《2020 年世界能源统计报告》。
② 数据来源：国际天然气联盟（International Gas Union，IGU）发布的 2020 年年度 LNG 报告。

LEG 船)等。

(一) 全球发展态势

一是液化气船全球新造船市场份额逐年提高。LNG 船和 LPG 船成为市场热点,成交份额逐年提升。液化气船从 2010 年新接订单量占全球的 1.9% 上升到 2019 年的 20.8%。其中,LNG 船占据绝大比例,17.4 万立方米的大型 LNG 船又是其中的成交主力,如图 5-21 所示。

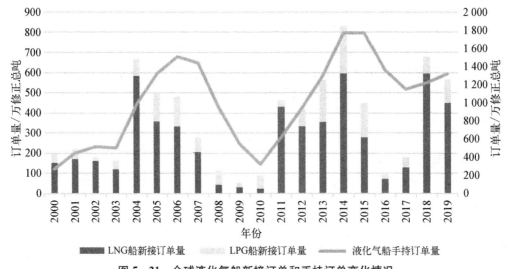

图 5-21   全球液化气船新接订单和手持订单变化情况

二是液化气船的新船价格复苏乏力。虽然液化气船的新接订单量大幅回升,但新船价格增速慢于订单增速。从近十年新船价格看,液化气船价格指数从 2018 年中旬开始复苏,进入 2019 年后复苏逐渐乏力,价格基本横盘,当前新造船价格仍处于低位。以 17.4 万立方米大型 LNG 船为例,单船价格从 2008 年 2.2 亿美元的高峰价格下滑到 2017 年以来的 1.8 亿~1.9 亿美元之间,船价降幅接近两成。

三是液化气船船队大型化、两级化趋势明显。从液化气船船队结构来看,随着技术进步和市场需求增加,大型气体运输船占船队的比重越来越大,如 17.4 万立方米的 LNG 船和 8 万立方米以上的 LPG 船都成为市场成交热点(见图 5-22)。同时,随着船型进一步扩大,中型船舶在船队的地位逐步萎缩,船队结构向大型船舶和小型船舶扩大的"两级化"现象也较为显著。

四是韩国造船业在液化气船建造领域处于领先地位。从 2017 年以来液化气船市场新接订单量来看,韩国、中国和日本是液化气船市场领域的主要建造国家,韩国在液化气船建造领域处于绝对优势地位。2019 年,韩国液化气船新接订单量占比高达 86%,中国为 11%,日本为 3%,如图 5-23 所示。韩国承接了全球大部分的 17.4 万立方米大型 LNG 船订单,在生产效率、产品质量、品牌效应等方面具有较大优势。近年来俄罗斯大力开始发展 LNG 运输业务,2020 年,俄罗斯在 LNG 船建造领域也占据了一席之地。

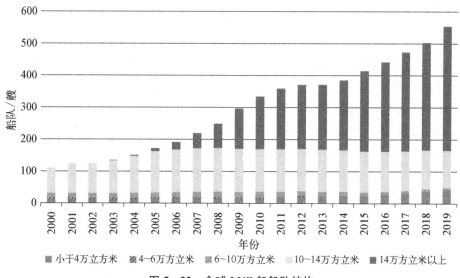

图 5‒22　全球 LNG 船船队结构

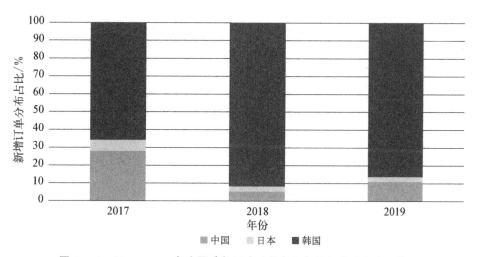

图 5‒23　2017—2019 年主要造船国家液化气船新接订单分布占比情况

　　五是液化气船技术迅速发展并不断革新。全球液化气船不断向节能化、经济化、智能化等方向发展,动力系统、围护系统、液化装置等关键配套系统及设备不断得到创新发展。液化气船的节能化发展将以船型优化设计、节能装置应用、新型动力研发为主;新材料和低蒸发率液化围护系统的研发应用,将有效提升 LNG 船运营建造及运营国产的经济性;智能化技术将广泛应用于液化气船设计、建造、运营等全寿命周期。同时,极地液化气船、LNG 加注船(gas supply vessel,GSV)、液化氢运输船(liquefied hydrogen carrier,LHC)等新的液化气船装备技术方向也在不断衍生。韩国已向极地 LNG 船方向进军,包揽了俄罗斯亚马尔(Yamal)LNG 项目的全部 15 艘破冰型 LNG 船的建造,目前这些极地 LNG 船已全部运营。2019 年 12 月,日本建造的全球首艘液氢运输船"SUISO FRONTIER"号顺利下水,预计在 2022 年投入运营。

(二) 我国发展现状

一是我国液化气船市场新接的订单份额近年有所恢复。从历史看,由于我国之前能源消费结构主要以煤炭和石油为主,对天然气需求不大,总体上对液化气船的需求占全球份额也较小。随着我国加大清洁能源使用力度,以天然气为主的能源需求大幅增加,对液化气船的需求也逐步加大。从 2018 年开始,我国液化气船成交总量大幅回升,2019 年新接订单份额占全球 7.8%。

二是我国液化气船的船队运力占全球比重仍然较低(见图 5-24)。我国液化气船的船队规模逐年增长,但与全球液化气船船队总量相比,占比仍较低。2019 年,LNG 船船队运力占全球比重仅为 3.3%,仅排在全球第十位;LPG 船的船队运力占全球比重为 8.4%,排名第三。与我国主流船型的船队相比,我国液化气船的船队运力在全球的地位相对较弱。

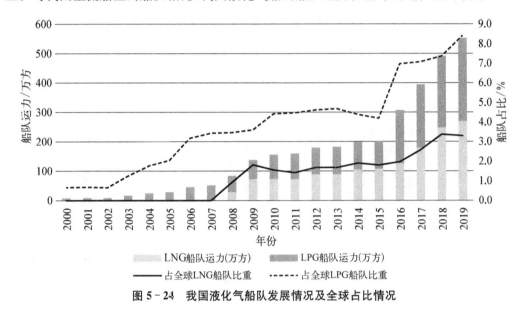

图 5-24　我国液化气船队发展情况及全球占比情况

三是我国建造大型液化气船的企业较为集中。受制于技术、工艺要求较高,国内液化气船的建造企业仅有中国船舶集团有限公司、中国国际海运集装箱(集团)股份有限公司和招商局集团有限公司。其中,只有中国船舶集团有限公司旗下的沪东中华造船集团有限公司能建造大型 LNG 船,其他中小型液化气船也集中由技术能力较强的船厂建造。

四是我国液化气船的研发能力不断提升。我国已开发了 LNG、LPG、LEG 等多型号多系列的液化气船。2008 年,我国成功交付首艘自主设计、建造的 LNG 船"大鹏昊"号,标志着我国具备了大型 LNG 船建造能力,至今已基本形成从 2 万立方米到 27 万立方米 LNG 运输船的完整型谱。同时,我国已实现超大型乙烷运输船(VLEC)、超大型液化石油气体运输船(VLGC)和 LNG 加注船的研发、建造及顺利交付,并正在开展极地破冰型 LNG 运输船工程化关键技术研究。

但是,我国在 LNG 船建造及自主配套方面,仍存在较大问题。目前我国 LNG 船的建造能力无法满足当前国内外日益增长的需求;我国 LNG 船国产设备配套能力较为薄弱,超低温试验检测能力不足,大量的关重设备如液货围护系统、天然气燃烧装置、气体压缩机、低温阀等都需要从欧美、韩国、日本进口。

(三) 我国未来展望

随着全球能源消费结构向绿色化转型,未来天然气需求及产能将持续大幅提升,我国液化气船市场较为乐观。我国应逐步建立完善的液化气船装备研发体系、标准规范体系和知识产权体系,全面掌握液化气船核心关键技术,提高核心设备自主配套率,提升液化气船建造效率。

建议重点突破自主知识产权的全系列液化气船船型开发技术、LNG 液货围护系统技术、低温液货处理系统设计集成技术等关键技术;开展船用低温压缩机、船用再液化装置等船用低温设备国产化研制,建立并完善 LNG 低温实验室,提升 LNG 船关键设备试验验证能力;重点针对油耗指标、船舶轻量化、模块化设计、高效建造和智能化等方面,开展超大型精品 LNG 船型等研发;推动破冰型 LNG 船建造,突破船型设计、冰池试验、低温材料、设备防寒防冻等关键技术。

(四) 我国最新进展

2019 年至今,我国成功交付了多艘超大型液化气船、LNG 加注船等,研发建造能力不断提升。2019 年 1 月,我国交付全球首艘 8.5 万立方米超大型乙烷乙烯运输船(VLEC),采用世界上重量最大、尺度最大、容积最大的 Type C 液罐;2020 年 1 月,我国签约建造 2 艘拥有世界最大舱容的 9.8 万立方米 B 型舱超大型乙烷运输船;2020 年 4 月,我国交付全球最大的 1.86 万立方米 LNG 加注船,可为全球最大的 2.3 万标准箱 LNG 动力集装箱船提供加注服务。

六、客滚船

客滚船是连接岛屿与大陆间的人车两用运输船舶,主要用于装运卡车、小汽车、集装箱拖车、游客以及提供船上游客住宿和娱乐服务。客滚船作为特种运输船型,其技术特点不同于油船、散货船和集装箱船等常规船舶,客滚船结构、系统设计复杂,设计时间甚至比建造时间长。同时,除动力装置、导航设备等船用设备外,还装配了通道设备、喷淋系统、通风装置等,使得其船用设备成本比例高于常规船舶、产业延伸链较长,能较好地带动上下游以及配套产业的发展。

(一) 全球发展态势

一是全球新接订单量和租金价格再次步入低迷期。随着全球经济尤其是欧洲地区经济的复苏、低油价的刺激,客滚船市场一度趋于活跃,全球客滚船新接订单量从 2011 年的 16.7 万修正总吨上涨至 2019 年的 95.6 万修正总吨。同时,客滚船租金价格也继续处于高位。2015 年初,2 000~2 500 车道米[①]客滚船一年期期租费率水平仅为 1.7 万欧元/天,而

---

① 车道米是表征客滚船承载能力的一种衡量单位。

2019 年 7 月 2 000～2 500 车道米客滚船一年期期租费率水平为 2.5 万欧元/天。但受新冠疫情影响,2020 年全球客滚船新接订单量下降至 10.2 万修正总吨,2 000～2 500 车道米客滚船一年期期租费率水平下降至 1.9 万欧元/天[①]。

二是全球客滚船队船龄偏大,具有较大更新需求。截至 2019 年 12 月,全球客滚船船队保有量为 3 166 艘,平均船龄为 27 年,老旧船舶比重非常高。其中,船龄为在 0～5 年和 6～10 年的客滚船规模分别为 321 艘和 248 艘,占比分别为 10.1% 和 7.8%;25 年以上船龄的老旧船舶达到 1 630 艘,占全球客滚船船队总规模的 51.5%。许多客滚船老龄化严重,技术状况差,存在很大的安全隐患,未来客滚船市场存在较大的更新需求。

三是欧洲是客滚船运营市场最主要的区域。全球客滚船船东多集中在欧洲地区,尤其是北欧的挪威、瑞典以及丹麦等国家,拥有大量全球知名的船东;亚洲的客滚船船东主要集中在印度尼西亚。过去全球客滚船的设计建造市场主要由挪威、意大利、德国、希腊等欧洲国家的船厂主导,现在由于欧洲船厂侧重于豪华邮轮的建造,客滚船的建造有机会向日本、中国、韩国等亚洲国家转移。当前,客滚船的核心设计技术和配套技术依旧掌握在欧洲国家,亚洲国家在研发设计、生产制造和配套设备等领域存在较高的技术依赖。

四是客滚船技术性能不断提升。当前,客滚船呈现出大型化、快速化、舒适性要求高、设备可靠性要求高和更豪华等一些显著特点,对滚装设备的大型化、多样性、高可靠性方面提出更高要求。同时,客滚船也更加注重节能环保,目前,欧洲新建客滚船采用 LNG 燃料已成为趋势,风帆技术在客滚船上也得到了应用。

(二) 我国发展现状

一是我国客滚船建造市场具有一定竞争优势。随着我国进入客滚船建造领域,客滚船新接订单量整体呈上升趋势,在 2013 年到达峰值后出现波动,2017 年开始逐年上升,2019 年占全球市场份额的 30% 左右。目前我国广船国际有限公司、招商局金陵船舶(威海)有限公司、中航威海船厂有限公司、泰州口岸船舶有限公司、黄海造船有限公司和厦门船舶重工股份有限公司等船厂承接了客滚船建造。截至 2019 年底,我国客滚船手持订单 31 艘,占全球 130 艘订单总量的 23.8%,新接订单 34 艘,全球份额占比 30.09%,位居世界第一,如图 5-25 所示。

二是我国客滚船自主设计与配套技术存在短板。我国已初步具备豪华客滚船的自主设计能力,为大型邮轮的设计奠定了一定基础。但是,我国在客滚船主推系统、滚装设备、通导设备、双燃料动力系统等关键配套设备方面仍依赖国外进口,总体性能设计技术尚不能摆脱国外的技术支持,专用的开发、分析、计算设计软件仍依赖国外专用软件工具,如稳性计算软件、振动噪声分析软件等。

(三) 我国未来展望

中国有漫长的海岸线、众多的湖泊和岛屿,旅游资源丰富,将是一个新的极具潜力的客滚船市场。随着中国经济的发展,海上旅游将越来越兴旺,如环渤海湾经济的发展

---

① 数据来源:克拉克森数据库,此处数据查询日期为 2021 年 2 月 26 日。

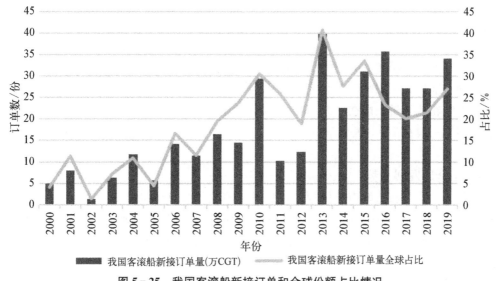

图 5‑25　我国客滚船新接订单和全球份额占比情况

带动了该地区客运量的大幅增长,海南岛的经济开发和旅游业的兴旺,使琼州海峡对客滚船的需求量大增。此外,客滚船特有的装卸方式使其有利于战时运输。

我国应加快掌握客滚船的关键设计与建造技术,逐步实现客滚船国内设计、制造、配套及服务,形成国内客滚船产业化配套体系,提升核心技术产品国产化率。建议未来重点加强基础及前沿技术研究,加强水动力技术、结构轻量化设计技术、智能系统设计和工程设计技术等基础共性技术研发,以及相关国际标准规范研究、制定和修订;加大对高端客滚船关键核心技术及装备等领域攻关力度;培育国际化品牌高端客滚船的建造和配套企业,加强关键技术与产品试验验证能力的建设,推广采用先进成型和加工方法,大幅提高客滚船品牌声誉,提高配套设备的性能稳定性、质量可靠性和环境适应性。

(四) 我国最新进展

2019 年以来,我国在大型豪华型客滚船建造运营方面取得较好成果。特别是广船国际有限公司在客滚船建造方面具有明显竞争优势,截至 2020 年 12 月底,广船国际有限公司是全球客滚船手持订单最多的船企[①]。我国建造的客滚船正在趋于高端化、豪华化。2019 年 11 月,我国首次建造的运营欧洲国际航线的高端客滚船 STENA E‑FLEXER 首制船交付,按照挪威船级社新规范建造,集旅行、休闲、娱乐于一体;同时,我国建造的亚洲最大豪华客滚船"中华复兴"号交付并投入运营,该船总吨位 4.4 万吨,乘客定额为 1 689人,车道长度为 3 000 米,设有 3 层车辆舱,最大续航力为 5 000 海里,相对于以往的客滚船更加注重旅客及娱乐一体化的旅行体验,用于烟台和大连之间的渤海湾航线营运。2020 年 9 月,"中华富强"号豪华客滚船顺利交付,该船总吨位 3.7 万吨,乘客定额为 2 300人,车道长度为 2 600 米,主要用于威海—大连航线。

---

① 数据来源:克拉克森数据库,此处数据查询日期为 2020 年 12 月 31 日。

七、邮轮

现代邮轮是指海洋上的定线、定期航行的大型客运轮船,是当今世界旅游休闲产业不可或缺的一部分。按照邮轮船型大小,可以将邮轮划分为大型邮轮、中型邮轮和小型邮轮。大型邮轮载客量一般在 2 000 人以上,中型邮轮载客量一般在 1 000~2 000 人,小型邮轮载客量一般在 1 000 人以下。

(一) 全球发展态势

一是邮轮全球新造船市场份额稳步提升。邮轮新接订单量从 2010 年占全球新接订单量的 5.7% 上升到 2016 年占比 20%,此后有所回落,2019 年,邮轮新接订单量有所提升,共成交 39 艘、304.6 万修正总吨,新接订单量(修正总吨计)占全球新船新接订单量的 11.3%。

二是邮轮船队规模持续增长。进入 21 世纪,3 000 客位以上级别的邮轮开始稳步发展,船队占比逐步提高;500 客位级以下和 1 000~1 900 客位级邮轮的规模基本保持稳定;500~999 客位级邮轮规模逐渐缩小。截至 2019 年底,3 000 客位级以上的邮轮共有 55 艘,占船队运力的 36%;2 000~2 999 客位级邮轮共有 81 艘,占船队运力的 34%;1 000~1 999 客位级邮轮共有 69 艘,占船队运力的 19%,如图 5-26 所示。

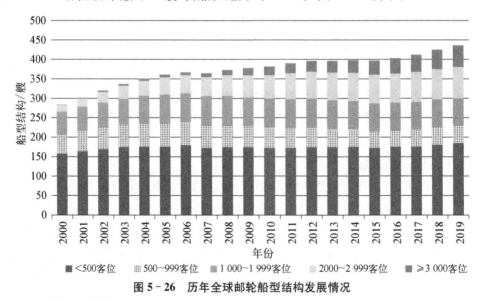

图 5-26　历年全球邮轮船型结构发展情况

三是欧洲国家在邮轮建造领域处于领先地位。目前世界上仅有意大利、德国和法国等少数欧洲国家具备大型邮轮建造及配套能力。2019 年的新接订单中(按修正总吨计算),意大利占比 38.3%,德国 25.8%,法国 23.8%,芬兰 7.8%,欧洲国家占据了 90% 以上的邮轮建造市场。其中,意大利芬坎蒂尼集团(Fincantieri S. p. A)、德国迈尔造船厂(Meyer Werft GmbH)和法国大西洋造船厂(Chantiers de l'Atlantique)是全球最大的 3 家邮轮建造企业。日本、韩国这类亚洲造船企业曾先后尝试进军邮轮建造领域,但均以失败告终,之后他们更多聚焦在豪华型客滚船的设计建造。

四是邮轮将朝着大型化、豪华化、安全化和节能环保化等方向发展。未来,邮轮一方面趋于大型化,餐饮娱乐设施一应俱全,满足年轻家庭度假需求;另一方面是走奢华路线,虽然船舶的尺度为中等,但是设施豪华、舒适性高、服务人性化等,可满足高端人士需求。同时,邮轮安全和环保性能也成为热点问题,各大邮轮都注重安全设备以及救生设施的配备,特别是新冠疫情的发生,对邮轮安全卫生方面的设计提升了更高要求;德国迈尔造船厂等相关船企正在探索燃料电池技术在邮轮上的应用,着力打造零排放邮轮。此外,为满足人们极地探险需求,一些国家已开启极地探险邮轮的研发。2020 年 2 月,挪威设计建造的极地探险邮轮"国家地理耐力(National Geographic Endurance)"号完成海试,可全年航行在冰区,并配备了专业的探险工具和水下机器人等水下设备。

(二) 我国发展现状

一是我国邮轮市场成交份额尚低。我国从 2017 年才开始承接邮轮订单,因此在全球邮轮市场成交占比很低。按修正总吨计算,2017 年,我国邮轮新接订单量全球占比 0.6%,2018 年升至 14.4%,2019 年为 4.1%。我国邮轮新接订单量和全球份额占比情况如图 5 - 27 所示。

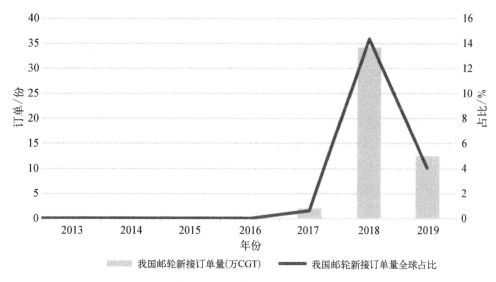

图 5 - 27 我国邮轮新接订单量和全球份额占比情况

二是我国邮轮船队运力占全球比重仍然较低。我国的邮轮船队运营起步较晚、数量较少,主要集中在中国香港地区,大陆地区的邮轮船队运营尚在发展阶段。在全球邮轮船队稳步增长的背景下,我国邮轮船队全球占比呈现下降趋势,如图 5 - 28 所示。

三是我国正加快推进邮轮自主设计和建造。为尽快实现我国邮轮自主设计和建造,国内相关船舶企业先后制订开展邮轮的研发、建造计划。中国船舶集团有限公司相继成立中船邮轮科技公司、中国邮轮产业投资公司,并加大与意大利芬坎蒂尼集团等国外邮轮建造公司的合作,大力推动首艘国产大型邮轮的设计建造。招商局工业集团有限公司也

图 5-28   我国邮轮船队发展及全球占比情况

在积极布局邮轮产业,开展邮轮制造基地、邮轮配套产业园的建设,聚焦极地探险邮轮,成功建造了国内首艘极地探险邮轮。

目前,我国邮轮产业的工作仍主要集中在产业链下游的邮轮靠泊和游客接待方面,邮轮母港经济拉动效应不明显;我国尚不具备大型邮轮设计建造能力,诸多关键技术尚未突破,尚处于技术积累阶段。在外观与内饰设计、建造工艺、项目管理、配套本土化生产及供应链管理等诸多方面皆存在较大短板。

(三) 我国未来展望

近年来,亚洲地区经济增速较快和居民消费收入稳步增长,特别是乘坐邮轮旅游人数迅速增长。但受全球新冠疫情影响,船东和游客可能会对大型邮轮安全性产生担忧,尤其本就不太成熟的亚洲市场恐将陷入发展困境,成为我国邮轮产业发展的不确定因素。

我国应逐步建立邮轮自主设计、建造和关键设备/系统配套能力,构建完善的邮轮供应链体系。未来,建议重点开展邮轮设计技术,重点开展主题功能需求及总体方案、总体布置、总体性能、安全性、舒适性、节能环保、外观造型、内部装潢等技术研究,研制邮轮关键配套系统与设备;突破邮轮建造及管理关键技术,包括总段化与模块化建造技术、全过程精度控制技术等建造技术,以及供应链管理、成本控制等工程管理技术。

(四) 我国最新进展

2019年,我国进入大型邮轮建造新时代。我国首艘国产邮轮进入实质性建造阶段,该邮轮总吨位达13.5万总吨,总长为323.6米,型宽37.2米,船高为72.2米,最大载乘客为5246人,总客房有2125间,计划将于2023年交付,主要服务于国内邮轮市场。同时,招商局工业集团有限公司首制极地探险邮轮"格雷格·莫蒂默(GREG MORTIMER)"顺利交付,该邮轮长104.4米、型宽18.4米,船舶总吨为8035吨,设有135个舱室,可承载

254人,并采用了先进的电力推进和控制系统。2019年9月,由中国旅游集团有限公司和中国远洋海运集团有限公司共同投资运营首艘邮轮"鼓浪屿"启动首航,标志着我国第一艘自主运营的邮轮正式亮相。

参考文献

[1] "中国工程科技2035发展战略研究"海洋领域课题组.中国海洋工程科技2035发展战略研究[J].中国工程科学,2017,19(1):108-117.

[2] 林维猛,黄闽芳.我国内贸集装箱航运发展展望[J].集装箱化,2020,31(Z1):9-12.

[3] 严新平,刘佳仑,范爱龙,马枫,李晨.智能船舶技术发展与趋势简述[J].船舶工程,2020,42(3):15-20.

[4] 王艳波,金伟.船舶通信导航技术及发展趋势分析与研究[J].信息通信,2020(2):214-215.

[5] 李源.最新船舶技术盘点[J].中国船检,2016(1):92-95.

[6] 王卓.IMO框架下我国船舶检验法律制度研究[D].哈尔滨:哈尔滨工程大学,2011.

[7] 招商局重工首艘极地探险邮轮试航[J].船舶物资与市场,2019(7):8.

[8] 邢丹.豪华邮轮建造:谁的盛宴[J].中国船检,2016(9):43-46.

[9] 桂雪琴.外高桥发力豪华邮轮建造[J].船舶物资与市场,2016(1):16-19.

[10] "中国工程科技2035发展战略研究"项目组.中国工程科技2035发展战略·机械与运载领域报告[M].北京:科学出版社,2019.

第六章　海洋油气开发装备

一、海洋油气开发装备总体情况

(一) 概念范畴

深水油气田的开发需要深水油气开发工程装备和技术作为支撑和保障。海洋油气资源开发装备是目前海洋工程装备的主体,包括海洋油气勘探装备、海洋钻井装备、海洋油气施工装备、海洋油气生产装备和海洋油气应急救援装备等。海洋油气开发装备涉及船舶及海洋结构设计、海洋环境保护、海洋钻井、海洋探测等多个技术领域,集信息技术、新材料技术、新能源技术及多学科于一体,是一项多领域、多学科、复杂的系统工程。

本书将海洋油气开发装备分为海洋油气勘探装备、海洋钻井装备、海洋油气施工装备、海洋油气生产装备和海洋油气应急救援装备五大部分。

(二) 总体现状

1. 发展现状

目前人类开发深水油气已从深水区(300 米≤水深<1 500 米)拓展到超深水区(水深≥1 500 米)。探井水深记录为 4 398 米,井深记录为 10 690 米,油气田水深记录为 2 973 米。在国外,深水工程平台的作业水深越来越深,浮式生产储卸油装置(floating production storage and offloading, FPSO)、半潜式生产平台、深吃水立柱式平台(SPAR)、张力腿平台(tension leg platform,TLP)等常规平台也在广为应用;新型浮式装置,如浮式液化天然气生产储卸装置(floating liquefied natural gas,FLNG)、浮式钻井生产储卸油装置(floating drilling production storage and offloading, FDPSO)等不断涌现;深水安装、拆除装备趋向大型化、专业化。300 多座各类深水开发装备在全球范围内得到广泛的应用,尤其是在巴西、北海、墨西哥湾、西非等区域。深水油气开发技术正在快速发展,并将推动深水开发迈向新的领域。全球海洋工程装备市场已形成三层级的梯队式竞争格局,欧美垄断海洋工程装备研发设计和关键设备制造,韩国和新加坡在高端海洋工程装备模块建造与总装领域占据领先地位,而中国和阿联酋等国家主要从事浅水装备建造,并开始向深海装备进军。

目前国内深水海洋工程重大装备主要包括深水物探船、深水工程勘探装备、半潜式钻井装备、自升式钻井装备、深水作业施工装备、生产装备和应急救援装备等类型,这些深水大型工程装备均已投入实际工程应用。中国海洋石油总公司通过国家重大专项"海洋深水工程重大装备及配套工程技术"和国家863"3 000米水深半潜式钻井平台关键技术"等项目的研究,建成了包括中国首座自主设计建造的深水半潜式钻井平台"海洋石油981"和世界第一艘3 000米级深水铺管起重船"海洋石油201"在内的一批海洋深水油气田开发重大装备;这些技术成果极大地提高了我国海洋深水油气田开发技术和设备水平。

2. 目前还存在的问题

尽管已取得了快速的发展和长足的进步,但目前我国海洋油气开发装备整体上与国际先进水平还有不到10年的差距。主要表现在作业装备类型单一,没有深水浮式生产平台,大量船型、关键设备专利掌握在国外公司手中,设备国产化率低,设备配套能力不足等方面。

(1) 缺乏具有自主知识产权的船型设计,尚不具备完全自主设计能力,在专用设备和配套设备的设计制造上处于早期发展阶段,高端成熟产品少、国际市场竞争能力弱。

(2) 浮式生产系统仅在作业水深420米以内的FPSO具有自主设计建造经验,1 500米以内深水半潜式生产平台可自主建造,但SPAR、TLP和FLNG等,其设计和建造技术才刚刚起步。

(3) 海洋工程作业和支持船已经具有较好的基础和优势(物探、工程勘察、三用工作船、半潜驳、起重、铺管等),但海洋工程装备关键系统的核心技术仍掌握在欧美公司手中,如钻井系统、动力定位系统、FPSO单点系泊系统、水下生产系统等,国内主要承担详细设计和生产设计,船型及基本设计大多依赖国外引进。

(4) 我国在海洋工程装备基础共性技术方面仍然十分薄弱,特别是深水工程基础理论、深水工程设计分析软件、深水工程特种材料、工程标准及规范、试验和测试系统等基础共性技术方面,与国外相比还存在一定差距,影响了我国海洋工程装备技术水平的进一步提升。

(三) 发展形势环境

海洋油气开发装备朝着深水化、大型化的方向发展,浅水油气开发装备及技术已经十分成熟,深水领域的装备和技术创新是海洋石油创新的主战场。

目前主要以建造初级低端海洋工程装备产品为主,缺乏研发设计与制造高端深水海洋工程装备产品的技术和能力。深水海洋装备产业中的核心技术仍掌握在国外少数专业公司手中,国内企业处于产业链末端,这种产业模式亟待突破。

(四) 关键设备及技术

海洋石油开发装备领域的卡脖子技术和关键设备主要如下:

(1) 高效、高精度的海上多缆采集装备。

(2) 半潜式钻井平台配套关键设备(如升沉补偿装置、隔水管张力器、主动升沉补偿绞车、深水水下防喷器、司钻控制系统、大功率顶驱、大功率钻井绞车、管子处理系统、隔水管运送系统、防喷器运送系统等)。

(3) 深水钻井船的研发和建造技术。

（4）深水浮式设施（TLP/SPAR/FLNG）的建造及应用技术。

（5）深水浮式设施（TLP/SPAR/深水半潜式生产平台/FPSO 等）配套关键设备（如海上燃气涡轮发电机组、天然气离心机、8 000 千瓦以上大功率热介质锅炉、单点系统、3Cr 型低合金管线、深水立管张紧器、LNG 低温压缩机、低温阀门和低温冷箱等）。

（6）水下分离及增压装置（水下分离器、水下压缩机、水下多相泵）。

（7）应急救援关键装备研发与工程应用技术。

二、海洋油气勘探装备

（一）全球发展态势

在海洋勘探装备领域，目前全世界物探船的保有量为 160 多艘，处于活跃状态的为 130 多艘，由 50 多家公司持有。物探船主要集中在欧洲，其中挪威是物探船配套设备和建造船厂最集中的国家，也是运营物探船最多的国家，欧洲之外拥有较多物探船的国家是美国、中国和阿联酋，但是对于大型深水物探船来说，仍然被一些欧洲大型公司所拥有（占据全球海洋三维物探市场 80% 以上的份额）。全球具备设计和开发大型物探船能力的国家为数不多，船型开发主要由一些挪威设计公司主导。从市场发展趋势来看，全球约 40% 的物探船船龄超过 20 年，20% 的物探船船龄超过 30 年，根据船舶平均寿命在 30 年左右推算，未来几年将有部分物探船退出市场。此外，尽管受到油气公司资本支出大幅度削减的影响，物探船日费率下降且订单也随之锐减，但是一些高技术和高附加值船舶仍然受到市场青睐。

（二）我国发展现状

随着勘探区域逐步向南海深海发展，我国迫切需要具有高续航力、自持能力，以及强抗风浪能力的物探装备。

"海洋石油 720"深水物探船是亚洲首艘最新一代三维地震物探船，是中国国内自主建造的第一艘大型深水物探船，是中国国内设计和建造的第一艘满足 PSPC 标准的海洋工程船，是一艘由柴电推进系统驱动、可航行于全球 I 类无限航区的 12 缆双震源大型物探船，为物探船主流技术的代表。

"海洋石油 721"是中海油服投资建造的第二艘大型深水物探船（见图 6-1），具备拖带 12 条长为 8 000 米的采集电缆进行地震勘探作业的能力，深海勘探拓展至 3 000 米，各项性能指标达到国际先进水平，可进行 50 米电缆间距的高密度地震数据采集；震源压力可达 3 000 psi（磅力每平方英寸，1 psi=1 lbf/in^2=6.895×10^3 Pa）；配备了新一代地震数据采集系统、综合导航系统、电缆横向控制系统、全套物探机械设备遥控操作系统及先进的全柴-电推进系统，可有效提高工作效率和地震数据采集质量、降低船舶燃油消耗及船舶的振动和噪声。

（三）我国未来展望

海洋油气装备由单纯资源勘探开发向资源多元化应用和拓宽产业链方向转变。海洋

图 6-1 "海洋石油 721"

油气产业由原来注重量的增加到现在将质与量放在同等重要地位,实现两者兼顾;由原来只看发展理念转变为注重产业结构调整的长远战略,更加重视产业链的延长和升级,实现产业链与价值链协同嵌套和共同升级。国内油气产业链和价值链整合向全球产业链和价值链全面整合,已是我国油气产业未来发展不可扭转的趋势。

未来,深水高精度地震勘探、深水钻井装备不断向纵深发展,同时勘探开发一体化智能协同技术装备进一步发展。重点突破高性能检波器、专用芯片等关键核心技术,实现自主成套物探装备技术产业化、应用规模化,实现进口替代,解决阻碍勘探新技术实施的关键性问题,满足我国海洋油气资源勘探开发的需要。

三、海洋钻井装备

(一)全球发展态势

国际上海洋钻井装备作业水深、钻井深度能力不断提高,未来作业水深将超过 4 000 米,钻深超过 15 000 米;半潜式钻井平台的外形结构继续优化,进一步减轻平台结构自重,提高可变载荷与平台自重之比;环境适应能力更强,半潜式钻井平台进一步适应更深海域的恶劣海况,甚至可达全球全天候的工作能力;排水量和可变载荷增加,半潜式钻井平台可变载荷超过 10 000 吨;钻机最大钩载超过 1 250 吨,普遍采用双井架;水下防喷器安全性进一步增加,采用全电控制,具有 7~8 个闸板,压力等级达 20 000 psi;平台多采用 DP-3 等级动力定位;平台多功能化和系列化;不断有新型式钻井装备出现,如无隔水管钻井装置、海底钻机等。国外在深水钻井平台及生产平台钻井系统设计、配套、设备制造技术方面已经比较成熟,形成了交流变频钻机、液压钻机、DMPT 钻机等类型的深水钻机。

根据 Wood Mackenzie 数据,截至 2019 年 10 月 1 日,全球共有可作业钻井装备(仅统计了钻井船、半潜式钻井平台和自升式钻井平台)640座/艘,其中有合同平台464座/艘,无合同平台176座/艘。

(二) 我国发展现状

我国浅水油田使用的钻井装备包括海洋模块钻机、坐底式钻井平台、自升式钻井平台,这些装备从船体设计建造到配套的船体设备、钻机设备均已实现全面国产化。我国国内海洋模块钻机和修井机的数量已有100多座,钻机钻井深度最大为9 000米,钻机设备已全部实现国产化。国内自升式钻井平台的数量也超过50座,钻机的最大作业水深达到400英尺(1 ft=3.048×10⁻¹ m)("海洋石油941"系列),最大钻井深度达10 000米,从船体设备(包括桩腿、升降装置)到钻机设备也全部实现了国产化。总体来说,我国浅水钻井装置的设计建造技术发展已经比较成熟,基本达到了国外先进水平。

我国目前在用的深水钻井装备只有两类:半潜式钻井平台和半潜式生产平台,因此还有待进一步发展其他类型的钻井装备。目前国内有17座半潜式钻井平台,我国半潜式钻井平台经过多年发展,已形成作业水深从1 000~12 000 ft的系列船队,从数量、作业水深、平台配置等方面已经能够和世界先进水平接轨,而且经过建造"海洋石油981"(见图6-2)、"蓝鲸1号"等先进的第六代平台,我国半潜式钻井平台设计和建造水平已经接近国际先进水平。

图6-2 "海洋石油981"

但是钻井平台上配置的深水钻机关键设备(如大功率顶驱、钻井绞车、升沉补偿装置、隔水管张紧装置、控制系统、隔水管、防喷器等)均需要进口,而且半潜式钻井平台上的关键传动装备:动力定位系统、推进器、主发电站、中控系统等均为进口,现在还不能实现关键设备国产化。目前国内厂家能够制造陆地和浅水平台用的钻井设备,但是在深水钻井设备研制方面与国外先进水平还是有较大差距。

（三）我国未来展望

对于钻完井装备领域未来重点发展深水钻井设备来说，有以下几点可以进行重点发展。

（1）开展深水钻机关键设备国产化。目前我国深水钻机依然要依赖国外厂家，因此要重点开展以下深水钻机关键设备的国产化工作，如升沉补偿装置、隔水管张力器、主动升沉补偿绞车、深水水下防喷器、司钻控制系统、大功率顶驱、大功率钻井绞车（带升沉补偿功能）、管子处理系统（动力猫道机、铁钻工设备、折臂吊等）、隔水管运送系统和防喷器运送系统等。

（2）开展海洋液压钻机研制。未来应先开展小型液压钻机国产化研制，配套用于导管架平台；再开展大型液压钻机研制，配套用于深水钻井平台。

（3）模块钻机向智能化、多样化、自动化、低成本化发展。

（4）发展多种类型的深水钻井装置及技术：包括深水钻井船、Tender 钻机、FDPSO、深水高温高压井钻井及技术问题等，并且开展新型钻井的研制和应用（海底钻机、獾式钻探器）[1]。

四、海洋油气施工装备

（一）全球发展态势

在国际上，随着海上大型生产设施增多，一般的海上作业支持装置无法满足需求，在海洋工程界对应出现了大型化的海上作业装置以满足此类需求。大型半潜式起重船从双8 000 吨发展到双万吨，可顺利完成海上更大型设施的安装和拆卸，可以用于安装和拆除导管架以及上部组块，还可用于安装深水装置的基础、系泊系统等。半潜式起重船"Sleipnir"号的出现揭开了双万吨级半潜式起重船的建造序幕。此外，由于海上大型作业船的稀缺性，加上其昂贵的动复员费用，当海上油气生产设施需要开展多功能的复合作业时，功能单一的大型船舶很难满足需求。例如大型海上导管架平台的拆卸作业，往往需要一艘能拆除上部组块的作业装置和一艘能拆除导管架的作业装置，两艘装置的工期衔接、动复员费用等累加起来会十分昂贵。一艘功能单一的海上作业装备一旦其功能短期内没有市场需求，就可能处于闲置状态，从而造成巨大的资源浪费。在这样的背景下，能完成多种功能的海上复合作业装备应运而生。以起重铺管工程船"Pioneering Spirit"号为例，其功能的设置和服务的范围为代表着海上作业装备新的发展方向。

（二）我国发展现状

我国深水油气施工作业装备涉及多个种类，包括起重船、浮托驳船、下水驳船、运输驳船、铺管船、深水工程船、拖轮。目前我国建成了具有国际先进水平的 5 型作业船队，基本形成了1 500 米深水油气勘探开发作业能力，实现我国海洋深水工程装备的自主化，填补了国内空白。

我国自主研制了大型深水工程船舶配套设备，依托"海洋石油 201"形成了 3 000 米水深海底管道和设备安装能力，成功完成荔湾、流花、陵水项目等多项深水作业任务。"海洋石油201"是中国首艘 3 000 米深水铺管起重船（见图 6-3），也是世界上第一艘同时具备3 000 米级深水铺管能力、4 000 吨级重型起重能力和 DP-3 级动力定位能力的船型-深水铺管起重船，同时也是亚洲和中国首艘具备 3 000 米级深水作业能力的海洋工程船舶，能在除北极外的全球无限航区作业，是入 CCS（中国船级社）和 ABS（美国船级社）的双船级。

图 6-3　"海洋石油 201"

　　我国建成了世界上最先进的多功能、超深水作业的三用工作船"海洋石油 681"（见图 6-4），同时具有起抛锚、拖带和供应功能。它是 300 吨最大拖力拖轮，可为海上石油和天然气勘探、生产提供供应和支援服务。"海洋石油 681"可用于拖曳深水石油平台、大型起重船、大型下水驳船、FPSO、工程作业船舶和海洋结构物，是大型海洋工程结构物移动远洋拖航的主拖船；能进行 3 000 米深水抛起锚作业，提供快速高效的抛起锚作业服务；能进行深水油田守护值班和营救作业，具有海面浮油回收和海面油污消除作业能力；并能进行海洋工程作业支持服务。

图 6-4　"海洋石油 681"

(三) 最新进展

我国深水铺管作业首次突破 1 500 米纪录。2020 年 5 月 22 日,随着 12 英寸海底管线终止封头入海,中国海洋石油集团有限公司陵水 17‒2 项目 E3 至 E2 南侧海底管线的铺设工作顺利完成,本次施工最大水深达 1 542 米,创造了我国海底管线铺设水深的新纪录,标志着我国深水油气资源开发能力再获新的突破。本次作业由"海洋石油 201"完成,该船是由我国自主详细设计和建造的第一艘具有自航能力的 3 000 米深水铺管起重船,如图 6‒5 所示。

图 6‒5 "海洋石油 201"铺设陵水 17‒2 气田海底管道

(四) 未来展望

关于海上施工装备领域,将要重点发展的方向如下:

(1) 紧跟当前国际上涌现的大型化海上作业装置的趋势,发展大型海上作业装备,为海上大型油气田的开发和大型平台的潜在需求提供支撑,避免现有的作业船队无法满足需求而必须借用国外昂贵的大型作业装备,也可以为我国油田服务行业占领国际市场提供支撑。

(2) 开展多功能深水作业装备的研发及制造,研发可以用于海上铺管、平台安装及拆卸等多种功能的海上作业装置和海上多用工作船,可以满足不同市场条件下的需求,确保工作量和较高的利用率。

(3) 优化现有资源的调配和管理能力,建成强大的综合海上作业和保障团队,满足我国建设海洋强国所需开展的各类海上作业活动的要求,为海洋油气行业乃至海上其他工程行业提供全方位的支持和保障,并在国际油服市场上占据有利位置。

五、海洋油气生产装备

(一) 全球发展态势

在本书中,海洋油气生产装备主要分浮式生产设施和水下生产设施两部分介绍。国际上浮式生产设施作业水深越来越深,半潜式生产平台、SPAR、TLP 等常规平台广为应用;新型浮式装置,如 FLNG,FDPSO 等不断涌现;深水安装、拆除装备趋向大型化、专业化。全世界目前一共 169 艘 FPSO,分布与世界各个海域;约有 50 座半潜式生产平台在世界范围内服役,新建半潜式生产平台的船体结构形式基本固定,即环形浮箱、4 根立柱的典型船体形式,主要分布于巴西、北海、墨西哥湾海域等,其中作业水深最深的 Independence Hub 半潜平台作业水深达到 2 414 米;张力腿平台广泛应用于墨西哥湾、西非、北海、东南亚、巴西,适合各类海洋环境条件,截至目前建成或在建 30 座 TLP 平台,水深最深可达 1 580 米;SPAR 平台主要应用于墨西哥湾,截至目前建成或在建 22 座 SPAR 平台,在墨西哥湾有 20 座,在东南亚有 1 座,在北海有 1 座;FLNG 装置已经得到应用,PRELUDE 等大型工程已经投产。

水下生产设施如海底丛式井口,干式、湿式采油树,多井管汇和海底计量装置等应用较为广泛,水下增压、水下油气处理等创新技术逐步进入现场试验和工业化应用阶段,水下遥控作业机器人作业水深达 4 000 米,水下油气田开发模式日益丰富,应用水深、水下油气田回接距离的记录快速刷新。当前应用水下生产系统开发的油气田水深纪录为墨西哥湾 Peidido 项目,最大水深为 2 943 米;同时应用全水下生产系统开发油气田并通过 143 km 的海底多相输送管道直接回接到陆上终端已在挪威成为现实。水下生产系统正在成为经济高效地开发深水油气田和海上边际油气田的重要技术手段之一。

(二) 我国发展现状

在国内,随着深水油气开发的推进,半潜式生产平台已有应用,新型浮式装置,如 FLNG、SPAR、TLP、FDPSO、半潜式干树采油平台等工程技术研究正在开展;深水作业装备的作业水深越来越深,作业能力越来越强大。

我国共设计建造了 19 艘 FPSO,均为船型,用于渤海和南海海域的海洋石油开发。目前只有两艘深水 FPSO,“南海胜利号”的作业水深约为 330 米;“海洋石油 119”的作业水深约为 420 米。目前可实现国内设计、建造、安装和运维;但对于单点系统、聚酯缆等关键核心设备仍需要国外公司提供总包设计与关键部件,国内船厂可实现集成建造。国内船厂如上海外高桥船厂、大连造船厂、海洋石油工程股份有限公司、中远船务等已可以实现 FPSO 船体与上部组块的集成装配,并承接较多的 FPSO 船体建造订单,深水 FPSO 将是我国开发深水油田的首选装备。

中国目前已建成一座深水半潜式生产平台“南海挑战号”用于流花 11 - 1 油田,作业水深约 330 米,平台由一艘半潜式钻井平台(1975 年建造的 SEDCO 705)改装而成。用于陵水 17 - 2 天然气田开发的、水深为 1 500 米的半潜平台正在建造。目前国内主要船厂具备建造半潜式生产平台的能力,海洋石油工程股份有限公司具备深水半潜式平台的安装作业能力,但对于设计能力和部分核心设备仍有欠缺,需要国外公司完成。张力腿(TLP)平台由上部设施、甲板、柱型船体、浮筒、张力腿构成,目前国内油田没有已建成的 TLP 平台,但对于 TLP 平台设计、建造、安装技术开展了大量研究工作。国内主要船厂可完成 TLP 平台主体建造,海洋石油工程股份有限公司具备依靠国内安装船舶资源进行平台安装的能力,但 TLP 平台的工程实施技术体系与国外有较大差距,张力腿系统、立管系统等关键核心部件仍需进口。SPAR 平台技术应用于海洋开发已经超过 30 年的历史,目前 SPAR 平台已经发展到第三代。现阶段国内没有建造过 SPAR 平台,但对于 SPAR 平台设计、建造、安装技术开展了相关研究工作;国内主要船厂具备 SPAR 平台建造硬件条件,但相关设计技术欠缺,没有建造、安装、运维经验及能力,关键核心部件需要借助国外资源。

　　浮式液化天然气生产储卸装置(FLNG)是集海上天然气/石油气的液化、储存和装卸为一体的新型 FPSO 装置,具有开采灵活、可独立开发、可回收和可运移等特点,可适用于海上气田开发。关于 FLNG,国内现已有大量相关研究工作,并且基于 LNG 运输船的建造具有一定的建造技术基础,但总体上仍有大量的关键技术问题需要解决,需要大力投入研究力量进行研发。

　　水下生产系统通过水下井口、部分或全部放置在海底的水下生产设施、海底管线和电缆,将油气井生产的油气混合物输送至较远的处理平台或岸上油气处理厂。水下生产系统设备包括井口设备、采油树、管汇、基盘、控制系统、脐带管、管线、增压系统和水下处理系统等。在我国,自 1995 年海洋石油总公司与阿莫科东方石油公司采用水下生产技术联合开发流花 11-1 水下油田以来,已经相继开发了陆丰 22-1、惠州 32-5、惠州 26-1N 水下油田、流花 4-1、崖城 13-4、流花 19-5、番禺 34/35-1/2、流花 11-1 三井区、文昌 9-2/9-3/10-3 区块,随着荔湾 3-1、流花油田群和陵水 17-2 区块深水油气田的开发,水下生产系统在我国得到大规模的应用[2],流花油田群的开发模式如图 6-6 所示。

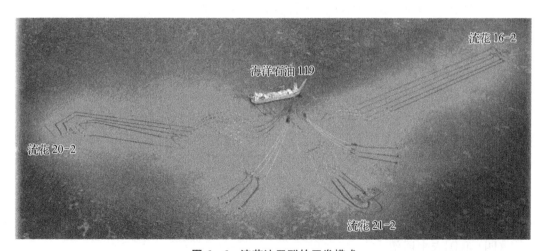

图 6-6　流花油田群的开发模式

　　我国水下油气生产系统技术研究起步相对较晚。长期以来,国内海上油气田所用水下装备多依赖进口,采购和维护成本高,供货周期长,极大地限制了我国海洋油气田开发事业的进展。为打破国外技术壁垒、保障我国海上油气田开发信息安全,我国加大研究力度,近年来国内水下油气生产系统装备研发与设计技术已取得显著突破,包括水下多相流量计、水下脐带缆等在内的多类水下关键装备已完成工程样机的研制并通过第三方认证,即将进入示范应用阶段[3]。

(三) 我国最新进展

(1) 世界上首个储油半潜式生产平台陵水 17-2"深海一号"半潜式生产平台完成建造并就位。

陵水 17-2 半潜式生产平台"深海一号"用于陵水 17-2 气田开发,已完成建造并已拖航就位,2021 年投产。陵水 17-2 气田位于南海琼东南盆地,平均作业水深为 1 500 米,是我国第一个完全自营作业的大型深水气田,储量规模超千亿立方米,于 2014 年由"海洋石油 981"勘探发现。气田将采用"深水半潜式平台+水下生产系统+干气接入崖城管网"的开发模式。该气田开创了世界首例深水万吨级储油半潜式平台的开发模式,突破并掌握了 1 500 米水深半潜式生产平台设计建造技术以及配套国产化设备的设计与制造等多项技术。"深海一号"船体重超过 3.3 万吨,上部组块重近 2 万吨,排水量为 10 万吨。

(2) 我国自主集成的世界最大吨位级 FPSO"P70"项目入选了中国"2019 年十大创新工程"。

2019 年 12 月 4 日,历时 18 个月,由我国自主集成的世界最大吨位级 FPSO"P70"当日在青岛成功交付巴西业主,创造了国际超大型 FPSO 交付的新速度。这也是继 2018 年"P67"之后中国海油又一艘世界级 FPSO 成功实现交付。"P67"和"P70"这两条"姊妹船"的双双交付,不仅为中国和巴西能源领域的战略合作搭建起友谊的桥梁,也进一步增强了中国与"一带一路"沿线国家在能源领域的合作,并助推中国海洋油气开发装备制造产业加快"走出去"的步伐。

(3) 国内最大作业水深 FPSO"海洋石油 119"号交付。

历时 22 个月,由我国自主设计、建造和集成的中国最大作业水深浮式生产储卸油船(FPSO)"海洋石油 119"号于 2020 年 5 月 15 日在青岛海油工程交付,并启航开赴南海流花油田开展作业。"海洋石油 119"号是中海油首座自营开发的深水 FPSO 项目,船体总长约 256 米,宽约 49 米,满载排水量达 19.5 万吨,能够抵抗百年一遇的台风。"海洋石油 119"号的设计寿命为 30 年,15 年不进坞,船体为双壳构造,货油系统采用潜没泵,入 BV 和 CCS 船级社。交付后服役于南海 16-2 油田群,作业水深达 420 米,2020 年 9 月已顺利投产。它能够长期系泊于海况恶劣的南海深水区,依靠的是一套具有世界先进水平船体集成型(SIT)大型内转塔单点系泊系统,这是我国首次建造集成的世界上技术最复杂、集成精度最高的单点系泊系统之一,在世界范围内仅有 4 例应用,施工难度极高。

(四) 我国未来展望

未来我们要进一步加快深水平台和水下生产系统关键设备和核心元件的国产化步伐。建议加大国家专项资金投入,设立制约我国海洋深水油气田开发的关键设备和"卡脖子"技术重大专项,加大原始创新力度,重点开展深水工程所需的原材料及核心元器件自主研发,加快开展水下生产系统关键设备国产化应用、浮式设施配套关键设备研发力度,推动国产化和产业化应用[4]。

在深水浮式生产装置领域,建议未来重点突破以下相关技术:

(1)深水浮式平台(半潜式生产平台、张力腿平台、SPAR 等)技术,包括深水浮式平台设计体系建设,深水浮式平台设计、建造、安装与调试技术,系泊系统设计、制造、安装技术,钢悬链线立管系统设计、制造、安装技术,关键设备/部件国产化。

(2)浮式生产储油外输装置(FPSO)技术体系,包括 FPSO 关键设备国产化(外输系统、货油泵等),塔架软钢臂式单点系泊系统(SYS),深水内转塔式单点系统,圆筒形 FPSO 设计、建造、安装与调试技术。

(3)FLNG 技术,包括 FLNG 设计体系建设,FLNG 设计、建造、安装与调试技术,FLNG 运营安全技术,关键设备/部件国产化。

(4)深水浮式生产装置运维技术,包括特种新型监/检测装备,全寿命期智能化、数字化评估技术,设施完整性管理技术体系。

(5)新型深水浮式生产装置技术,包括干树半潜平台、FDPSO 研发,针对中国南海的新型深远海后勤补给装置研发,多功能事故应急救援装置体系研发。

(6)深水浮式平台设计软件自主开发,包括深水浮式平台水动力载荷、稳性分析、结构分析、安装分析等自主软件体系。

在水下生产系统领域,建议各装备向更加紧凑化、智能化的方向发展;水下采油树向全电采油树的方向发展;水下管汇向紧凑型、可靠型发展;水下控制系统向全电控制系统的方向发展,将更加智能化;水下多相增压设备向着高容量性能和高压比参数的方向发展,水下分离器向分离效率更高、占地面积更小、设备更轻、适应范围更广的方向发展;水下射流清管器向简易可靠型、速度可控性的方向发展,结构和性能将进一步提高。

六、海上油气应急救援装备

(一)全球发展态势

海洋油气开发是高风险的产业,特别是在墨西哥湾漏油事件之后,海上灾害事故后的应急救援装备和技术越来越受到业界重视。国外的深水石油天然气开发应急救援设备种类多、功能强大、技术先进、性能稳定、装备的配备率高,工程救援技术和装备也比较成熟,常用的海洋井喷控制技术有井眼坍塌、关闭防喷器、泵入水泥浆、加封堵盖、使小储层枯竭、安装井控设备、泵入钻井液及救援井等。2010 年英国石油公司设计制造出世界上第 1 套水下应急封井装置,并成功应用于墨西哥湾深水地平线钻井平台事故的抢险救援。目前,全球已研制的水下应急封井装置约有 17 套,分别由国际上几大抢险公司或钻井公司配置在主要海洋石油开采区。海上溢油回收装备、海底管线应急处理装备、海洋平台应急救援工作船及水下机器人也得到快速发展,用于海洋石油的应急救援。

(二) 我国发展现状

近年来海上应急救援与保障平台安全作业的重要性逐渐凸显,海洋石油行业在应急救援领域投入了更多的力量予以研究和攻关。在国家重点研发计划的带领下,我国研制了基于"水上、水下、井下"多源实时监测的井喷智能预警系统,并成为第 4 个能够生产水下应急封井装置的国家,打破了国外垄断,扭转了我国海洋石油井喷溢油抢险救援受制于人的被动局面。

2017 年我国首个海上深水油气管道应急救援基地获得应急管理部正式批准。该基地坐落于深圳,服务范围辐射整个东海和南海海域,计划用三年时间进行深水管道应急救援装备建设,在深水管道救援装备配备到位的情况下,其具备深水 1 500 米海底管道海底应急救援能力,可形成完整的水下管道应急救援体系。

我国海上应急救援队伍是在石油天然气的生产中,以防火、防爆为主要目标逐渐发展壮大起来,并逐渐增加了溢油回收、油气长输管道紧急抢险的应急队伍,在海上油田的应急救援上还将油田专用的三用工作船舶和直升机作为应急救援的基础力量和快速响应的运载工具。

(三) 未来展望

应急救援领域优先解决的重大问题：① 发展深远海应急救援技术和装备,引进国外先进装备,模仿国外模式组建专业化海上油气应急救援团队,并在工程实际中提升应急救援能力。② 国内装备制造企业对现有的国外应急装备进行引进、消化和再次创新,逐步开拓国内外市场。③ 不断完善海上油气田应急救援预警、监测、数据传输、方案决策和现场指挥救援系统,增强综合应急救援合力。④ 开展深远海补给和保障技术的研究和体系建设,建设南海中南部岛礁供给保障体系,研制深远海保障平台,为深水开发提供支撑和保障。

(四) 最新进展

目前,我国首套水下应急封井装置已研制成功。依托国家重点研发计划"海洋石油天然气开采事故防控技术研究及工程示范",我国首套井喷失控后紧急封堵处置的水下应急封井器研制成功。水下应急封井装置用于发生溢油事故时封闭事故井,保证人员、设备安全,避免海洋环境污染和油气资源破坏。该装备填补了国内海洋油气开采重大安全事故防控装备的空白,打破了国外技术和市场垄断,缩短了救援响应周期,提升了国家海洋油气开采事故防控和应急救援能力,具有重要的经济和社会效益。水下应急封井装置具备封盖与分流功能以及压力温度的实时监测功能,可在 3 000 米水深环境使用,压力等级为105 MPa,可配备多种转换接口,能满足国内不同类型深水钻井平台应急抢险的救援需求。

参考文献

[1] 董星亮.深水钻井重大事故防控技术研究进展与展望[J].中国海上油气,2018,30(2)：112-115.

[2] 王春升,陈国龙,石云,等.南海流花深水油田群开发工程方案研究[J].中国海上油气,2020,32(3)：

143 - 151.

［3］李志刚,安维峥.我国水下油气生产系统装备工程技术进展与展望［J］.中国海上油气,2020,32(2)：
　　134 - 141

［4］杜庆贵,檀国荣,刘聪,等.深水油气生产装备应用现状及发展趋势浅析［J］.海洋工程装备与技术,
　　2018,5(5)：293 - 299.

第七章　深海矿产资源开发装备

一、深海矿产资源开发装备总体情况

随着科技的进步,人类对深海矿产资源的利用正处于从"勘探"向"开发"过渡的阶段。世界主要发达国家纷纷通过技术研发、规则制定等方式争夺深海全球治理的话语权和影响力,深海采矿及其生态系统影响等课题正逐渐成为全球重要海洋研究问题。

(一) 概念范畴

深海采矿装备主要指用于多金属结核、多金属硫化物、富钴结壳、稀土等海洋矿产的勘探和开发装备。

深海采矿装备涵盖了勘查、勘探、采矿、选冶和运输等产业链流程,并融合了水下作业、水中输送和水面设施的全方位平台和系统设备装备体系,可划分为平台类、作业系统类和支持系统类。其中平台类的海洋装备主要包括深海勘查装备、深海矿产勘探装备、深海采矿装备及水面支持保障装备等。深海勘查装备和水面支持保障装备属于通用型、技术发展成熟的装备,目前在油气资源开发、海洋科学研究及海洋运输中均有成熟应用;深海矿产勘探装备和深海采矿装备属于深海采矿领域的专用型装备,由于现在深海采矿尚未进入商业化开采阶段,这些装备仍处于研发阶段,尤其在深海采矿装备方面,全球尚无一艘深海采矿船投入使用,采矿船上搭载的深海采矿作业系统也处于试验阶段,距离产业化应用还有很大差距。

(二) 总体现状

国外先进国家从 20 世纪 60 年代开始进行海洋矿产资源的勘查和勘探,在深海采矿装备研制方面,国外发达国家总体上已占据领先优势[1-8]。在全球海洋矿产的勘探装备中,目前世界上最大的用于海洋地球物理勘探的钻探船是美国"决心"号和日本"地球"号大洋钻探船。除此以外,还有一些较小型的地质钻探船,这些船有的属于政府,有的属于企业,比如日本于 2012 年建成的"白岭"号,Horizon 公司于 2014 年建成的"Quest Horizon"号钻探船。另外,世界上从事海洋地质钻探的公司——Fugro 公司和 Gardine 公司旗下也拥有为数较多的地质钻探船。加拿大鹦鹉螺矿业公司和美国海王星公司在巴布亚新几内亚和新西兰专属经济区开展热液硫化物矿床商业勘探时,采用了经改装的钻探船"DP Hunter"号进行了大量的热液硫化物矿床的岩芯钻探取样。总体来看,国际上海洋矿产勘探装备及其关键系统设备均比较成熟,并通过实际应用已得到充分验证。从深海采矿开发装备看,目前全球没有适用于商业化开发的装备,很多装备处于试验阶段。在多金属结核开采方面,20世纪70年代美国、欧洲国家、日本等组成的联盟或合资公司陆续完成了5 000米级水深的采矿试验。1979年美国进行了5 500米水深的采矿试验,成功采集了约1 000吨的结核样品,验证了深海采矿技术可行性。进入21世纪,德国、印度、韩国、日本等国家又分别完成百米级至千米级水深的海上采矿试验。在多金属硫化物开采方面,经过近10年的勘探筹备工作后,2007年加拿大鹦鹉螺公司启动了世界上最大的高品位多金属硫化物系统商业勘探计划,包括采矿船和采矿机器人的订造,但目前该项目已处于停滞状态。2017年9月,日本经济产业省和日本金属国家公司在冲绳县附近海域采用三菱重工自主研发的挖掘与集矿试验机,成功进行世界首次海底多金属硫化物开采和提矿的中试,主要采用水深700~1 600米、可在海底半径250米范围内采集多金属硫化物的方案,由半潜式平台、垂直管道、水力旋流器、软管和集矿机等组成。在富钴结壳开采方面,主要采用的是机械方法,如螺旋滚筒式截齿切削、刀盘式轧削、冲击钻冲击破碎和水射流切削等,目前全球试开采活动极少。在海底稀土开采方面,2018年日本从南鸟岛周边25个5 000米水深的海底区采集了稀土样本。此外,拥有的专利数量可以反映一个国家或企业的技术水平。从深海采矿专利技术看,全球深海采矿相关技术的专利分布较为广泛,其中泰克尼普(TECHNIP)公司、大宇造船海洋株式会社、卡梅伦国际公司专利数排名前三,泰克尼普公司以39件专利排名数量第一。

在海洋矿产勘探和开采方面,我国20世纪70年代中期以来开展了大量矿区勘查工作,尤其对东北太平洋的多金属结核矿区开展了深入勘查。1990年,我国成立了中国大洋矿产资源研究开发协会,领导和协调我国在国际海底区域资源研究开发工作。20世纪90年代开始,我国开始进行深海采矿技术研发,掌握了海底采矿原理,进行了陆上试验和仿真研究,完成部分采矿系统135米水深湖试。在"十二五"期间,开展了多金属结核集矿系统500米海上试验[9]。在"十三五"期间,主要开展了1 000米级深海采矿工程试验验证,为未来更大水深更高性能采矿系统研制奠定了基础。

作为第一批国际海底矿产资源勘探的"先驱投资者",我国先后与国际海底管理局签订了国际海底多金属结核、多金属硫化物、富钴结壳共5个矿区勘探合同,成为世界上第一个在国际海底区域拥有3种资源矿区的国家,使我国具备了全方位开发国际海底矿产资源的基础和前提。

我国深海采矿工程目前以单体技术装备的研究和实验室验证为主,仅开展过几次数百米水深的部分单体海上试验,正在积极筹备首次千米级全系统联动海试,尚不具备进入产业化发展条件,距离产业化还较远。由于我国海洋采矿产业尚未进入商业化阶段,相关技术尚在研究、探索和验证阶段,深海采矿装备处于产业培育阶段。

(三) 发展形势环境

深海采矿装备总体朝着多样化、高效率、大深度、智能化、环保化等方向发展,并逐步从试验验证技术阶段向试开采技术阶段迈进。我国未来深海矿产资源开发装备发展将秉持重装、协同、智能和绿色等理念,加速推进核心技术创新和装备自主研发,开发海底大功率、高效能的重载作业装备,突破海底多装备联合作业全系统协同调控技术,基于信息融合、数字孪生以及人工智能技术构建海底信息化、无人化、智能化作业,形成绿色开采技术。深海矿产资源开发基于技术创新、装备研发、海上作业以及矿石处理和综合利用,构建技术产业链,实现商业开采和产业化。

综合分析,我国深海矿产资源的勘探、开采、转运、辅助、安全和环境等技术方面均取得快速的发展和丰富的成果。但相比于美国、日本、欧洲等国家/地区在深海采矿装备领域的应用阶段、成熟水平和核心专利,我国在深海采矿装备技术领域存在一定差距,存在一系列薄弱环节:

一是基础科学问题研究较为薄弱。一方面,对深海矿产资源的形成机制及勘探指示、矿床的四维特征和深部过程等科学问题的研究不够深入;深海采矿系统动力特性分析能力不足,对复杂激励条件下系统的耦合动力响应缺乏行之有效的分析预报方法;另一方面,由于缺少深水管道输送的工程经验和测试数据,尚未考虑到超深水作业可能遇到的管道结构力学特性问题,因此尚未针对深水矿石输运管道而开展的高性能材料的研发和生产能力建设。

二是关键技术存在差距。主要体现在如下几个方面:精准的矿床表层和三维空间分布探测核心技术还依赖于国外;深部探测装备国产化还不稳定;缺乏长期观测的关键技术;矿床原位评价的测量要素不足;开发过程安全监测与预警技术还是空白;矿石采集技术方案尚未完善,针对矿石丰度的适应性研究较少,并且缺乏深水试验验证,多金属结核和热液硫化物尚未开展深水开采试验;水下海洋环境实时感知技术基础较为薄弱,且配套设备能力较差,关键技术和装备均依赖进口;重载装备的布放回收技术以及作业过程中的升沉补偿技术尚待进一步发展;全系统、多设备的联动控制尚未进行海上测试分析,稳定性和可靠性上无法保障。

三是水下核心传感器、装备、测试仪器和关键元器件研发能力较弱。矿石长距离提升泵技术尚不完善,其重量较大,颗粒通过性尚未经历长时间验证,亟待进一步发展;组合导航定位装备与算法与国外成熟产品存在较大差距,深水定位精度不够;大功率深水电缆以及光纤技术国产稳定性和可靠性较差,技术水平和生产能力较为一般,大部分情况下依赖进口;深海传感器、水密接插件以及中央控制系统等关键元器件大部分依赖进口,特别对于水密接插件,国内的产品可靠性与国外成熟产品差距较大。

四是全系统联合海试尚未开展。尽管我国已经多次开展单体海试,但是全系统联合海试涉及内容极为复杂,仍具有较大挑战。我国尚未能够开展深海采矿系统的联合海试,无法完全验证方案设计、关键技术以及水下装备。目前,我国"十三五"重点研发计划正在筹备开展 1 000 米级深海采矿系统联合海试。此外,我国也尚未开展规模化海试,对系统的生产效率、稳定性、可靠性、长期运维性能以及经济性尚未开展研究。

五是环保理念和技术开发滞后,环境友好型装备亟待研发。我国在深海采矿环境理论研究、深海环境应对装备与总体方案等方面与国际水平存在较大差异,缺乏较精准的深海技术的环境影响数据。目前发达国家已逐步完成深海采矿的环境影响评估,建立分析模型和预报方法。我国尚未进行完整的环境影响评估,未能建立完整的环境影响评估方法;环境友好型的开采和输送装备研发尚未形成技术方案。

(四) 关键技术

1. 未来技术攻关方向

重点关键技术主要集中在船型总体设计、集矿系统、提升系统、环保技术、智能技术等领域,水面支持系统、集矿技术和提升技术是深海采矿系统的三大关键技术。此外,关注较多的其他技术包括选矿、萃矿、电线电缆、通信传输、控制系统、浮体、回收布放等领域。未来技术攻关将主要往以下 5 个方向发展。

一是加强深海采矿总体设计技术研究。总体方案和装备技术体系研究,开展船型与主尺度论证技术论证。深海采矿整体系统的动力学建模以及联动开采作业过程的模拟研究是目前发展的前沿技术。

二是改善集矿系统的效率、控制性能和自动化。集矿系统研究主要涉及采矿机器人的运动、采集矿及其控制技术,未来需要攻关适应深海矿区地形的采矿作业车,研究作业车的定位、姿态、行走测控技术及其控制技术,适应深水、丰度变化和微地形变化的固体矿物集矿技术。

三是突破深海采矿发展面临的难点——提升技术。提升系统由带浮力材料的输送管、中继站、提升输送泵和扬矿管等组成。由于管道空间形态复杂且变化不定,粗颗粒的输送风险较大,存在堵塞输送管的风险,且管道的受力特性较为复杂,对集矿机的受力状态产生影响。目前国际上较为认可的是流体提升式采矿方法,且最具有工业应用前景。我们需要攻关的是集矿机与立管协同技术、中继站技术、固体物料在立管中的输送技术等。

四是深海采矿设备的环保性能标准将更加突出。纵观目前各国所有的深海采矿机器人,都是采用履带式行走方式,体积庞大,收放复杂,提升方式采用管道提升,夹杂很多无用泥沙,能效利用率较低。采矿机器人地形适应性差,这种地毯式采矿对海底破坏严重,这些是国际海底管理局和全人类共同关心的问题。

五是颠覆性、智能化、适应能力强的装备将不断创新发展。例如未来的水下探矿机器人将具有更强的作业能力、更高的运动性能、更加智能化。

2. "卡脖子"技术和装备

在深海采矿装备技术领域,"卡脖子"技术和装备包括高效精细矿址探测技术、矿床三维空间精细刻画探测技术、矿床开采长期观测技术、矿床快速原位评价技术、数字矿址技术、矿床开采工程地质安全监测与预警技术、水下物联网技术、矿床开采水下多装备高精度定位与协同作业技术、复杂激励下系统耦合动力响应分析预报技术、深海超长距离输送管道新型轻质材料技术、绿色且精准的矿石采集技术、海底稳定行走技术、全系统智能化协同控制技术、海底复杂环境实时感知技术、水下精确组合导航定位技术、安全输送与流动保障技术装备、重载作业装备布放回收技术、重载升沉补偿技术、大功率水下动力输送技术、水下信号低损耗传输技术、水下接插件和传感器等关键元器件、全系统实时监测和预警技术和全系统长期运维、监测和调控技术等。

二、矿床勘探装备

（一）全球发展态势

1. 矿址表层高精度探测装备

矿址表层高精度探测是指利用声波、可见光和激光等各种装备获得矿址表面高精度的地形地貌、底质类型和海底目标等特性的过程[10]。

近年来,国外多波束声学测深系统分辨率已经达到 0.3°,可实现三维波束稳定测绘效果。侧扫声呐和合成孔径声呐是最主要的海底成像设备,垂直航迹分辨率一般为 2～5 cm,侧扫声呐水平波束开角可达 0.07°,合成孔径声呐可获得恒定 2～5 cm 沿航迹分辨率。近底声学探测精度的提升也离不开配套技术发展,如导航定位技术、数据融合技术等,挪威 Kongsberg 公司在这方面占据领先地位。

可见光学探测相比声学系统可以获得更直观和更高分辨率的海底目标成像结果,是开展深海精细探测必不可少的手段。国外深海超高清 4K 摄像机已经逐渐普及应用,如美国 Insite Pacific 公司的 MINI ZEUS 4K 摄像机已在 ROV、HOV 等深海设备上搭载应用,为实现更高精度的视觉测量、目标识别和行为识别等创造了条件。综合应用深海可见光高清高速成像、高精度立体测量和高速蓝绿光通信等技术使水下勘探高度智能化精细化作业、海底高精度光学三维重建等成为可能。国外正在开展的下一代水下智能机器人开发是这些技术综合应用的趋势,结合最新人工智能技术的水下光学立体测量、视觉导航和可见光通信正在快速发展,如美国休斯敦公司正在开发的 Aquanaut 水下机器人。

目前,近海底激光三维成像探测装备技术较成熟,在海底地形测量、水下设备维护和目标探测等领域获得广泛应用(见图 7-1)。现在普遍使用的 532 nm 波长激光在大洋海水中衰减较大,成像距离通常在 20 米以内,能够获得灰度三维图像,部分研制装备已经搭载于水下潜器平台开展了相关应用工作,为水下潜器提供更多有效的探测工具。

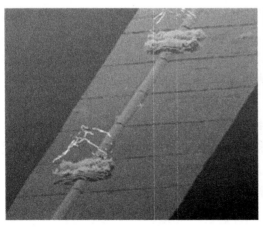

图 7-1　搭载于水下潜器的激光三维成像探测

2. 矿址三维勘探装备

矿址三维勘探探测是指利用声、电、磁和震等装备获得矿址海底面以下三维空间分布特性的过程。

目前深海矿产资源中主要是多金属硫化物和深海稀土为三维分布,其中又以多金属硫化物的三维勘探难度最大,关注度最高。基于深海机器人和拖曳平台的高分辨率磁法、电法和声学/地震等高精度地球物理勘探装备在矿址三维勘探中发挥了关键作用[11]。

搭载于深海拖曳平台与深海机器人的磁力仪可以捕获近海底硫化物的微弱磁异常(见图7-2),在实际矿区范围圈定中发挥了重要作用。高精度三分量近底磁法探测装备对磁性结构探测意义重大,是未来矿址三维勘探的发展趋势。2000年以来,国际上针对硫化物开展了主动源和被动源电法设备研发,俄罗斯、加拿大、德国等国家研发了各自的电法勘探系统。海面地震对小尺度海底矿床探测以深海拖曳式近底探测为主,并已获得试验性应用(见图7-3),成为近年来明确矿区地质构造和矿床结构的新型手段。近底地震装备还处于初步发展阶段,当前正朝着声源宽频化、小偏移距接收以及实际探测应用等方向发展。

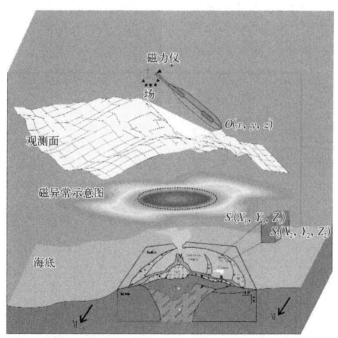

图7-2 磁力仪捕获近海底磁异常

富钴结壳具有亚米级的厚度,其测量也是资源探测的关键需求。日本东京大学联合英国南安普敦大学于2009年研制了基于ROV的富钴结壳厚度原位声学探测器探头,2015年,东京工业大学进一步开展了富钴结壳专用AUV的研制,并先后在南鸟岛专属经济区海山开展了多个航次的富钴结壳厚度原位探测装置和专用AUV等高新技术装备应用试验,已基本形成了以ROV和AUV为平台,集高频声学、高清光学等为一体的富钴结壳高精度探测技术体系,实现了富钴结壳厚度快速高效探测。

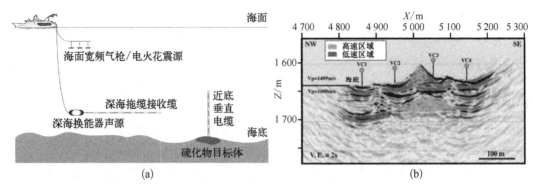

图 7-3 深海近底声学探测装备示意图(a)及对矿址地质结构的成像(b)

3. 矿体取样装备

矿体取样是指利用电视抓斗、多管取样器、重力取样器、箱式取样器、拖网取样器、海底钻机、大洋钻探等装备获取矿产资源实物样品的过程。目前表面取样和浅部钻机装备已非常成熟,是矿体勘探的常规装备,需发展新型取样装备和大深度钻机。

在深海钻探技术方面,国外发展较早,且技术较成熟,以美国、英国和德国为代表,拥有最大工作水深 4 000 米、最大钻深能力 280 米的钻探能力,并包括光缆遥控座底式和 ROV 协同式两种类型。其中德国不来梅大学于 2005 年研制的海底深孔岩芯取样钻机 MeBo 已经过多型号的迭代,成为较成熟的商业产品(见图 7-4)。

图 7-4 MeBo200 钻机

国际大洋钻探项目曾使用钻探船"格洛玛·挑战者号"(Glomar Challenger)、"乔迪斯·决心号"(JOIDES Resolution)(见图 7-5),以及日本钻探船"地球号",现在主要使用"决心号"。针对海底热液活动区进行的航次共有 5 个,其中 1994 年 ODP158 航次共在大

西洋中脊 26°N 的 Trans-Atlantic Geotraverse(TAG)热液区的活动硫化物丘状体上打了
17 个钻孔,在最深处钻取到了海底 125 米的岩芯样品,对这些钻孔样品的研究发现 TAG
丘状体在纵向上具有明显的分带性。从浅部至深部发育不同类型的矿化和蚀变岩石组合
带,分别为块状黄铁矿矿石和黄铁矿角砾岩带、富硬石膏带(黄铁矿-硬石膏和黄铁矿-硬
石膏-石英角砾)、黄铁矿-硅质岩角砾和硅化-绢云母化-绿泥石化围岩角砾岩带和蚀变玄
武岩带,结构图如图 7-6 所示。

图 7-5　乔迪斯·决心号

4. 矿床评价原位测量装备

矿床评价是指利用声、电、磁和光等装备原位测量矿体的物理、化学和岩土力学等特
性的过程。

岩石物理特性原位测量通常利用声、电、磁等物理原理制造测井仪器进行间接测量,
常用的有声波测井、电阻率测井、自然电位、中子测井及自然伽马测井等,在石油勘探领域
已有较成熟的产品。

矿床评价原位土力学测试装备主要包括静力触探测试装置(CPT)、动力触探测试装
置、十字板剪切测试装置、深海海床孔隙水压力原位观测装置等。

目前国际先进的 CPT 装置主要由荷兰与德国公司研制。荷兰辉固公司研制的
Seacalf 型海床式 CPT,其作业深度为 6 000 米,触探深度为 50 米。荷兰范登堡公司研制
的 ROSON 海床式 CPT,作业水深为 1 500 米,贯入 40 米;DW ROSON 深海海床 CPT,
作业水深为 4 000 米,贯入 50 米。荷兰 Geomil 公司生产的 Manta - 100 超深水型 CPT,
其最大工作水深可达 4 000 米(见图 7-7)。德国海洋环境研究中心研制生产的 GOST 海
底 CPT,采用液压动力,工作水深为 4 000 米,触探深度为 38 米。荷兰辉固公司号称世界
岩土界的霸主,研发的海床式静力触探系统,近十年来几乎承接了我国 80% 以上的海洋
静力触探工作量,如港珠澳大桥、海洋可燃冰、香港新机场勘察等。以上这些设备探测的

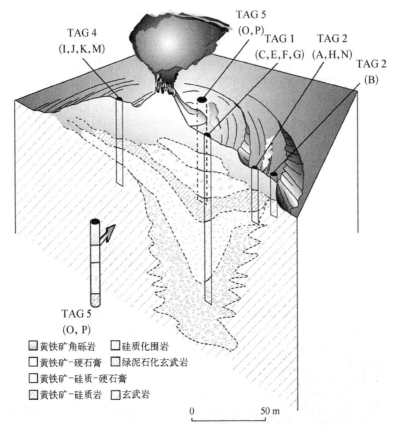

图 7-6 TAG 活动丘体的结构图

图 7-7 荷兰 Geomil 公司深海 CPT
设备 Manta - 100

海床沉积物深度较大,自身重量都大于 5 吨重,设备坐底过程对于表层沉积物扰动较大,不适合于精确探测海底软弱表层沉积物强度。

海上动力触探以自由落体型动力触探为主,主要用于快速评估海底浅层沉积物强度与类型,对探测区海底表层 5 米以内的沉积物土力学性质进行初步判断[12]。国际上代表性动力触探装置由德国研制。德国海洋环境研究中心设计了一套 DWFF - CPTU 装置,设备总重为 400 千克,最大工作水深达到 4 000 米,贯入深度最大可达 4.5 米。德国不莱梅大学开发的无缆无外加动力贯入装置"LIRmeter",设备重量为 2 吨,贯入深度为 4 米,工作水深可达到 4 500 米,如图 7-8 所示。

海上原位十字板剪切试验能够测量黏土灵敏度和不排水抗剪强度等特性,深海原位孔隙水压力观测能够有效反映海底动力地质过

(a) (b)

图 7 - 8　深海动力触探装置

(a) DWFF - CPTU；(b) LIRmeter

程,主要用于测量海底低强度、高含水率软土的土力学参数。法国海洋开发研究院
(Ifremer)研制了海底沉积物孔压测量探杆 Piezometer,最大工作深度为 6 000 米,可以用
于测量不同深度的沉积物孔隙水压力。西澳大学海洋基础系统中心(COFS - UWA)开发
了全流动贯入试验仪,应用于深海海洋软土的原位测试和室内离心模型实验。由于测量
规范的差异,国际上十字板剪切试验应用较少。

沉积物原位声学特性测量也一直受到关注,20 世纪 50 年代美国海军电子实验室所
研制的、可以插入沉积物中进行测量的原位探针是早期原位声学测量仪的代表。随着各
类矿床进入试开采阶段,岩石物性的原位测量与钻井随钻的物性测量工作亟须开展技术
研制与利用。

拉曼光谱是基于拉曼散射效应的分子振动光谱,反映了分子振动、转动能级的信息,
可以用于分析分子结构,在物质定性与定量探测分析领域已经得到广泛应用。由于深海
热液、冷泉等极端环境下的部分探测目标物会随温度、压强、氧化还原条件等外界条件的
改变发生逸散、分解等物理化学变化,使得原位探测成为当今深海研究的发展趋势。拉曼
光谱技术具备无须预处理样品、非接触、可同时探测多种组分等独到优势,对深海极端环
境适用性较强,已逐渐应用到海洋尤其是深海原位探测领域。美国蒙特利湾海洋研究所
(Monterey bay aquarium research Institute, MBARI)的科研人员在激光拉曼光谱技术的
深海原位探测领域做出了开拓性的工作,研发了国际上首台深海原位激光拉曼光谱仪
(deep ocean Raman in situ spectrometer, DORISS),并且将 DORISS 系统用于深海流
体、矿物、气体水合物等目标物的原位拉曼光谱探测。法国海洋开发研究院研发了一套用
于水下探测的浅海拉曼光谱探测样机并进行了性能测试;德国柏林工业大学尝试将表面

增强拉曼光谱用于水下有机物污染物（PAHs）的探测，并成功研制了一套基于表面增强拉曼光谱的水下 PAHs 传感器。

5. 矿床长期观测装备

矿床长期观测是指利用各类装备，原位长期地对矿床的形成、演化和开采过程等物理、水文、化学和生态要素的观测。

海底金属矿床的形成、演化和开采是一个长期复杂的地质过程，受到海底构造活动、岩浆活动、水深、地形等多方面因素的影响，在地质、地球物理、水文、化学和生态等学科的测量参数上均有体现，必须发展长期综合观测系统实现对海底矿床的全方位的立体监测。水文、化学和生态的观测在后继环境章节中描述，本节仅描述地球物理部分。

海底地震仪、海底地磁仪、海底大地电磁仪、海底水听器等单体观测设备是近年来广泛使用的海底长期观测设备，能够记录矿区海底构造活动和岩浆活动引发的小微地震、地磁场变化、大地电磁场变化以及声压变化等参数，并通过精确的地球物理反演方法获取矿区海底构造信息，研究海底矿产资源的成矿和演化机制。目前，这类单体观测设备均朝着高信噪比、高时钟精度、小型化、长时工作以及组网化等趋势发展。

在实际的观测过程中，可将单体观测设备组成集成观测网，各组成部分之间通过有缆或无缆方式进行通信，并设置一个或者多个能源供给单元为整个观测网供电。这样的观测网系统能够长时间对观测目标进行监测，获得观测目标全面的时空变化特征。

现阶段，国际上并无专门针对海底矿床的长期观测系统。这主要是因为多数海底矿床仍处于前期的勘探阶段，对长期监测的需求较低。但随着勘探及开发程度的深入，这项装备必将迎来一个大的发展。目前最具有参考价值的是美国和加拿大自 1987 年联合组建的 Neptune 观测网，这个位于东北太平洋 Juan de Fuca 洋脊的观测网由 30～50 个水下观测节点和陆地控制中心组成，节点布放深度为 3 000 米（见图 7-9）。针对板块构造、极

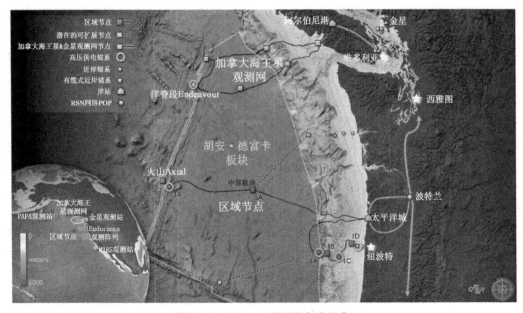

图 7-9　Neptune 观测网布设示意

端生态系统和热液活动等,Neptune 观测网的观测节点组装了深海摄像头,地震监测仪,海水流速、温度、营养盐传感器和海底钻机等设备,原位采集观测区域内海底物理、化学、生物等信息,并通过预先铺设的通信光纤传输至陆地控制中心。同时,有缆设备例如水下有缆机器人(ROV),也在该观测计划中用于水下观测阵列各个节点线缆的连接、布设和整体维护(见图 7-10)。随着 Neptune 观测网计划的成功开展,一系列的长期综合观测计划陆续在全球展开,例如欧洲海底观测网计划(ESONET),日本新型实时海底监测网络计划(ARENA),美国 NeMO 海底观测链(NeMO)等,这些观测网计划大大提高了我们对于深海矿区的观测效率,并极大地促进了海洋工程的发展。

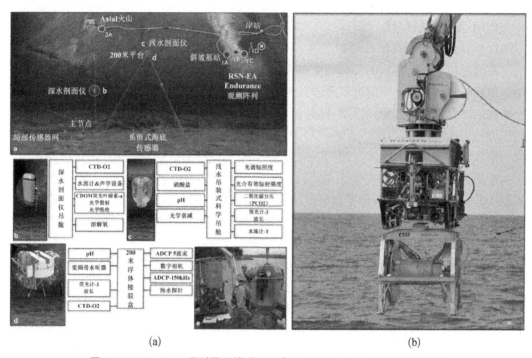

(a)   (b)

图 7-10　Neptune 观测网无缆观测设备(a)和用于布设电缆的 ROV(b)

目前,海底长期观测系统已经成为人类了解地球内部构造和全球物质能量循环的重要手段。随着海洋工程技术的日益成熟,海底长期观测系统正朝着大型化、多学科化和实时交互化趋势发展,终将成为海洋调查的常态化工具之一。

6. 智能平台装备

以 ROV、AUV、HOV 为代表的深海潜水器是人类探索海洋、开展深海矿床资源勘探的关键智能平台装备,将人类的探秘海洋的触角延伸到数千米的海底。上述三类潜水器各具特色,可根据勘探工作阶段和任务需要选择。ROV 适用于近底定点长时间精细调查,AUV 适用于海底大范围区域探测,HOV 给科学家带来的现实场景沉浸感无可替代。

目前全世界无人遥控潜水器超过 1 000 艘,是其他潜水器总和的 10 倍。其中一半以上用于海洋油气工程,多数商业化潜水器潜深在 3 000 米以浅,超过 5 000 米的 ROV 不超过 10 套。欧洲、美国、日本等发达国家处于领先地位,形成了较好的商业化发展模式,并形成了以欧洲、美国少数几家 ROV 品牌生产商为代表,超过 400 多家能提供 ROV 整机、零部件和服务的厂商和研究机构的市场格局。

俄罗斯是目前世界上拥有载人潜水器最多的国家。目前全世界的 HOV 总数为 200 多艘,可潜入 6 000 米以深的仅有 9 艘,分别为美国的"阿尔文"号,日本的"深海 6500"号,法国的"鹦鹉螺"号,俄罗斯"和平号I/II""领事"号和"罗斯"号,中国的"蛟龙"号和"奋斗者"号。

各国都在研究自己的 AUV 用于军用或民用,欧美发达国家处于领先地位。初步估计全世界目前已有十几种不同类型的 AUV,研制 AUV 的国家有美国、法国、挪威、德国、加拿大、日本、中国、韩国等。随着信息和控制技术的发展,智能化和多 AUV 协同作业是 AUV 未来重要的发展趋势。

(二) 我国发展现状

1. 矿址表层高精度探测装备

我国近年来依托科技部等部门支持下,中国科学院声学所、中船 715 所、海军工程大学等单位研发出类型齐全的近底声学探测装备。国内在深海使用最多的是兼有测绘和成像功能的高分辨率测深侧扫声呐,已开发多个型号并安装在多种深海潜器上,其中双频全海深型号正在进行海试;国产合成孔径声呐沿着航迹分辨率可达恒定 5 cm;已有全海深应用的二维前视声呐和浅水应用的三维前视声呐;国产地形数据后处理软件也已商业化。

我国多波束测深仪研究始于 20 世纪 80 年代中期,目前浅水型多波束测深仪已完成多款产品的研制,依托科技部重点研发计划项目,深海近底多波束测深仪已经完成硬件研制工作。此外,国内也涌现出多种不同原理的二维和三维多波束前视声呐,主要应用在浅水,近年来在深海也出现了国产装备应用的案例。

国内测深侧扫声呐出现于 20 世纪 90 年代末,由中国科学院声学所发明研制。经过多年的发展,测深侧扫声呐已进入系列化发展阶段,产品稳定性和处理效果得到了显著提升。目前,150 kHz 产品已经应用于多套声学深拖系统、"潜龙"系列、"深海勇士"号和"蛟龙"号上。目前,全海深双频测深侧扫声呐已经完成样机研制,其特点是高耐压、小型化、数字化、多通道,具备更佳性能。

我国浅地层剖面仪研究始于 20 世纪 70 年代,"八五"和"十五"期间,都曾立项研制相关样机,目前中国科学院声学所东海站完成了参量阵样机研制。

我国合成孔径声呐研究始于 20 世纪 90 年代。在国家"863"计划的支持下,中国科学院声学所和中船重工 715 所联合研制成功了合成孔径声呐湖试样机;2005 年我国首部具有自主知识产权的合成孔径声呐海试成功。目前,中国科学院声学所与海军工程大学研制的合成孔径声呐分辨率可到 5 cm×5 cm,相关技术已达到国际先进水平。

在深海近底探测中,国外目前主要采用侧扫声呐加近底多波束的组合,而国内主要采用测深侧扫声呐加浅剖的组合,又称为一体化微地貌探测系统(见图 7-11)。目前,国内正在综合设计前视、下视和侧视多个视角的声呐组合方式,通过多部声呐的协同工作和数据融合来适应越来越高的近底探测需求(见图 7-12)。

1) 可见光探测装备

我国目前基本解决了深海摄像机技术,涵盖了模拟摄像机和1080P 高清摄像机,开发出了 1 200 万像素级深海高清数码照相机,基本满足了国产深海装备"可视化"的需要。

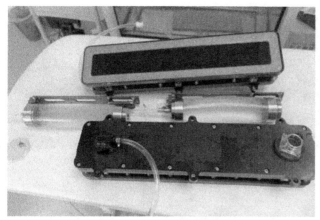

图 7 - 11　测深侧扫声呐换能器阵

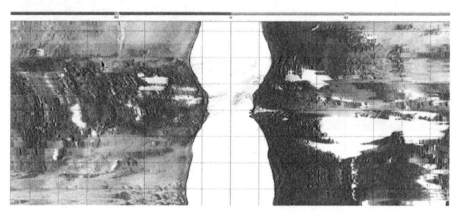

图 7 - 12　"科学号"声学深拖测深侧扫声呐冲绳海槽获得探测结果

近年在科技部"深海关键技术与装备"重点专项等国家财政持续支持和部分民企自主投资研发下,具有自主知识产权的深海超高清 4K 摄像机、深海双目立体相机、2 000 万像素级深海高清数码照相机等成像设备和水下蓝绿光高速通信也取得了一定进展。我们利用国产深海可见光视觉设备并结合人工智能技术在深海科学研究和资源探测活动中有了广泛应用,如 AUV 水下站位自主对接和无线可见光数传、深海底多金属结核资源的光学勘探普及应用等。

2) 激光探测装备

水下激光探测装备成像分辨率高,可实现遥感探测和物质成分探测,成为近年来国际上海洋探测装备的研究热点。国内的上海光机所、华中科技大学、北京理工大学和哈尔滨工业大学等单位都研制了近底的激光探测装备,能够实现海底和水下目标的三维成像。浙江大学、上海光机所和中国海洋大学等单位在海水水体光学参数测量方面也开展了技术和仪器研究,并进行多次海上测量试验,获得了大量的有效观测数据(见图 7 - 13、图 7 - 14)。

2. 矿址三维勘探装备

用于海底资源的深海潜器研究工作始于 20 世纪 80 年代,近年来打造了实用性的"潜龙"系列,集成了我国自主研制的三分量磁力仪和自然电位设备勘探技术,形成了一套实

| (a) | (b) | (c) | (d) |

图 7 - 13   水下不同距离的目标成像结果

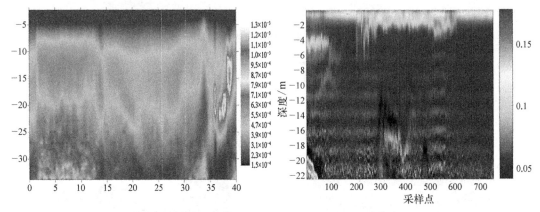

图 7 - 14   水体后向散射系数和消光系数剖面测量结果

用化多金属硫化物等深海矿产资源勘查系统(见图 7 - 15)。我国近年来也研发了国际先进水平瞬变电磁装备(见图 7 - 16),并在大西洋和印度洋进行了试验性应用。

图 7 - 15   基于"潜龙二号"AUV 的深海资源探测系统

利用浅地层剖面仪可以对矿址表面沉积物范围和厚度进行识别,但无法获取矿址深度上的结构特征。利用主动源和被动源海底地震仪在多金属硫化物区进行了三维地震探测,能够对矿址地壳厚度、大尺度断层断裂以及深部构造等进行成像,但无法满足矿址范围小尺度构造成像需求。近年来,以垂直缆为主的近底地震在天然气水合物区构造探测中取得了初步成效,但仍处于技术积累阶段,尚未在深海矿产资源勘探中获得应用。

图 7-16　我国深海硫化瞬变电磁探测系统

3. 矿体取样装备

近年来,随着国家海洋强国战略的逐步推进,国内众多研究所、高等院校兴起了建造海洋科考船的热潮,而矿体取样装备作为科考船的基础装备,也进入了快速发展的阶段,主要集中在可移动、可视化、大深度等发展方向,例如"海洋地质十号"配备了国内首套深海移动电视抓斗(见图 7-17),"大洋"号装备了可视箱式取样器,"海牛"号海底钻机(见图 7-18)将我国的深海钻探深度从 20 米拓展到了 60 米。

4. 矿床评价原位测量装备

我国自 20 世纪 70 年代开始海底沉积物力学性质原位测试研究,近年取得了长足进展。1973 年中国科学院海洋研究所研制了国内第一套海底 CPT,其触探深度为 7 米,适用于浅层淤泥质地层。1994 年中国地矿部海洋地质研究所研制成功钻探、触探一体化的船载式 CPT。2008 年广州海洋地质调查局研制生产井下式海底 CPT 系统,其由液压驱动,一次触探多回次贯入,作业深度为 10～100 米。2014 年中国海洋大学研制了轻型滩浅海静力触探,进行海底 10 米范围内的沉积物强度测试。2017 年武汉磐索地勘科技有限公司自主研发了 PeneVector-Ⅲ重型海床式静力触探系统,在浅海区探测深度达数十米。2019 年中国海洋大学研制了深海海床基综合静力触探系统,可进行海底下 5 米深度沉积物强度测试,如图 7-19 所示。

在动力触探方面,国内研究者较少。中国海洋大学研发了深海浅层沉积物强度贯入式原位测试装置,该装置总长度约为 6 米,贯入深度约为 5 米,极限工作水深为 1 500 米,已经在南海开展了海试应用。

图 7 - 17   深海移动电视抓斗

图 7 - 18   "海牛"号海底钻机

（a）　　　　　　　　　　　（b）

图 7 - 19　国产静力触探装置

（a）中国海洋大学研制的轻型 CPT；（b）武汉磐索公司研制的重型 PeneVector - Ⅲ

　　长沙矿山研究院有限责任公司研发了十字板剪切仪和触探仪，在东太平洋中国开辟区西矿区的深海稀软底质中进行了剪切强度和贯入阻力测试。在深海孔隙水压力原位观测方面，中国海洋大学研发了光纤式海底沉积物孔压原位长期监测系统，最大工作水深为 2 000 米，已经应用在天然气试采工程中[13]。

　　21 世纪初期，我国研制了一种用于测量海底沉积物原位声学特性的多频海底原位声学测量系统[见图 7 - 20(a)]，推进了国内原位测量装备自主研发的发展。该领域的研制成果较为丰硕，研制成功的主要有基于液压驱动贯入的自容式海底沉积原位声学探测系统

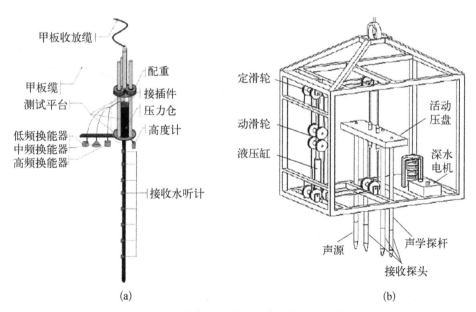

（a）　　　　　　　　　　　（b）

图 7 - 20　海底原位声学测试系统结构示意图

（a）多频海底原位声学测试系统；（b）液压驱动贯入的自容式海底沉积原位声学探测系统

[HISAMS,见图 7 - 20(b)],主要应用于边沿海沉积物测量,在深海资源方面并未得以应用。

我国目前没有直接用于深海矿床原位测量装备,亟须借鉴陆地上已成熟的原位测量装备技术,并将其移植到深海矿床评价原位测量领域中。

在富钴结壳高频声学测厚技术方面,我国自 2015 年以来,先后利用"海马"号、"蛟龙"号等作业平台,搭载由我国自主研发的富钴结壳声学原位探测器,在结壳合同区完成了实际工作海况下的功能和性能考核,验证了利用声学参量阵技术实现富钴结壳厚度测量的可行性和有效性,完成从原理样机到工程样机的轻小型化工作,经试验验证,测厚精度优于 1 厘米,成为继日本之后第二个拥有富钴结壳资源专用探测设备的国家。

中国海洋大学、四川大学和中国科学院海洋研究所等单位研制了拉曼和激光诱导击穿光谱测量装备,并成功开展了深海的原位探测试验。中国海洋大学研发了国内首套深海自容式激光拉曼光谱探测(deep ocean compact autonomous Raman spectrometer, DOCARS)系统,并在国际上首次获得了 4 003 米深度自带样品双波长激发的深海原位拉曼光谱。此后,通过对 DOCARS 系统进行后续改造与升级,研制了两套搭载海底观测网的激光拉曼光谱仪,并作为我国南海海底观测网的观测节点,稳定运行超过 1 年,获取了大量连续原位观测数据。中国科学院大连化学物理研究所李灿、范峰滔团队在深海紫外激光拉曼光谱领域进行探索,研发了国际上首台以紫外激光作为激发光源的深海拉曼光谱仪,成功通过了在马里亚纳海沟进行的 7 000 米海试验证,创造了最大工作水深记录,并且获取了原位光谱数据。

中国科学院海洋研究所研发了世界首台耐高温原位拉曼光谱探针,并拓展研发了适用于深海固体、液体以及气体目标物的系列化拉曼光谱探针。该系列化拉曼探针已经在全球典型的深海热液、冷泉区域进行了 6 年十几个航次近百个潜次的科学应用,并提供给自然资源部用于我国在西南印度洋热液硫化物矿区的环境评价。通过研发的系列化拉曼光谱探针,为我国首次获取了裸露在海底的天然气水合物和利用冷泉流体原位快速生成的天然气水合物的拉曼光谱,分析了水合物笼型、笼占比等性质,为揭示水合物形成机理提供了重要的线索;在喷口附近生物群落中发现一种类 AOM 反应过程,为冷泉区域硫元素转换通道和过程的研究提供了参考;在深海热液区发现自然状态下存在超临界二氧化碳,为地球初始有机物的形成和生命起源提出新的可能;在弧后热液区观测到一种特殊的气相热液喷发系统,加深了对深海热液系统发育过程的认识。

5. 矿床长期观测装备

进入 21 世纪,尤其是提出海洋强国战略以来,在国家重点研发计划等的大力资助下,我国在海底矿床长期观测相关装备的研发方面取得了长足的进步,尤其是海底地震仪的研发和应用方面。单体观测设备从最初单纯的国外引进到部分仿制,再到目前的完全国产化,已实现了质的飞跃,并且拥有了完全自主知识产权[14]。经过数年的近海甚至深远海的实际应用,此类装备已日渐成熟,功能也逐步得到完善,基本能够满足日常的调查需求。此外,在深渊(大于 6 000 米水深)长期观测装备方面,我国已走在了世界前列,并取得了初步的应用成果。但是,与国外同类装备相比,国产装备仍然存在一些不足之处,主要体现在装备性能的稳定性和一致性两方面。

2017 年开始,针对海域环境监测,我国在东海和南海分别建立了海底观测系统,实现中国东海和南海从海底向海面的全天候、实时和高分辨率的多界面立体综合观测,但至今为止,我国针对矿床研发的长期观测网还未有应用报道。自2014年以来,我国已在西南印度洋多金属硫化物矿区使用长周期锚系、深海观测站等系统设备,开展过多次小规模的矿床长期观测。虽然此类观测还缺乏长期的能源供给单元和数据实时交互传输单元,但也取得了矿区内长周期的地球物理和环境数据,为今后实施大规模的矿床长期观测积累了丰富经验。目前,我国已基本具备了在海底矿区开展大规模矿床长期观测的条件。相信在不久的将来,我国自行研制的海底长期观测网也将广泛应用到海底矿床。

6. 智能平台装备

我国从2000年初开始,支持研究了一系列深海潜水器研制项目。在大洋勘探领域,形成了以"蛟龙"号载人潜水器、"海龙"号无人有缆潜水器、"潜龙"号无人无缆潜水器为代表的"三龙"深海潜水器系列装备。"三龙"是我国进入深海、探测深海、开发深海的"利器",对我国深海潜水器的发展具有重要的里程碑意义,是我国自行设计、自主集成、具有自主知识产权、在深海勘察领域最早和最广泛应用的深海运载器。

继"蛟龙"号之后,4 500米"深海勇士"号载人潜水器于2017年底研制成功并投入应用,"海龙Ⅲ"型、"海龙Ⅳ"和"潜龙三号""潜龙四号"相继建成,装备于大洋科考船并投入应用。随着众多国产潜水器的研制和应用,我国深海潜水器进入历史发展的快车道,如图7-21所示。

(三) 最新进展

我们发展了针对深海无人潜器的高精度导航和海底精细作业需求的亚米级水下综合导航定位技术,形成了7 000米海深内的水下导航定位与通信装备。

(a)

(b)

(c)

图 7-21　三龙潜水器

(a) "蛟龙"号载人潜水器;(b) "海龙"号无人遥控潜水器;(c) "潜龙"无人自治潜水器

　　"潜龙二号"连续 3 年在西南印度洋开展海洋资源调查,垂直航迹分辨率 5 厘米,合成水平波束开角 0.8°。"科学号"利用 ROV 搭载的多波束测深系统和激光测距系统,通过近海底作业,实现了几十平方公里亚米级的地形地貌探测。

　　多套万米声学探测系统研制完成,包括万米载人潜水器"奋斗者"号(HOV)声学探测系统、全海深无人潜水器(ARV)声学探测系统。高分辨率测深侧扫声呐和多波束声呐等地形地貌探测声呐能够实现全海深、多尺度、高分辨率、高精度的声学微地貌测量。

在深海资源勘探中,高分辨率近底地球物理方法取得了重要成效。在近底磁法的多金属硫化物资源勘探方面,已初步厘清玄武岩基底与超基性岩基底硫化物矿区的磁异常机理,建立了矿区的磁空间结构研究方法。电法在海底多金属硫化物矿址勘探中发挥了重要作用,利用高分辨的主动源电法刻画硫化物矿体内部的精细结构,通过 AUV 搭载频率域电磁法确定硫化物横向分布等。基于宽频带声源和小道距接收的近底地震,在硫化物矿区的沉积物、小尺度断层、硫化物边界和矿体结构刻画方面取得了突破,为硫化物的资源评价提供了重要依据。

近年来,我国发展了针对深海无人潜器的高精度导航和海底精细作业需求的亚米级水下综合导航定位技术,形成了 7 000 米水深内的水下导航定位与通信装备,并开始从 7 000 米级深度向全海深发展。主要亮点有:2017 年 10 月 3 日"深海勇士"号载人深潜首航试验,在水下导航定位辅助下,载人潜水器 10 分钟找到水下预设目标,系统有效率超过 90%,系统动态定位精度优于 0.3 米。

(四) 未来展望

在矿床高精度勘探方面,未来应研制基于深海潜器的综合地球物理调查设备,具备实时高精度定位功能,实现高密度激发/接收的数据采集,并研发基于联合反演的综合地球物理三维成像技术,以更好地推断矿址的三维空间结构。

面向深海矿产资源开发的需求,我国应着重发展惯性、声学和光电等多技术手段相融合的综合导航定位与通信技术,构建深海水下立体空间导航与监控体系,实现水下开采/运输/监测/保障装备的互联互通和高精度协同导航。预计 2035 年,突破声光电磁多手段综合导航定位与通信关键技术,完成深海水下立体空间导航与监控体系的初步验证,建立相应创新链和技术链。2050 年,构建完备的智能化深海水下立体空间导航与监控体系,形成水下导航定位与通信设备的产业链。

三、矿床开采装备

(一) 全球发展态势

1. 矿石采掘装备

矿石采掘装备是海底矿床开采核心装备之一,主要用于将矿床剥离基岩或沉积物,兼具切割和掘进的功能,矿床种类不同,其采掘装备也不相同。多金属结核一般赋存于平坦海底,与海底沉积物共存,主要采掘方式包括机械式、水力式和复合式,其中水力式采掘研究较多,该方式通过高压水流在海底结核及其周围形成负压抽吸作用来完成对矿石的采掘。富钴结壳开采过程中,由于其生长在基岩表面,因此需要将富钴结壳与基岩剥离开,一般采用螺旋滚筒采掘装置进行开采。热液硫化物赋存于海底火山口附近,采掘方式与富钴结壳较为接近,采掘装备兼具切削和掘进功能,一般采用辅助切割机或多功能一体化采掘装备完成,首先处理复杂崎岖的地形、开拓采矿台阶,再进一步完成矿石的初步采掘。目前,欧盟、韩国、印度等都针对海底多金属结核研发了矿石采掘装备并开展海上试验,日本针对热液硫化物开采研制四履带采矿车,于 2017 年开展系统性能海试,如图 7-22 所示。

图 7-22　鹦鹉螺矿业公司的三台采矿车

2. 矿石破碎装备

矿石破碎装备是大块矿石的分解装备。在矿石开采过程中,往往存在因颗粒过大或需要与基岩剥离而必须破碎矿石的情况,因此多用机械力破碎矿石以便收集矿石。富钴结壳开采中,美国经过试验后采用螺旋滚筒式切削或冲击钻破碎等几种方式。多金属结核开采过程中,由于多金属结核颗粒一般浅埋在海泥里,采掘之后结核上附着的泥土可以轻松冲洗掉,因此可以不需要新的分离设备,当然也可以用破碎机或磨矿机对矿石进行破碎[15]。在热液硫化物的开采中,鹦鹉螺矿业公司采用主采矿机完成切削和破碎作业,在辅助切割机完成的采矿台阶上快速地切削和破碎矿石。

3. 矿石收集装备

矿石收集是矿床开采的最后一道工序,破碎的小块矿石颗粒通过矿石收集装备进入集矿箱或顺着水力提升管道输送至海面。在富钴结壳和多金属结核的开采过程中,矿石的收集方式基本相同,小粒径矿石顺着输送管道提升至海面或进入到集矿车的集矿箱中。在热液硫化物的开采中,加拿大鹦鹉螺矿业公司使用海底收集机完成,主采矿机破碎后的矿石由海底收集机制成矿浆,通过水力提升系统将矿石泵送至海面上。

(二) 我国发展现状

1. 矿石采掘装备

我国的矿石采掘装备处于原理样机设计和采集试验阶段,针对富钴结壳资源已经开展了深海矿石的采集试验,但对于多金属结核、热液硫化物仍缺乏深海矿床采掘试验。2016 年 7 月,长沙矿山研究院研制的深海富钴结壳采矿头在南海成功开展了富钴结壳采掘试验,验证了螺旋滚筒采矿头采掘富钴结壳矿体的可行性;2018 年,长沙矿山研究院研制的富钴结壳规模取样器开展了我国首台富钴结壳规模取样器海上试验;2018 年,中国科学院深海所在我国南海海域 2 500 米水深开展了富钴结壳规模采样车海上试验,并获取了富钴结壳矿石样品,验证了布放回收的自动定向功能、海底矿石破碎收集能力,证明在极端复杂海底地形中具备作业能力[16],如图 7 - 23 所示。

图 7 - 23　富钴结壳规模取样器

2. 矿石破碎装备

矿石破碎装备是大块矿石的分解装备,我国在富钴结壳的样机设计中也完成了矿石破碎装备的设计,并在海试中对矿石破碎装备进行了验证,但针对多金属硫化物的矿石破碎装备的相关研究还很少。2018 年,中国科学院深海所在南海 2 500 米水深处开展了海上试验,成功获取了富钴结壳矿石样品,验证了海底矿石破碎收集能力;2019 年,深海富钴结壳规模采样装置在南海展开了两次富钴结壳矿石的采集作业,基于微地形自动适应的切削破碎收集一体化装置根据结壳和基岩的物理特性差异自动判断切削厚度,采用水力式收集破碎后的富钴结壳碎块,并输送到物料仓。

3. 矿石收集装备

我国针对矿石收集装备的研究开展较早,针对多金属、多金属结核和富钴结壳的矿石收集装备完成了初步试验验证[17]。"八五"计划期间,研究了水力式集矿和水力机械复合式集矿两种矿物采集方式;"九五"计划期间研制了履带式行驶、水力式收集的采矿车,并于 2001 年在抚仙湖完成了湖试,验证了装备的可行性;2018 年,我国自主研制的"鲲龙 500"采矿车在中国南海完成了 500 米海上试验,验证了针对多金属结核的海底矿物水力自适应采集功能;2018 年,在中国富钴结壳合同区完成富钴结壳的综合采集海试,获得矿石样品;2019 年,进一步开展富钴结壳样机海试,验证了针对破碎后的富钴结壳碎块的水力收集装备,如图 7 - 24 所示。

图 7-24　"鲲龙 500"多金属结核采矿车

(三) 最新进展

在多金属结核的开采装备方面,比利时于 2017 年完成了采矿车的 4 571 米的海底行驶测试,并进行了环境影响评估;欧盟 BlueNodules 项目成功研制了海底多金属结核采矿车,并于 2018 年在马拉加湾成功开展技术性能和环境影响测试;我国 2018 年完成多金属结核采矿车"鲲龙 500"的研制和海试,实现了海底稀软底质行驶、矿物水力自适应采集以及综合导航定位等多项关键功能。

在富钴结壳开采方面,我国 2018 年研制富钴结壳采矿取样试验车,并在中国富钴结壳合同区完成了 2 019 米水深的综合采集海试;2019 年,我国富钴结壳规模采样装置于 2 490 米水深测试成功,完成了海底富钴结壳矿石的采样作业,获得了岩石样品。

在硫化物开采装备方面,日本分别于 2012 年和 2017 年开展单体和系统性能海试,采集得到了硫化物样品;鹦鹉螺矿业公司在 2015 年完成了三台海底采矿车的研制,2017 年在巴布亚新几内亚码头完成了海底开采车带水试验;欧盟可行性替代采矿作业系统(VAMOS)项目已经成功研制多功能可替代采矿车,并于 2017 年和 2019 年成功在英国和爱尔兰开展测试。

四、矿石转运装备

(一) 全球发展态势

1. 提升泵管装备

提升泵管装备的主要功能是将矿石-海水形成的混合物以一定的速度和浓度从开采

装备输送至海面^[18]。深海采矿的应用环境要求泵管装备能够克服波浪和海流等复杂海洋环境的影响,并具有耐压、耐腐蚀、耐磨损、允许大粒径颗粒通过、防堵塞、防卡滞等特点。欧洲、日本和韩国都已经完成了矿浆提升泵的制造,并进行了相关试验,验证了矿浆提升泵的实用性;2012 年,鹦鹉螺矿业公司与美国联合制造了有回水驱动功能的深水隔膜泵(见图 7-25)。在扬矿管方面,美国海洋管理公司(OMI)、海洋采矿联合公司(OMA)和日本茬原公司都有已经设计并投入使用的深海采矿扬矿管道。

图 7-25　鹦鹉螺矿业公司提升泵设备

2. 水下中继装备

水下中继装备的主要功能是将开采装备采集的不均匀矿浆转换为均匀矿浆输送到提升泵管中,并且兼具一定的辅助控制管道姿态和监测海底作业环境的功能。水下中继装备一般由摆动连接装置、外部框架、中继舱舱体、设备支撑平台、液压系统、监控系统等主要部件组成。韩国目前走在水下中继装备开发的前列,率先利用 FIR 滤波器对中继站进行了动态定位控制。韩国海洋科技研究所设计开发了用于多金属结核开采的中继站,并将中继站安装在深海采矿提升系统中,完成了 1 200 米的海试,已具有丰富的水下中继装备设计和应用经验。

3. 升沉补偿装备

升沉补偿装置是水面支持船与提升泵管装备之间的重要连接部件,主要功能是抑制由于水面支持船在波浪中的运动而导致提升泵管装备产生的升沉及横纵摇运动。现有的深海采矿船升沉补偿系统基本借鉴和采用了深海油气钻探升沉补偿系统的技术。OMCO针对深海采矿作业需求而专门设计建造了升沉补偿系统,该系统目前被视为深海采矿升沉补偿系统的样板。OMI 和 OMA 公司均采用了被动式升沉补偿系统,使用万向架的纵横摇运动补偿装置,纵横摇补偿效果在非恶劣海况下表现理想,但对于六级海况以上则无法达到理想的效果。因此有必要开发半主动或主动升沉补偿系统,以进一步提升补偿性能,满足海上多海况作业要求。

（二）我国发展现状

1. 提升泵管装备

图 7-26　我国研制的两级混流提升泵

我国自 20 世纪 90 年代开始针对提升泵管装备、长距离管道输送等关键技术开展了相关研究，并取得了一系列的成功。长沙矿冶研究院、上海交通大学等单位对管道输送特性和泵的回流特性进行了相关研究（见图 7-26）。我国从"八五"计划开始，建成了高 30 米的垂直管道提升系统，研究了管道输送特性以及潜水泵过流回流特性；"十一五"计划期间，建成了高度 224 米的垂直管道提升试验系统，验证了扬矿工艺的合理性。2016 年，在南海进行了 300 米级泵管提升系统海上试验，输送矿浆体积流量为 500 立方米每小时，结核输送量为 50 吨每小时。目前，正在积极筹备并预计于 2021 年开展千米级深海采矿系统包含管道输送在内的整体联动海试。

2. 水下中继装备

我国针对深海采矿水下中继装备已经开展诸多研究。中南大学通过理论和试验，提出将储料罐与水泵组合利用水射流辅助提升矿物的中间仓，并完成了数学模型验证和试验验证（见图 7-27）。西南石油大学针对天然气水合物水力提升中继装备研究其安全性，为深水输送管道的设计、运行和管理提供理论与技术支撑[19]。"十三五"规划期间，中国船舶工业集团第七○二研究所首先制作完成了用于海试的管道水力提升式水下中继站实体系

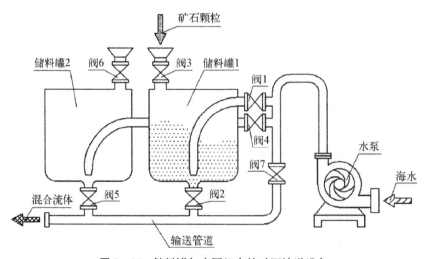

图 7-27　储料罐与水泵组合的矿石输送设备

统,进一步提高了我国深海采矿水力提升系统的自主设计能力。

3. 升沉补偿装备

国内升沉补偿装置的研发方面明显晚于国外,主要源于中国对深海石油开发过程中所使用的相关设备研制起步较晚,相关核心技术与国外存在较大差距[20]。国内振华重工、中国石油大学、宝鸡石油机械、四川宏华石油设备有限公司等对升沉补偿技术进行了初步研究,并取得了一定成果。2017 年宝鸡石油机械设备厂制造出我国首台天车型钻柱升沉补偿装置样机,在性能指标、安全措施等方面达到了国外同类产品的技术水平,增强了深水关键装备的自主配套能力(见图 7-28)。总体来讲,国外的波浪升沉补偿技术相对而言已经比较成熟,而国内的研究尚处于理论探讨、样机研制阶段。在实际装备生产应用方面,我国几乎没有能够直接工程应用的升沉补偿技术,目前生产相关升沉补偿装备的制造厂家尚不多见,与国外存在较大的技术差距。

图 7-28　我国首台天车型钻柱升沉补偿装置样机

五、水面控制与辅助开采装备

(一)全球发展态势

1. 系统协同智能控制

系统协同智能控制是指在水面支持船上建立中央控制系统,在对系统每台设备进行单独作业控制的同时,实现多设备联合作业的智能协同控制,保证布放回收、采矿作业和矿浆处理外输等整个过程的顺利进行。单台设备控制包括开采装备的行走和采集控制、导航定位、布放回收系统作业控制、水下中继装备给料控制、提升泵管系统控制以及水面支持船的动力定位控制等。多设备协同控制主要指开采装备、转运装备以及水面支持船协同作业时的系统联合调控,保证作业过程安全、有序、高效开展。国外针对单个设备控制的相关研究较多,技术较为成熟;针对多设备的协同控制开展了初步研究,包括针对整体系统在运动和矿石输送过程中的耦合动力学分析和预测及控制、外输作业中的多浮体耦合运动分析及控制等。

2. 水下导航定位装备

国外水声定位技术起步早,成熟度高,已经实现水声定位系统的产品化、产业化及系列化。挪威 Kongsberg 公司 HiPAP 系列产品已经由单纯的超短基线定位系统升级为综合定位系统,推出的 HiPAP100,作用水深达 10 000 米。法国的 IXBLUE 公司产品涉及长基线、超短基线和综合定位系统,GAPS 的定位精度达到 2‰斜距。英国 Sonardyne 公司采用了先进的宽带编码技术,极大地扩充了编码数量,其产品宣传表示系统可容纳无限量用户,处于世界领先水平,这三家公司的产品占据了全球绝大部分的市场。现阶段,水声定位导航技术的发展趋势体现在两个方面:① 水声定位系统进一步走向宽带化、集成化、便捷化。以英国 Sonardyne 公司为代表的各大公司最近都已新推出各自的宽带信号定位技术,以追求更多的接入用户数、更稳健的多途性能和更高的精度。此外,多传感器与水声换能器集成以追求作业便捷化(见图 7 - 29)。② 水声惯性组合导航已成为新的增长点。目前声学多普勒/惯性组合导航装备已经广泛应用于水下无人航行器。超短基线、长基线等水声定位系统与惯性组合导航的应用刚刚开始,该技术不仅能够提高定位精度以及稳定性,而且能大量减少水下声学信标的布设数量,有效地降低了水下作业工程量,经济性好。

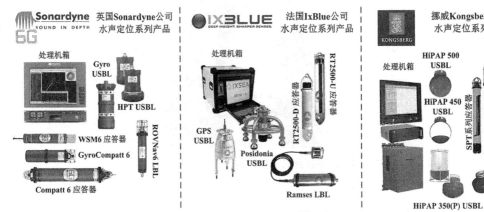

图 7 - 29   国外主要水声定位公司产品

3. 水声物联装备

水声通信技术是水下物联的应用基础,近年来,国际上对于水声通信技术研究呈现理论技术研究与工程应用研究并重的发展态势。在理论技术研究方面,深入开展了水声信道均衡、多普勒补偿、脉冲干扰抑制以及水下组网等水声通信技术的研究。为发展水下标准化的通信网络层技术,以北约水下研究中心为首的十余个北约盟国科研机构,已经联合制订了水声通信标准协议。在工程应用方面,水声通信机设备研发向着小型化、低功耗方向发展,并布局了大量海上试验项目,如美国制订并开展过多个水下网络发展计划,其中被熟知的有"海网"(Seaweb)项目、"近海水下持续监视网"(PLUSNet)计划和"深海汽笛战术寻呼"(DSTP)系统等,在试验中测试水声通信网络节点定位与导航、网络拓扑自调整等关键性能。北约海事研究和试验中心(NATO STO centre for maritime research and experimentation,CMRE)2017 年在意大利的斯佩齐亚湾(Gulf of La Spezia)地区也进行了 CommsNet17 海试试验,该次试验布放了包括静止节点和 AUV 在内的 11 个水下传感器节点,构成一个多跳式水声通信网络,其拓扑结构图 7 - 30 所示。总体上,欧美等国家的水声组网技术已经逐步迈向实用化。

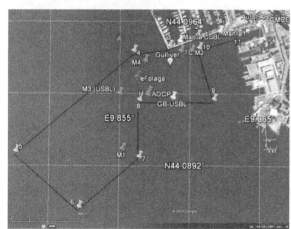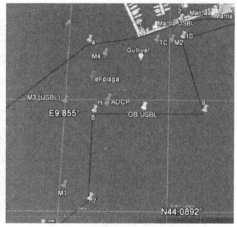

图 7 - 30 **CommsNet17 海试试验水声通信网络拓扑结构**

4. 水下声通信装备

水声通信装备利用声波在水中传输信息,是水下无线信息传输的主要手段(见图 7 - 31 所示)。水声信道的复杂性使得水声通信的通信速率、通信距离和通信的稳定性受到极大限制,发展出了多种水声通信技术。扩频通信技术发展相对成熟,其通信速率低,一般每秒传送几至几十比特,其优点是对信噪比要求低,可在恶劣环境中工作。非相干水声通信技术传输速率一般为数百比特每秒(b/s),已发展得比较完善,其鲁棒性好,得到了广泛应用。多相移键控信号(MPSK)和正交频分复用(OFDM)等相干通信技术通信速率比非相干通信技术提高一个数量级,速率与距离乘积已可达到 80 kb/s·km 以上,但受信道限制更大。在海工和资源领域更关注通信的可靠性,以扩频和非相干通信技术为主,在海洋观测领域以非相干通信技术为主,少量使用相干通信技术。国际上的水声通信设备厂家有美国 Benthos 公司和 LinkQuest 公司、德国的 Evologic 公司和 ELAC 公司、法国的 Cesel 公司等,已形成了系列化的水声通信产品,广泛应用于民用和军事领域。

5. 矿石预分选装备

矿石预分选装备主要功能是将从海里采集到的矿水混合物进行脱水处理[21],保证矿石达到转运的含水量标准,同时尽量减少矿物损失。矿石预分选装备还需要把经过多级

图 7-31　水声通信装备在海工和观测中的应用

处理后的海水通过提升系统泵重新打入海底,减少对生态环境的破坏。目前世界范围内的矿石预分选装备都是在已有的陆地矿石脱水技术上,选取合适的脱水设备,并针对采矿船的要求进行设计和改进,进而使用在深海采矿作业中。世界范围内最先进的矿石预分选装备是由鹦鹉螺公司设计,福建马尾船厂建造的全球首艘采矿船上所使用的重力式脱水设备,设备主要包括振动筛、离心脱水机、水力旋流器和压滤机。

6. 存储和外输装备

矿物的存储和外输装备的功能是将脱水处理后的矿物在采矿船货舱内短暂存储,并完成向矿物运输船转运的工作。其中,矿物存储分为分舱系统和布矿系统;矿物外输分为矿物回收、提升和转运系统。国外在 20 世纪初开始研制具有存储和外输功能的自卸式散货船,但是深海采矿船要长期远海作业,遭遇极端恶劣海况的概率极高,因此对存储转运设备在甲板上的布置及运动的稳定性要求更高。全球首艘深海采矿船上配置有完整的矿物储运与转运系统,系统包含可逆式皮带机、堆垛设备、铲斗机、斗提机和伸缩式装船机等,但是相关设备均由国外设计提供。未来存储和外输装备应该向着矿石存储的信息化监测和存储外输过程的智能化控制等方向发展。

7. 辅助作业 ROV

辅助作业 ROV 的主要用途是实时获取作业环境及采矿装置工作状态等信息,对水下采矿设备进行运行维护,保证采矿作业顺利进行,一般携带多种传感器,包括多波束成像声呐、侧扫声呐、深水摄像机等,并具有实时通信功能。在布放过程中,辅助作业 ROV 随开采装备一起下潜,观测开采装备的姿态;在作业过程中,跟随开采装备一起移动,实时观测作业装备的运行状态及周围环境,并进行适当的运行维护。目前国外在进行深海采矿的整体联动试验时,都使用了辅助作业 ROV 进行观测(见图 7-32),在观察型和作业型 ROV 研制技术上处于优势地位,但针对深海采矿的辅助作业 ROV 的专项研究较少,因此,辅助作业 ROV 具有很好的研究和开发前景。

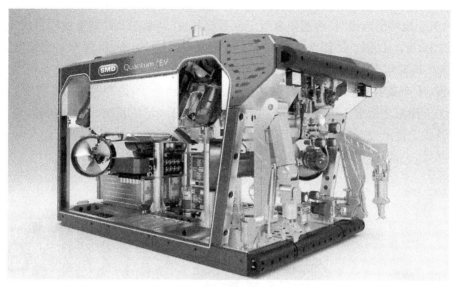

图 7 - 32　国外辅助作业 ROV 装备

8. 重型布放回收装备

布放回收装备的主要用途为将采矿车、中继仓等水下装备布放到海中指定位置和在作业结束后将相关装备安全回收到母船上，布放回收装备的承载能力和运行可靠性是比较关键的技术指标。布放回收装备主要由提升绞车、排缆器、A 形架、稳定架子、液压单元和脐带绞车等组成，这些设备也都广泛用于油气等其他海洋装备的布放回收作业中。国外针对水下航行器和水下油气设备布放回收技术已经进入商业应用阶段，国外对于深海采矿重载布放回收技术处于试验阶段。美国、日本、印度和韩国在深海采矿的相关海上试验中都已经有成功使用布放回收装备的案例。未来的深海采矿布放回收装备向着承载能力更强、海况适应性强及布放回收过程监测更完善的方向发展。

(二) 我国发展现状

1. 系统协同智能控制

国内对深海采矿系统协同智能控制开展了初步研究。针对采矿装置控制、布放回收作业控制的研究已经逐渐展开，控制技术也基本达到了世界领先水平；在矿浆的预分选和分舱布置及外输等过程的控制研究较少。在多设备智能协同控制方面，针对采矿车与支持船的同时运动，矿浆运输过程中的采矿设备的整体动力学分析研究较为深入，但是通过升沉补偿装置和中继站等进行管道运动姿态的研究处于起步阶段、在多浮体的耦合运动分析与控制方面，海上油气的相关研究较多，但矿石外输过程的多浮体相关研究较少。

2. 水下导航定位装备

哈尔滨工程大学、中国科学院声学所、东南大学、厦门大学、国家海洋技术中心、中船重工第七一五研究所等多家单位在声学定位技术领域都进行过广泛研究。2004 年，中国测绘科学研究院与第七一五所联合开发出国内第一套基于差分 GPS 的水下定位导航系统[22]。在国家"十五"计划阶段,哈尔滨工程大学与国家海洋局第一海洋研究所共同开发,历时五年成功研制出"长程超短基线定位系统"。在国家863计划重点项目的支持下,哈尔滨工程大学又进行了"深海高精度水下综合定位系统"的研制,深海定位精度首次达到0.3米。近几年来,得益于国家政策引导和市场需求,水声定位导航行业涌现出一大批技术研发、生产及服务公司,例如江苏中海达、嘉兴易声电子、海声科技等。其中,嘉兴易声电子为天津深之蓝水下机器人配套的Esonar超短基线定位系统,是目前国内最小型化的超短基线定位系统(见图7-33)。江苏中海达自2014年以来逐步推出了iTrack系列的超短基线、长基线等水声定位产品,主要应用于浅水定位。

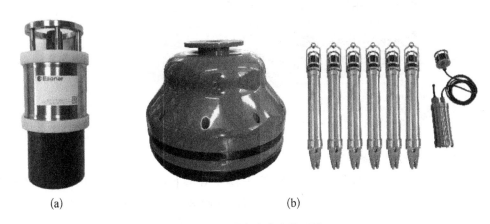

(a)　　　　　　　　　(b)

图7-33　国内水声定位系统

　(a)嘉兴易声电子科技有限公司的浅水型超短基线定位系统;(b)哈尔滨工程大学的深水超短基线定位系统、长基线定位系统

3. 水声物联装备

　　近两年,我国的水声通信技术得到了长足的进步。中国科学院声学所、哈尔滨工程大学、中船重工七一五所、厦门大学、浙江大学、西北工业大学、东南大学等单位均开展了扩频通信、非相干通信、单载波相干通信、多载波相干通信、时反技术、MIMO技术、纠错编码技术、水声通信网络协议等水声通信领域各方面的研究工作,并开展了样机研制和湖海试验。研究的水声通信体制多样化,包含OFDM、PSK、FSK、DSSS、OSDM和仿生通信等体制,覆盖了国际上所有公开发表的水声通信方法。水声组网技术研究活跃,应用需求显著。哈尔滨工程大学乔刚团队在国际上首创具有全双工通信能力和组网能力的水声通信机,并在海试中成功实现了5公里距离的双向同步数据传输。中国科学院研制了深海水下通信设备,"蛟龙"号在7 000米深的海底通过水声通信系统与太空的"天宫一号"实现了海天对话。针对水下通信组网,中国科学院、哈尔滨工程大学、中船重工七一五所等多家研究机构联合开展了面向不同应用的水声通信网络协议仿真研究,并主要针对海洋调查应用制定完成了一套水声通信网络协议规范,利用项目组研制的半物理仿真平台完成了实验室测试后,在海南近海开展了持续45天的海上试验,实现了对海区水温、压力和流场的连续、实时观测,验证了水声通信节点、网络协议的功能和性能,展示了水声通信网在组网观测方面的能力。

4. 水下声通信装备

中国科学院声学研究所、中国船舶重工集团第七一五研究所、哈尔滨工程大学、浙江大学、厦门大学、西北工业大学、东南大学等开展了水声通信与组网技术理论研究、样机研制和湖海试验，一些试验结果和国外水平相当，在一些技术点上有所创新。声学所为"蛟龙"号、"深海勇士"号和"奋斗者"号研制了性能优异的水声通信系统，开发的ACN系列水声通信机产品在AUV遥测遥控、科研教学等方面有一定应用；厦门大学开发了AMLink系列水声Modem；深圳智慧海洋公司推出了水声通信机产品（见图7-34）。但就总体而言，我国在理论研究上滞后于美国等国家，也还没有被用户广泛认可的水声通信产品。

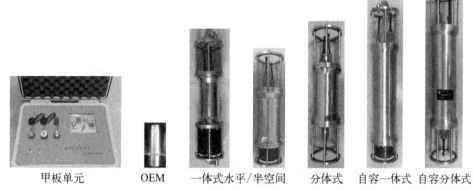

甲板单元　　OEM　　一体式水平/半空间　　分体式　　自容一体式　自容分体式

图7-34　声学所ACN系列水声通信机产品

5. 矿石预分选装备

国内深海采矿所使用的预分选装备的研究工作尚处于起步阶段。采矿船上的矿石预分选装备主要采用重力式脱水，主要设备有振动筛、离心脱水机、水力旋流器和压滤机。部分设备可借鉴陆地矿物脱水系统的现有技术，但是船舶具有甲板面积小、空间小以及设备装船的规范和标准等因素的限制，船用脱水系统需对陆地上的处理系统重新进行设备选择和布置以及流程设计，才能让船用设备在恶劣的海况下也能正常、高效、稳定地工作。中国五矿集团和中船第七〇二所等单位正在开展有关矿石预分选装备的研究，但船用脱水设备在一定程度上与国外同类产品还有差距，有些产品甚至处于空缺状态。我国必须充分吸收和借鉴国外设计制造的先进经验，研制出适合船用的矿石预分选设备。

6. 存储和外输装备

国内有关深海采矿所采用存储与外输装备的研究工作尚处于起步阶段，还没有专用于深海采矿船上的存储和外输装备，但是可以借鉴在陆地上和自卸式散货船上使用的类似设备。我国在20世纪80年代起开始设计制造自卸式散货船，并成功开发了多种型号的自卸式载货船，深海采矿船对存储转运设备在甲板上的布置设计和运动的稳定性要求更高。由福建马尾造船公司建造的全球首艘深海采矿船上配置有完整的矿物储运与转运系统，证明我国已有相应的集成能力。我国应该在其他领域中已有的存储和外输装备的基础上,开展有关存储外输设备的研究和设计,使其更加高效、智能、稳定,满足深海采矿船在恶劣海况下长期作业的要求。

7. 辅助作业 ROV

国内在最近的海试中均引入辅助作业 ROV 来确保联动海试的顺利进行。目前辅助作业 ROV 主要用于水下设备的布放和回收过程,辅助作业 ROV 会对被布放设备和缆线进行观测,避免缆线发生缠绕导致布放作业失效;在布放和回收作业前后完成部分线缆与水下设备的连接和断开工作。我国先后成功研制了观察型 ROV 和作业型 ROV(见图 7-35),拥有在深海采矿作业中使用辅助作业 ROV 进行观测作业的能力,也有其他的相关研究开展,例如辅助作业 ROV 与采矿装置间的高精度相对定位和联合控制方法等。目前,辅助作业 ROV 在商业开采作业中的功能仍然有待开发,如何高效利用辅助作业 ROV 上的各种传感设备,增强在采矿扬尘环境下的作业信息感知能力等问题也有待研究。

图 7-35　我国自主研发的作业型 ROV

8. 重型布放回收装备

我国关于重型布放回收装备已经开展了相关的研究和制造。中船第七〇四所完成了"深海勇士"号载人潜器布放回收系统研制,该系统负载大、工作水深深、安全性要求高(见图 7-36)。但与国外的布放回收装备相比,国内产品的适用水深较浅、吊放承重能力较低、海况适应性较差。在深海采矿设备的布放回收的理论研究方面,国内研究团体对布放回收装备作业中可能受到的波浪砰击载荷、内应力波等相关问题进行了数值计算和实验研究。在实际作业上,我国在 2001 年于云南抚仙湖完成了布防回收装备的湖试试验,在 2018 年和 2019 年于中国南海的两次海上试验中完成了布放回收装备的试验。

图 7‑36　中船第七〇四研究所研制的用于载人航行器的布放回收系统

六、开采工程安全监测装备

(一) 全球发展态势

1. 工程地质安全监测与预警装备(外部环境的安全)

深海矿产资源的成矿过程往往与海底构造活动或岩浆活动有关(如海底多金属硫化物),因此矿床周围通常发育有活动断层或火山等地质体,是海底地质灾害高发区,易引起地震、海底滑坡或是地质构造变形等灾害,会严重威胁到矿床的开采。此外,在深海矿床的开采过程中,采矿设备(如钻机、采矿机、扬矿系统)对海底面造成的巨大震动同样会对开采区域的地质结构造成影响,可能导致海底构造发生形变、引发小微地震或是引起局部区域的海底海山滑坡,给施工带来巨大的安全隐患。

因此,需要在深海矿床开采区建立原位工程地质安全监测与预警系统对开采前的地质灾害进行调查和风险评价,并建立风险预案,同时在海底矿床开采过程中需建立相应的安全预警机制。一般来说,海底矿床的开采工程地质安全监测与预警系统由若干台海底地震仪、声学记录器、海底磁力仪、海底应变仪等设备组网而成,涵盖了整个开采区,各设备之间由光纤连接,并由接驳盒提供能源动力和进行信息汇总,预警信息将通过水中的中继器发送至海面传回控制中心。系统能实时采集地震、水中声压、地磁场变化、海底地应变等参数,实现对矿区地质结构、海底形变的监测。

开采工程地质安全监测与预警系统的关键难点在于各单体装备之间的连接、时钟同步、水中的信号传输以及预警软件的开发,目前国外还未出现相关的成型设备。

2. 采矿作业过程实时监测(作业状态)

在采矿作业的过程中,需要对各装备的工作状态开展实时监测。针对矿床开采装备、泵管提升装备等,监测其位置、姿态和工作状态;针对矿浆输送过程,监测其输送速度及浓度水平;针对矿石预分选、矿石外输等流程,监测并调节实时作业状态,保证采矿作业的正常有序进行。目前,世界范围内深海矿产资源开发仍处于系统海试阶段,因此作业过程实时监测技术研究较少,部分国家开展了针对矿床开采作业的实时监测尝试。韩国在2008年进行采矿装备实验时,采用了由嵌入式控制器、控制监视面板和各种传感器组成的实时操作监控系统。比利时GSR公司在其多金属结核采集器上安装了多种传感器,实现了在采矿作业过程中实时监测采矿原型车的液压压力、液压容积、泵转速(如履带驱动马达)等作业状态。韩国海试采矿机器人控制界面如图7-37所示。

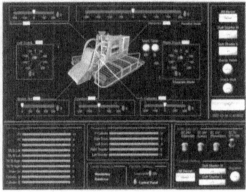

图7-37 韩国海试采矿机器人控制界面

3. 系统力学响应实时监测与预警(装备的安全)

系统力学响应实时监测与预警是指对深海采矿整体系统的运动、应力、应变、结构安全进行监测,结合深水结构的动力学特征对管系的损伤和疲劳状态进行预警,并针对各种突发海况、地形变化、生物干扰等紧急情况作出及时响应预警,从而以最快的速度规避风险,最大化保证整个作业装备的安全。国外对海洋油气开采系统力学响应实时监测与预警技术已经展开了很多的相关研究,但是对深海采矿系统的系统力学监测与预警技术的研究较少。

(二) 我国发展现状

1. 工程地质安全监测与预警装备

总体而言,我国在深海矿产资源开采工程安全监测方面的装备并不落后。2015年以来,我国在西南印度洋多金属硫化物勘探合同区的龙旂、玉皇和断桥等热液区通过布设海底地震仪和海底水听器阵列等方式多次开展过微震监测工作,初步摸清了这些区域的地震活动性分布范围及勘探区下方存在的、可能会对未来开采工程造成危害的海底活动断层等小型构造,为今后开采划定潜在震源区和地震危险区提供了基础数据,也为今后开展海底矿产开采区的地震安全监测进行了有益的探索、积累了经验(见图7-38)。但是,目前现有的装备还无法对开采区的工程地质安全进行实时的监测和预警,不能及时将开采过程中出现的地质异常情况进行反馈。这些缺陷主要是由于我国在深海数据通信和能源动力系统装备方面仍然存在不足。

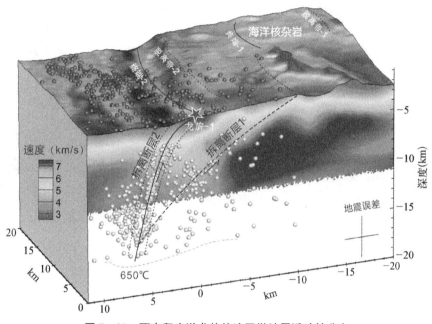

图 7-38　西南印度洋龙旂热液区微地震活动性分布

在深海矿产开采区的滑坡和构造形变的监测和预警方面,我国还未开展过相关理论和装备的研究。

我国在深海工程地质原位测试装置方面已取得一定的进展。2019 年,中国科学院三亚深海所研发成功最大作业水深为 6 000 米的工程地质原位测试装置,并成功开展了海试(见图 7-39)。该装置包括静力触探单元(CPTU)和剪切强度测试单元,同时可扩展搭载多参数物理、化学测试单元(如温度、pH 值、溶解氧等),可快速、准确获取原位工程地质参数。海试的成功标志着我国已具备深海工程地质测试的能力,随着进一步深入研究,在商业应用方面将打破国外垄断,为深海矿产资源开采安全提供第一手的海床表面土体的原位参数[23]。

2. 采矿作业过程实时监测

深海采矿装备作业过程的实时监测是必不可少的。然而,限于国内的深海采矿装备尚处于单体海试阶段,水深较浅,进行试验时所用到的监测装置较为简易,精度较低。对于深海采矿装备作业过程实时监测,可借鉴海洋油气平台作业过程中的实时监测技术手段,结合深海矿产资源开发的特点,对开采装备的作业状态、提升设备的输送水平等开展实时监测,保证对全系统运行状态有全面、实时的了解。我国未来的采矿作业实时监测系统,应不断提升监控参数种类和质量,降低监控延迟,同时尽可能使监测装置更轻量化、集成化。

3. 系统力学响应实时监测与预警(装备的安全)

我国针对深海矿产资源开发装备系统的力学响应实时监测与预警技术的相关研究较

图7-39　国产深海工程地质原位测试

少。相关技术可以借鉴海洋油气领域中的有关方法,建立设备运动、应力应变和结构特性的监测和预警机制,保障作业安全性。随着深海采矿的日趋商业化、规模化,要保证作业中设备乃至人员的安全,实时监测预警是一项有力的技术手段。因此,我国须早开展、早准备,才能在不久的将来逐步商业化的过程中不受此短板制约。

七、深海矿产资源开发环境监测与评价装备

(一) 全球发展态势

1. 海洋环境监测装备

深海采矿活动环境影响的环境监测工作主要分成三个阶段:采矿活动前的环境监测,获取环境基线;采矿活动期间和之后的环境监测,监测采矿活动对环境和生物群落产生的影响,以及之后生物群落的恢复和修复情况。国际海底管理局的各种规章和指南对上述三个阶段所需进行环境监测的要素进行了详细的规定。基于这些监测要素,我们可以将监测设备大致分为底栖生态系统监测装备、水体生态系统监测装备、水体剖面环境监测装备等几类。

1) 底栖生态系统监测装备

目前用于底栖生物监测的技术主要包括底拖网、箱式、多管、着陆器(Lander)、摄像拖体和水下机器人等。底拖网是应用时间最久的深海底栖生物调查工具,目前比较常用的是底表拖网(epibenthic sledge, EBS),在克拉里昂-克利伯顿断裂带(CC)区的底栖生物监测中进行了大规模的应用,取得了不错的效果(见图7-40)。对于一些活动能力较强的生物如鱼类、甲壳类等,底表拖网、多管箱式等常规装备的采样效果较差,为此开发了深海着陆器系统(见图7-41),通过诱捕方式监测深海巨型底栖生物和食腐动物。除了上述设

备外,各类水下机器人已经广泛用于深海底栖生态系统的监测,包括 ROV、AUV、HOV 等,这些装备可以获得海洋中高时空分辨率的近底观测数据,并提供在所有地形环境中的精准采样方法,从而极大促进了深海底栖生态系统的监测与研究。

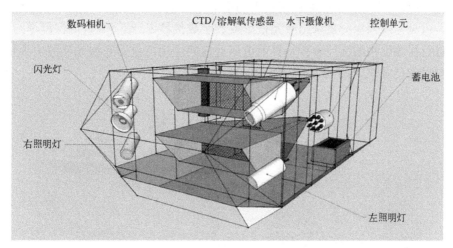

图 7 - 40　整合了视像系统的底表拖网(C - EBS)

图 7 - 41　深海着陆器系统

2) 水体生态系统监测装备

水体生态系统监测装备大致可以按照是否直接采集和获得样品而分为两大类。直接采样的装备主要是各类浮游生物拖网(见图 7 - 42)、泵等。直接采样调查的优势在于可获得直观的样品用于种类鉴定,得到较为准确的浮游生物多样性数据以及群落结构。非直接采样的装备则包括声学反演探测和可见光成像探测两类装备(见图7-43),这些手段可以用于各类无人装备,开展长期观测和大尺度监测等。声学反演探测应用多普勒原理,发现具有一定主动游泳能力的浮游动物会产生的声反射异常数据,区别海水中的颗粒物和浮游生物,其最大优势在于能够在比较大的空间尺度上及三维空间高频率展示浮游生物的分布。可见光成像探测是采用激光投影或数字成像技术,结合先进的深度学习图像识别技术进行浮游生物的统计分析。目前世界上成熟应用的仪器有激光浮游生物计数仪、浮游生物录像记录仪、水下录像剖面仪等。

图7-42　浮游生物分层拖网

3) 水体剖面环境监测装备

根据锚定方式,锚定式海洋水体剖面观测通常分为浮标和潜标两大类(见图7-44),近年也有"跨界"的带有通信小浮标的实时通信潜标、水下滑翔机、波浪滑翔机等新型装备(见图7-45)。锚定观测方式具有观测位置固定、观测时间长、数据连续性好等优点,而水下滑翔机、波浪滑翔机则是实现低成本和大范围长期观测的良好手段。针对海底采矿活动可能引起的羽状流,目前主要的监测技术是在采矿车活动区域周围布设海底潜标,利用搭载在潜标上的传感器监测海底物理、化学环境的变化,推测羽状流的扩散方向和范围。

2. 资源开采环境评价系统

在深海矿产资源开采环节,采矿设备、输送设备和支撑平台等都会对海洋生态系统产生扰动。环境扰动的主要类型包括生境移除与破坏、沉积物羽状流、沉积物覆盖、缺氧、噪

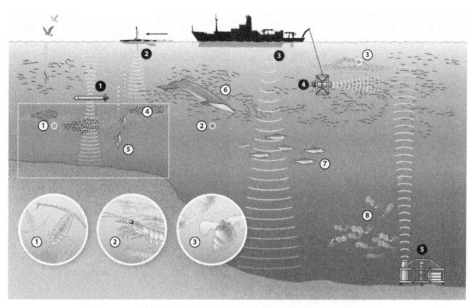

图 7-43　当前用于生态监测的各种主动声学反演探测设备

❶ 水下自主无人潜航器(AUV)
❷ 无人水面平台(无人船等)
❸ 科考船
❹ 拖体
❺ 锚系潜标

① 桡足类
② 磷虾
③ 翼足类
④ 鱼群

⑤ 潜水的海鸟
⑥ 鲸
⑦ 鱼
⑧ 鱿鱼

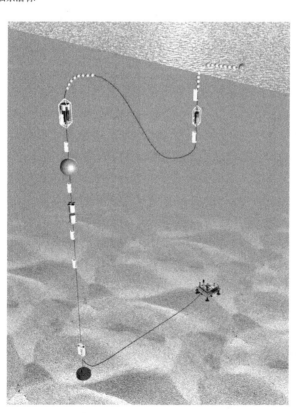

图 7-44　锚系潜标观测系统和水下滑翔机等移动观测系统

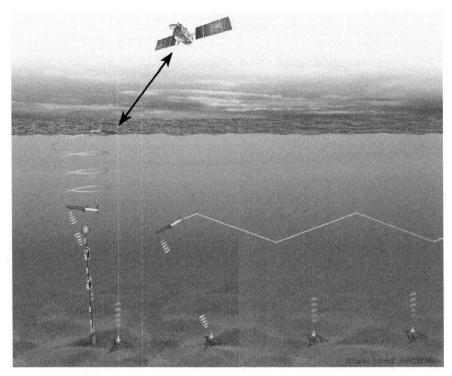

图 7 - 45　水下滑翔机

音、溢油等。针对这些环境扰动类型,已经开发了不同的评价研究体系。代表性的主要包括两类,一类是基于各种深海采矿或者深海采矿模拟试验的环境影响评价系统,另一类是各种模拟深海采矿的评价系统。

1) 基于各种深海采矿或者深海采矿模拟试验的环境影响评价系统

美国、德国、俄罗斯、法国、日本等国家和一些国际财团相继开展了一系列与深海采矿有关的环境研究。第一次海底采矿环境影响实验于 1970 年 7 月进行,美国深海投资财团和哥伦比亚大学拉蒙特-多尔蒂地质所在离佛罗里达-佐治亚沿岸 150 公里的北大西洋布莱克海底高原,在对气泵提升采矿系统实验的同时开展了环境影响研究,研究的主要焦点是底层沉积物在表层排放时所产生的表层羽状流及其对营养盐生态的影响。此后,一些工业国家和国际财团都相继开展了一系列的环境影响实验研究项目,代表性的包括美国的深海采矿环境研究计划(DOMES)、多国联合开展的底层影响实验(BIE)以及德国的扰动和再迁入实验(DISCOL)等。就这类研究来说,其采矿的最大规模只有商业采矿的1/19左右,而且采矿实验是断断续续进行的,最长一次的实验时间也只有 54 小时,这些实验结果只对环境造成短期的、小范围的影响。此外,各种复杂生态学过程的相互作用效应也要较长时间才能显示出来。因此,这些结果还不足以阐明采矿的长期效应、各种复杂生态学过程的相互作用效应和尾矿物质沿密度跃层的扩散与累积等一系列问题,将它们外推时需特别谨慎。

2) 深海采矿环境影响的数值模拟评价系统

国际上关于深海采矿环境影响的数值模拟研究主要集中在采矿羽流的数值模拟技术

方面。国外在一系列的模拟采矿试验中,如日本深海影响实验(JET)、BIE,全球海洋矿产资源公司(GSR)和德国联邦地球科学与自然资源研究(BGR),均采用数值模型对深海采矿底层羽状流扩散范围、沉积物再沉降厚度等开展关于羽流的数值模拟研究,应用了欧拉方法和拉格朗日方法[24]。数值研究的重点在于通过对不同海流条件、粒径及不同浓度下悬浮物的絮凝、沉降以及再悬浮过程的实验室研究,确定沉降速度、侵蚀应用等沉积动力学的相关参数,并将这些参数应用到羽流的数值模型中。然而,目前的采矿实验或数值实验中扰动的规模比商业采矿小得多,这些结果无法评估规模采矿下作业羽流和排放羽流的影响程度;此外,羽状流的扩散速度与底层流流速有关,在深海海底底层流流速也是不断变化的,在平静状态和高涡动状态下,羽流的扩散程度将有显著差别,目前的数值模拟时间都较短,无法系统评估在不同海流状态下羽流的扩散情况。

(二) 我国发展现状

1. 海洋环境监测装备

1) 底栖生态系统监测装备

我国的深海水下光学设备在近几年得到了长足的发展,目前已有国产化率较高的深海光学相机和摄像机,广泛应用于 ROV、AUV、摄像拖体和 Lander 系统上(见图 7 - 46)。这些调查装备已经广泛应用于合同区环境基线研究、深渊科学研究、采矿联动试验区的环境研究等,并取得了一大批样品和数据。

图 7 - 46　国产 Lander 系统和国产深海照相机获得的生物影像

2) 水体生态系统监测装备

我国适用于生态调查的主动声学探测设备主要是以船载大型装备为主,不具备无人化布放和长时间序列连续监测的能力。我国目前的各类主动声学探测设备均为船基布设,只有中国科学院沈阳自动化研究所和自然资源部第二海洋研究所联合研制的"翼龙1000"系列水下滑翔机装备了一套614 kHz频率的DVL声呐(见图7-47)。布设后可以连续自主监测水体中体型较小的浮游动物,并且在南海和西太的海试中获得了大量数据。

图 7-47   搭载了声学反演探测设备的"翼龙 1000"水下滑翔机

3) 水体剖面环境监测装备

早在2004年,国家海洋技术中心研制了适用于极区冰盖下的锚定式垂直剖面测量系统,设计布放水深可达4000米,可观测剖面深度为200米。中船重工七一〇研究所研制了一种采用可控浮力实现观测系统升降的深海定点垂直剖面观测系统,观测平台可沿钢缆上下升降,进行剖面水体数据的往复获取。总的来说,这种剖面观测依然无法避免线缆的磨损带来的长期可靠性降低的问题。在浮/潜标剖面观测方面,我国近年来发展迅速,自主研发的7000米的深海观测白龙浮标系统可实现水下0~7000米的温度剖面、盐度剖面、海流剖面等海洋要素观测,并实现了大容量数据的实时传输。自2008年以来,我国海洋剖面观测技术通过西太平洋深海科学观测网、南海潜标观测网和中国科学院近海观测研究网络三大体系的构建,得到了全面、系统的提升,某些海洋观测技术的研发与集成方面已经站在了该领域的国际前沿。

2. 资源开采环境评价系统

我国对近岸海域人类活动的环境影响具有较为充分的认识,具有完善环境影响评估技术体系与丰富的实践经验,但相关认知与技术无法通过直接复制或简单提升进而适用深海采矿活动,需要经过大量的观测、试验与模拟积累足够的数据,并建立相应关系才能实现深海采矿环境影响的定量评估。我国尚未真正开展深海采矿影响评估试验,缺乏相关的评估数据、技术与装备,与国外相比差距主要体现在原位生态影响试验和现场模拟实验不足;物种影响评估、栖息地分类及评估相关研究几乎为零;缺乏专门用于实验室模拟深海环境开展污染物暴露的高压舱设备;与欧洲相比,我国目前针对深海采矿造成的各类污染物毒性效应的研究基本处于空白阶段;缺乏具有自主知识产权的深海生物采样、样品快速回收和原位暴露装置。

(三) 最新进展

1. GSR 公司于 2018 年提交了"海底结核采矿车试验的环境影响评价报告"

为了满足国际海底管理局对在国际海底区域开展深海采矿装置试验的环境影响评价要求,GSR 公司开展了相关的环境影响评价研究工作,并于 2018 年向管理局提交了"海底结核采矿车试验的环境影响评价报告"。这一报告有三个特点:① 紧密围绕采矿车试验的特点来设置环境评估的要素;② 紧扣 ISA 的勘探规章和相关环境规章,调查要素的覆盖较为全面,特别重视水动力-沉积模型的构建和对底栖生物群落的详细调查评估;③ 重视采矿环境影响评价关键环节的前期预研和重要实验数据,特别是沉积物覆盖、羽状流、重金属毒性等对底栖生物影响方面的实验数据的前期积累。

2. 采矿联动试验开展环境影响评价研究

该工程计划在南海北部陆坡 1 500 米左右水深的天然结核分布区开展深海采矿系统的联动试验,并针对 1 000 米级的多金属结核采矿试验,开展选址调查、环境基线研究和环境影响评价工作。该项工作将为国际规章的制定和未来深海采矿环境影响评价工作提供技术支撑。按照预定计划,已经执行了 3 个环境基线调查航次,基本获得了调查区(含试验区和环境影响评价参照区)的环境基线数据,为 2021 年开展的联动试验期间的环境影响监测和评价工作奠定了基础。

参考文献

[1] Mariani P, Quincoces I, Haugholt K H, et al. Range-gated imaging system for underwater monitoring in ocean environment[J]. Sustainability, 2019, 11(1): 162.

[2] Strand M P, Coles B W, Nevis A J, et al. Laser line-scan fluorescence and multispectral imaging of coral reef environments[C]// In Proceedings of Ocean Optics XIII, 1997: 790 - 795.

[3] Lillycrop W J, Parson L, Irish J. Development and operation of the SHOALS airborne lidar hydrographic survey system [C]//Society of Photo-Optical Instrumentation Engineers (SPIE) Conference Series, 1996, 2964: 26 - 37.

[4] Cottin A G, Forbes D L, Long B F. Shallow seabed mapping and classification using waveform analysis and bathymetry from SHOALS lidar data [J]. Canadian Journal of Remote Sensing 2009, 35: 422 - 434.

[5] McLean J W. High-resolution 3D underwater imaging[J]. Airborne and In-Water Underwater Imaging, 1999, 3761: 10 - 19.

[6] Narasimhan S G, Nayar S K, Bo S, et al. Structured light in scattering media[C]//In Proceedings of Tenth IEEE International Conference on Computer Vision (ICCV'05), 2005, 1: 420 - 427.

[7] Kulawiak M, Lubniewski Z. 3D object shape reconstruction from underwater multibeam data and over ground lidar scanning[J]. Polish Maritime Research, 2018, 25(2): 47 - 56.

[8] Maccarone A, Rocca F D, Mccarthy A, et al. Three-dimensional imaging of stationary and moving targets in turbid underwater environments using a single-photon detector array[J]. Optics Express, 2019, 27(20): 28437 - 29456.

[9] 中国五矿集团公司.我国首次海底多金属结核集矿系统 500 米海试通过专家验收.搜狐网[N/OL]. [2018 - 10. 12]. https://www.sohu.com/a/259164696_668401.

[10] 杨元喜,刘焱雄,孙大军,等.海底大地基准网建设及其关键技术[J].中国科学,2020,7：936-945.

[11] 彭建平.中国深海多金属结核采矿车研究的发展[J].矿山机械,2020,48(03)：8-11.

[12] 邹伟生,刘瑞仙,刘少军.粗颗粒海底矿石浆体提升电泵研究[J].中国机械工程,2019,30(24)：2939-2944.

[13] 李长俊,黄婷,贾文龙.深水天然气水合物及其管道输送技术[J].科学通报,2016,61(22)：2449-2462.

[14] 徐慧.深海采矿的立法与许可[J].资源环境与工程,2015,29(4)：520-521.

[15] 徐海良,曾义聪,陈奇,等.颗粒粒径对深海采矿提升泵工作性能影响分析[J].海洋湖沼通报,2016(5)：50-59.

[16] 罗运承.深海采矿船布放回收系统负荷试验方法研究[J].江苏船舶,2019,36(1)：38-40.

[17] 唐达生,阳宁,龚德文,等.深海采矿锰结核泵的试验研究[J].海洋工程,2015,33(4)：101-107.

[18] 杨蓓,林强,杜新光.深海采矿船存储转运系统关键技术研究[J].江苏船舶,2019,36(5)：1-5.

[19] 黄俊铭.基于天然气水合物水力提升开采法的提升管路系统及中继舱研究[D].成都：西南石油大学,2016.

[20] 刘清友,徐涛.深海钻井升沉补偿装置国内现状及发展思路[J].西南石油大学学报(自然科学版),2014,36(3)：1-8.

[21] 饶顺华.深海采矿船脱水装置设计[J].造船技术,2018(6)：10-13.

[22] 刘少军,刘畅,戴瑜.深海采矿装备研发的现状与进展[J].机械工程学报,2014,50(2)：8-18.

[23] 刘涛,崔逢,张美鑫.深海海床孔隙水压力原位观测技术研究进展[J].水利学报,2015(S1)：119-124.

[24] 张红,贾永刚,刘晓磊,等.全海深海底沉积物力学特性原位测试技术[J].海洋地质前沿,2019,35(2)：4-12.

第八章 海洋渔业装备

一、海洋渔业装备总体情况

（一）概念范畴

海洋渔业生产活动主要包括捕捞和养殖两大类。根据生产作业区域的不同可以将海洋渔业捕捞活动分为内陆捕捞与远洋捕捞，将海洋养殖活动分为内陆养殖与海洋（深远海）养殖。世界粮食及农业组织对1950—2018年的捕捞渔业和水产养殖业的水产品产量变化进行了统计（见图8-1），可以看出海洋捕捞（远洋捕捞）的占比量远高于内陆捕捞的产量；2000年后水产养殖产量开始大幅上升，其中内陆养殖的产量要高于海水养殖。海洋渔业生产活动中所使用的装备主要包括渔业船舶、海水养殖设施及相关配套设备。

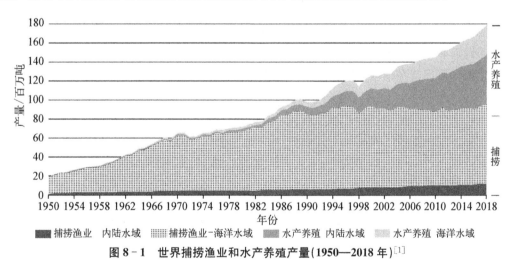

图8-1 世界捕捞渔业和水产养殖产量(1950—2018年)[1]

1. 渔业船舶

渔船是渔业生产的主要工具，是渔业生产力发展水平的重要体现，随着科技的日新月异，渔业船舶的现代化程度不断提升，渔用全球卫星导航仪、探渔测深仪、雷达、船舶自动识别系统等一系列先进的设备仪器正在不断应用到渔业装备领域。

渔业船舶指从事渔业生产的船舶以及为渔业生产服务的船舶，按有无推进动力分为机动渔业船舶和非机动渔业船舶。机动渔业船舶指依靠本船主机动力来推进的渔业船舶,分为渔业生产船和渔业辅助船。非机动渔船指无配置机器作为动力的渔船,依靠人力、风力、水力或其他船只带动的渔业船舶,包括风帆船、手摇船等[2]。

渔业船舶按照生产性质分为生产渔船和辅助渔船。渔业生产船是直接从事渔业捕捞和养殖活动的船舶统称。从事捕捞业活动的渔船为捕捞船,从事养殖业活动的渔船为养殖船。捕捞船,按主机总功率分为441千瓦(含)以上、44.1(含)～441千瓦和44.1千瓦以下三类;按船长分为24米(含)以上、12(含)～24米和12米以下;按作业方式分为拖网、围网、刺网、张网、钓具和其他共6类。渔业辅助船指从事各种加工、贮藏、运输、补给、渔业执法等渔业辅助活动的渔业船舶统称,包括水产运销船、冷藏加工船、油船、供应船、科研调查船、教学实习船、渔港工程船、拖轮、驳船和渔业行政执法船等。其中捕捞辅助船指水产运销船、冷藏加工船、油船、供应船等为渔业捕捞生产提供服务的渔业船舶。钓具、围网等作业渔船中的子船纳入捕捞辅助船统计范围。

2. 远洋渔船

根据《渔业法》的规定,远洋渔业是指中华人民共和国公民、法人和其他组织经国务院渔业行政主管部门批准,到公海和他国管辖海域从事海洋捕捞以及与之配套的加工、补给和产品运输等渔业活动[3]。按照不同标准可对远洋渔业类型进行以下划分:

按照捕捞工具的类别,远洋渔业可分为远洋钓渔业、远洋拖网渔业、远洋围网渔业、远洋刺网渔业等。

按照作业船只组织情况,远洋渔业可分为单船远洋渔业和母船式远洋渔业[1]。

依据捕捞对象的差异,远洋渔业还可以分为远洋金枪鱼渔业、南极磷虾渔业、远洋鱿鱼渔业、远洋鲟鱼渔业等。

按照作业渔场与基地港的关系,远洋渔业则一般划分为大洋性渔业(亦称公海渔业)和过洋性渔业——前者作业区域离基地港较远且航期一般半年以上,后者是指以某种入渔协定或合作形式在他国专属经济区捕捞作业。大洋性渔业指主要在公海海域进行捕捞作业的远洋渔业活动,包括金枪鱼、鱿鱼、南极磷虾、秋刀鱼、公海拖网和围网等渔业项目;作业方式主要包括拖网、围网、延绳钓等[4]。过洋性渔业指通过建立某种入渔协定或合作形式到他国专属经济区海域从事捕捞生产的原因渔业活动,并按照作业海域所属沿海国的渔业法规支付一定的入渔费用(主要有一次性收费、根据实际渔获量收费、根据捕捞能力收费三种收费方式)[4]。

远洋渔船是由各远洋渔业企业和各生产单位按照我国远洋渔业项目管理办法组织的远洋渔船(队)在非我国管辖水域(外国专属经济区水域或公海)进行常年或季节性生产的渔船[2]。按照生产性质可以分为远洋捕捞渔船和远洋捕捞辅助船,根据各船舶专业性的不同可以分为专业远洋渔船和非专业远洋渔船。专业远洋渔船,指专门用于在公海或他国管辖海域作业的捕捞渔船和捕捞辅助船;非专业远洋渔船,指具有国内有效的渔业捕捞许可证,转产到公海或他国管辖海域作业的捕捞渔船和捕捞辅助船。

3. 南极磷虾船

南极磷虾渔业始于20世纪60年代苏联的渔业探捕,截至2019年,南磷虾累计渔获总量已超过960万吨。用于南极磷虾开发的关键探测和捕捞设备与技术包括磷虾资源探测技术、捕捞加工船、生态高效自动捕捞装备、船载加工与综合利用装备。

南极磷虾捕捞加工船和高效生态捕捞技术是开发南极磷虾资源的重要装备和技术。磷虾捕捞船向大型化、专业化、自动信息化发展,捕捞船需具备电力推进综合节能技术、捕捞装备信息化三维一体探测技术、连续式高效生态捕捞和专业化自动化船载精深加工的能力。

深远海渔群探测技术目前由欧美和日本等渔业强国占主导地位。自 20 世纪 90 年代,欧美和日本等国利用空间信息观测技术,陆续建立由全球定位系统(global positioning system,GPS)、地理信息系统(geographic information system,GIS)、遥感技术(remote sensing,RS)、船舶远程监控管理系统(vessel manage system,VMS)等 4S 技术相结合的渔场、渔情分析预报和渔业生产管理服务信息化系统。船载渔群探测仪及捕捞信息化系统,包括现代化的通信和声学技术开发探鱼仪、网位仪、无线电和集成 CPS 的示位标等都由挪威 Simrad 和日本 Kallio、FURUNO 等公司主导。中国极地深远海渔业资探测装备技术研究严重滞后,适应现代远洋捕捞鱼群探测和资源评估的高端声学探测仪器还处于空白状态,南极磷虾渔船上配置的鱼群探测仪依赖国外进口。

南极磷虾具有强自溶性及高氟、砷含量等特殊的理化特性,对船载加工技术和设备要求很高。高技术含量的船载加工与综合利用技术装备是获取南极磷虾产业链中开发诸多生物药品、保健品等高附加值中间产品的关键环节,特别是虾粉精制和虾油提取方向发展。韩国和日本等国家的磷虾船载捕捞与加工集中于传统的鲜冻品、熟冻品、去壳磷虾仁和去壳磷虾肉糜等加工生产设备。韩国 INSUNG 公司和日本水产株式会社在南极磷虾油和 Ω-3 脂肪酸的提取与制备方面持有部分专利。智利 Tharos 公司掌握了船载无溶剂南极磷虾油提取技术,可节省在陆地建造磷虾油提取设备的成本。挪威磷虾捕捞船船载南极磷虾粉生产线配备了曲线温控干制、蛋白水解、油脂提取与精制等多条生产线,可将南极磷虾捕捞后直接加工成南极磷虾粉、南极磷虾油、冷冻南极磷虾等高品质产品。

4. 深远海养殖装备

按照养殖水域的不同,可以将海水养殖分为三类:① 海上养殖,即在低潮位线以下从事海水养殖生产;② 滩涂养殖,即在潮间带间从事海水养殖生产;③ 其他养殖,在高潮位线以上从事海水养殖生产[2]。

海上渔业养殖设施指在海洋设定区域内,直接用于渔业养殖或以渔业养殖为主兼具渔业休闲功能的海洋工程设施,也称养殖工船、养殖船。一般以钢质结构为主体构架包括柱稳式、框架式和船式,以纤维类或金属合金材料为网衣。

深水网箱:深水网箱是一种大型海水网箱,主要有重力式聚乙烯网箱、浮绳式网箱和碟形网箱三种类型,具有抗风浪性能。网箱水体均为数百立方米到数千立方米。深水网箱一般安置在水深 20 米以下的海域[2]。

深远海海水养殖一般指在大陆架相对平缓宽广的海区且距离海岸 20 海里以上水域或大陆架相对狭窄的海区且水深大于 200 米以上水域[5],依托养殖工船或大型浮式养殖平台等核心装备,并配套深海网箱设施、捕捞渔船、能源供给网络、物流补给船和陆基保障设施,集工业化绿色养殖、渔获物搭载与物资补给、水产品海上加工与物流、基地化保障、数字化管理于一体的渔业综合生产系统,构建形成的"养—捕—加"相结合、"海—岛—陆"

相连接的全产业链渔业生产体系[6]，实现"以养为主、三产融合"的战略性新兴产业[7]。

而深水网箱是目前境外推广最为广泛、科技水平最高的海水鱼类养殖模式，是指可以在相对较深海域（通常海区深度大于 20 米）使用[8]，利用一般由网架、网衣、浮力装置和锚固装置等部分组成的网箱，运用投饵系统、水下监控系统、疾病防疫系统等配套措施[9]，依靠海潮的涨落和流动实现水体交换和人工投饵喂养的一种鱼类养殖方式[10]，是集科学选址、良种培育和选择、日常管理（包括供应饵料、网衣清洗、实时监控、疾病防疫、起网捕鱼等）、众多系统组成的综合性海上养殖系统[11]。

下文主要从国际发展动态、国内发展现况、未来发展趋势等方面就海洋渔业装备中的远洋渔业装备、深远海养殖装备进行介绍。

（二）总体现状

1. 国际渔业捕捞船队状况

2018 年，全球捕捞渔业产量创下 9 640 万吨的纪录，较前三年平均产量增长 5.4%。产量增长主要由海洋捕捞渔业驱动，从 2017 年的 8 120 万吨增至 2018 年的 8 440 万吨。全球捕捞渔业排名前七位的生产国几乎占了捕捞总量的 50%，中国占 15%，其次是印度尼西亚（7%）、秘鲁（7%）、印度（6%）、俄罗斯联邦（5%）、美国（5%）和越南（3%）[1]。中国依然是世界上海洋捕捞量最大的国家，但其捕捞量已从 2015—2017 年间的年均 1 380 万吨下降至 2018 年的 1 270 万吨[1]。

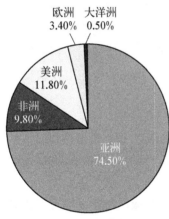

图 8-2 2018 年各区域机动渔船分布情况[1]

全球渔船总数呈下降趋势。2018 年，从小型无甲板非机动船只到大型工业化船舶，全球渔船总数估计为 456 万艘，较 2016 年减少 2.8%。亚洲的渔船船队规模仍然居首，数量估计在 310 万左右，占总数的 68%[1]。

2018 年，全球机动渔船总数仍稳定在 286 万左右，占船只总数的 63%。亚洲几乎占 2018 年报告机动渔船数量的 75%（210 万艘）。全球已知按船长分类的机动渔船中约有 82% 属于全长 12 米以下，其中大多数无甲板，并且各区域均以小型渔船为主，小型机动渔船的数量在全球机动船队中占比相当大，但就发动机总功率而言，占比仍非最大，约占船只总数 5% 的大型船舶占发动机总功率的 33% 以上（见图 8-3）[1]。尽管小型船在全球占据主导，但其数量估算可能不够准确，因为小型船往往无须像大型船一样登记，即使登记也可能未纳入国家统计数据报告。内陆水域渔船信息和报告欠缺的情况尤为突出，内陆水域渔船往往完全被国家或当地登记所遗漏。

在世界范围内，粮农组织估计全长在 24 米及以上的机动渔船只有约 3%（约有 6.78 万艘）（大致总吨位超过 100 吨），这些大型船舶在大洋洲、欧洲和北美洲占比最高。欧盟从 2000 年起一直施行减少船队捕捞能力的政策，其机动渔船占比高达总数的 99%[1]。

2. 我国渔业船舶的现况

2019 年我国渔业生产总值主要由海洋捕捞、海水养殖、淡水捕捞、淡水养殖及水产苗

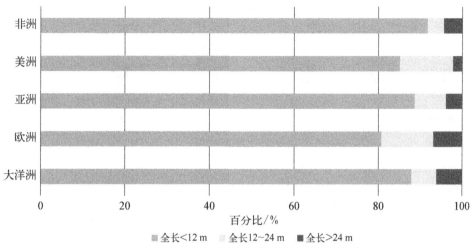

图 8-3 2018 年世界各洲机动渔船大小分布情况[1]

种 5 个部分构成,其中养殖产品与捕捞产品的产值比例为 79.5∶20.5;海水产品与淡水产品的产值比例为 46.4∶53.6。全国水产品总产量达 6 480.36 万吨,比 2020 年增长 0.35%[2]。2015—2019 年全国渔业产值构成及其变化参见图 8-4。

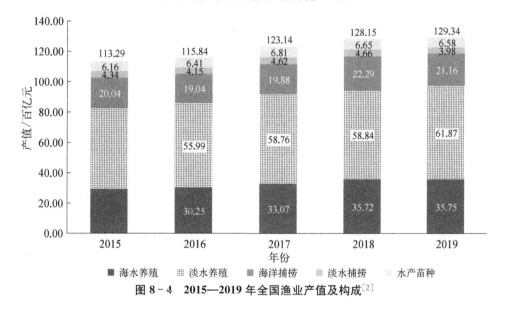

图 8-4 2015—2019 年全国渔业产值及构成[2]

2019 年,全国捕捞产量为 1 401.29 万吨,同比下降了 4.45%,其中国内的海洋捕捞为 1 000.15 万吨,淡水捕捞为 184.12 万吨,国外的远洋捕捞产量为 217.02 万吨。2015—2019 年全国捕捞产品的构成及产量如图 8-5 所示。

据统计,截至 2019 年末,我国渔船总数达 73.12 万艘、总吨位为 1 040.24 万吨。其中,机动渔船 46.83 万艘、总吨位为 1 004.84 万吨、总功率为 1 990.53 万千瓦;非机动渔船为 26.29 万艘、总吨位为 35.39 万吨。在机动渔船中,生产渔船为 45.15 万艘、总吨位为 898.82 万吨、总功率为 1 765.20 万千瓦;辅助渔船 1.68 万艘、总吨位为 106.03 万吨、总功率为 225.34 万千瓦[2]。

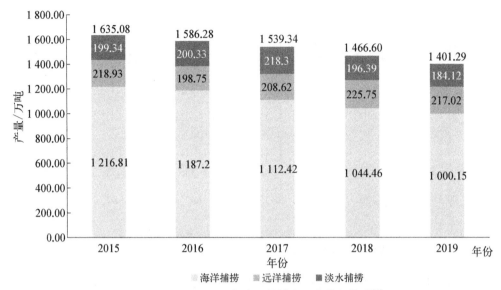

图8-5　2015—2019年全国捕捞产品产量及构成[2]

全国机动渔船分为生产渔船451 537艘(捕捞渔船、养殖渔船)、辅助渔船16 775艘(捕捞辅助渔船、渔业执法船):其中,捕捞渔船为334 976艘;养殖渔船为116 561艘;捕捞辅助船为13 042艘;渔业执法船为2 806艘。按照机动船舶长度划分来看,全长在24米以上的机动渔船有36 750艘;全长在12~24米的机动渔船有61 946艘,全长在12米以下的机动渔船有369 616艘[2]。海洋机动渔船总计数量为220 361艘,其中捕捞渔船为146 951艘,捕捞辅助船为10 246艘,海洋机动渔船按照全长长度划分来看,24米以上的有36 233艘;12~24米的有38 119艘;12米以下的有146 009艘[2]。

长期以来,我国海洋渔业装备以小型、近海渔船为主,仅有部分先进装备,但也主要是改装或是由国外购买所得,真正自主新造的海洋渔业装备数量占比极低。近年来,由于国家政策的支持,国内在海洋渔业装备科技研发和建造方面也有所成绩,比如自主建造了首批大洋性玻璃钢超低温金枪鱼延绳钓船"隆兴801"和"隆兴802"。我国自主研发制造的总长75.94米的金枪鱼围网渔船"金汇58"号于2016年4月圆满完成了航行试验;宁波捷胜公司联合相关科研院所共同研制成功了国内首套"大型金枪鱼围网捕捞成套设备",改变了中国大型金枪鱼围网自动化捕捞装备完全依赖进口的局面。

虽然我国海洋渔业装备经历变革和进步,但与发达国家(地区)整体相比,我国海洋渔业装备技术、质量以及水平等方面还比较落后。一是自动化、智能化程度低,影响生产效率和安全;二是依赖进口,国产化程度低,自主研发能力有待提高;三是环保性能较低,不能满足国际渔业组织的标准;四是渔船标准体系不完善,标准引领作用不明显。

(三) 发展形势环境

近年来世界远洋渔船装备向着大型化、自动化、信息化以及高效节能、安全环保方向发展。

第一,大型化。渔业发达国家为了缓解渔业资源过度开发的问题,缩减渔船数量,但是渔船的马力功率却不断增大,船型向着大型化方向发展。

第二,自动化。新型远洋渔船配有全自动鱼类处理系统。自动化是渔业装备发展的条件,从自动控制、自动调节、自动补偿、自动辨识等发展到自学习、自组织、自维护、自修复等更高的自动化水平,完善渔业装备加工技术的集成。

第三,信息化。日本、美国、法国等已建立了海洋渔业卫星遥感信息服务应用系统。网络和通信系统对于信息工作的重要性不言而喻,是实现真正意义上信息共享的先决条件之一。一个成熟的渔业信息网络系统应该易扩充、能升级、方便管理和使用,并通过国际互联网向全国辐射,提供全方位的渔业信息服务,使用户能了解国内外渔业发展动态、市场信息、养殖技术、渔业政策法规等。

第四,高效节能、安全环保。智能化是海洋渔业装备发展的前景;绿色节能环保是海洋渔业装备发展的必然,主要体现在作业智能化、操作自动化、设备机械化、管理信息化及消耗节能化等方面。未来,随着我国海洋渔船装备的智能化升级完成,我国的海洋渔业将步入更加绿色、持久和成熟的发展阶段。

(四) 关键技术

海洋渔业装备不仅是我国近海渔业发展的载体,更是推动我国中远洋渔业发展的先决条件。海洋渔业装备及技术的升级是解决我国海洋渔业发展的关键所在,也是推动我国海洋渔业走上可持续发展之路的基石。现代海洋渔业开发与产业发展的方向不只是表现为简单的捕捞渔船数量或产量规模的增加,而是形成精准捕捞、自动一体化生产加工的具有高科技含量的全产业链。

捕捞技术的不断提升,不仅利于降低成本、节省能源,还不断提升了生产效率。例如,推进系统的创新、船体设计的改进、减少使用木船以及使用较大型渔船。其他的技术创新着重于提高捕捞效率,减少环境和生态影响,目前广泛采用的创新技术包括全球定位系统、探测仪、海底勘测技术、集鱼装置(包括通过卫星与渔船通讯的装置)、生物可降解和可拆卸渔栅、夜间捕捞时使用 LED 灯、兼捕减少装置、海龟驱赶装置以及延绳捕捞中使用的圆形鱼钩。在一些案例中,远洋捕捞已成为非常高效的捕捞部门,船长基本能够在出发时估测可能的捕捞量以及捕捞的地点[1]。

着眼于资源可持续性的捕捞技术和作业改进措施包括旨在减少拖网捕捞中兼捕渔获物的渔具创新,用于监测渔具上鱼类行为的高分辨率水下照相机,以及系统性收集和回收利用二手渔具的方法[1]。尽管技术在不断改进,过度捕捞的行为仍给影响捕捞船队的盈利。2019 年粮农组织对全球主要捕捞船队开展了技术经济效能评估,结果表明,渔船老化和利润率低导致了投资减少。

影响渔业装备的颠覆性新技术包括移动互联网(如提供实时的鱼品市场价格)、高级机器人(如自动切片装置)和"物联网"或系统、设施和高级传感器的互联互通(如鱼类电子标签)。颠覆性技术可为渔业和水产养殖部门提供新的贸易途径,以便增强可持续性,提高资源和能源效率。区块链、传感器和自动识别系统,这三项颠覆性技术几年之前还未出现在渔业和水产养殖部门,但现在却改变了该部门的各项进程、利润率和可持续性[11]。

二、远洋渔业装备

(一) 全球发展态势

远洋渔业是海洋渔业的重要组成部分,指远离本国渔港或渔业基地,在公海以及他国专属经济区内开展的渔业活动。远洋捕捞是指发生在公海或主权国管辖海域的渔业捕捞活动。全球海洋渔业年捕获量近年来稳定在8 000万吨左右,其中远洋捕捞量约占7%,具有远洋渔业的国家包括日本、挪威、韩国、中国(包括台湾地区)。世界发达国家把发展远洋渔业,特别是大洋性渔业,作为扩大海洋权益、获取更多海外生物资源的重要举措。

随着科技的不断发展,远洋捕捞渔业装备也飞速发展。各国大洋渔业发展主要有以下特点:一是加强大洋与极地海洋生物群体资源的调查与评估,为大洋渔场的拓展和渔业的发展提供稳定的技术保障;二是加强信息技术在海洋渔业中的应用,快速地获取大范围高精度的渔场信息,提高船队的捕捞效率;三是开展高效、生态、节能型渔具渔法的研究,大幅提高捕捞效率,减少生产能耗。

1. 远洋渔船

远洋渔业船舶主要是针对鱼类集群性很高的鱼类捕捞,与近海渔船相比,远洋渔船的航程远、单次作业周期长、从事捕捞作业的海域海况差、对船体稳定性、适航性、结构强度、装载量及冷冻加工能力都有较高的要求。主要的远洋捕捞作业方式包括延绳钓作业、拖网作业、围网作业及鱿鱼钓作业。根据作业方式的不同,远洋渔船分为不同的类型,主要的远洋渔船类型包括拖网渔船(用于捕捞鳕鱼、鲱鱼、虾蟹等)、围网渔船(用于捕捞金枪鱼、鲐鱼、沙丁鱼、鲱鱼等)、远洋钓船(用于捕捞鱿鱼、金枪鱼、旗鱼、箭鱼等)。

世界远洋渔业的发展以大型化远洋渔船为平台,捕捞装备技术实现了自动化、信息化和数字化,系统配套的冷冻设备及加工装备不断完善。捕捞装备自动化主要体现在大型变水层拖网、围网、延绳钓和鱿鱼钓等作业方面。信息化主要体现在助渔仪器方面,利用现代化的通信和声学技术开发探鱼仪、网位仪、无线电和集成GPS的示位标等渔船捕捞信息化系统。数字化主要体现在利用卫星通信和计算机网络方面,提供助渔信息和渔船船位监控及渔业物联网管理系统,基于3S系统和渔业物联网系统是远洋渔业数字化发展方向[12]。

长期以来只有冰岛、挪威、俄罗斯、日本等少数先进的渔业大国能够设计、建造现代大型远洋拖网渔船。国外发达渔业国家的工业捕捞渔船还包括加工渔船,可专门用来生产鱼粉和鱼油,能够直接在船上进行初级加工以获取更高的经济效益。2004年西班牙建造了多艘总长为115米的金枪鱼围网船,该船型有3 250立方米鱼舱,日冻结能力为150吨。日本研制的竹荚渔船的分级机处理速度可达到7 200~14 000条/时,准确度达90%以上。

海洋渔业的发达国家相当注重海洋渔业资源保护,它们淘汰具有掠夺性捕捞的渔具和渔法,优先发展选择性捕捞。如有些国家已经禁止使用拖网作业,大力发展围网船和钓捕船开发中上层鱼类资源。围网、拖网捕捞装备一般都采用先进的液压传动与电气自动控制技术,设备操作安全、灵活自动化程度高。金枪鱼围网渔船要求具有良好的快速性和操纵性,其中动力滑车的起网速度、理网机控制以及其他捕捞设备的操作协调性都比一般围网作业的要求高。先进的延绳钓作业船匹配了全套自动化延绳钓装备,主要由运绳机、自动装饵机、自动投绳机、干线起绳机、支线起绳机等组成。欧洲在延绳钓机的研发上具有相当的水平,如挪威 Mustad Auto-line System 自动钓系统最多可配备 6 万把钓钩,并实现了自动起放钓。日本金枪鱼延绳钓作业方式及捕捞设备种类较多,设备操作较复杂但设备布置灵活、自动化程度高[12]。

2. 南极磷虾船

南极磷虾的存储丰富,大约有 4 亿~6 亿吨,年度可捕捞量在 5 000 万吨内不会影响南大洋资源的平衡。与其他公海渔业相比,当前南极磷虾群体资源的开发程度仍处于非常低的水平,各国申请开发捕捞额度趋增,截至 2019 年,南极磷虾累计渔获总量为 960 万吨[12]。为了扶植极地渔业的发展,欧洲、日本、韩国、挪威、冰岛、挪威、俄罗斯等几个先进的渔业大国均以政府投资的方式建造南极磷虾捕捞船。国际上南极磷虾捕捞主要是大型艉道拖网单船作业,捕捞技术主要有传统拖网、连续捕捞系统、泵吸清空网囊技术和桁架拖网 4 种。

挪威是目前磷虾捕捞与加工装备技术最发达的国家,也是商业化开发最成功的国家,作为全球南极磷虾捕捞量最大的国家,挪威开始形成了规模性的南极磷虾产业链,该产业链条长,是一个高技术、高投入、高产出的海洋生物精深利用新兴产业。挪威之所以成为全球南极磷虾开发利用最成功的国家,关键在于其掌握了专业化程度最高、技术最先进的大型磷虾捕捞加工船的建造技术。挪威凭借先进的渔业船舶工业和自动化控制技术以及强大的渔船装备研发能力,走专业化、大型化、自动化与信息化发展道路,实现了高效探测的数字化声呐、连续式吸虾泵及收放系统、网具变水层同步控制、船机网优化匹配以及捕捞机械电液集中控制等核心技术要求,既实现了捕捞加工作业的专业化,也大大提高了自动化水平,减少了运行成本,进而提高了南极磷虾开发综合效益。

对南极磷虾开发较为成功的企业是挪威 Aker Biomarine 公司和加拿大海王星公司(2019 年挪威 Aker 公司已经收购了海王星公司)。Aker Biomarine 公司是挪威一家主要从事南极磷虾捕捞、加工、新产品开发、市场开拓、科学研究、实用技术开发和设备制造等方面的企业,是全球知名的生物科技和南极磷虾捕捞公司。Aker Biomarine 公司近年将目光关注在具有高附加值的产品研发上,磷虾油成为具有高附加值的保健品,只有高附加值产品与项目前期巨大的资本投入相匹配,才可快速实现盈利。Aker Biomarine 公司在 2019 年 1 月投入使用的新建磷虾船的造价约 10 亿人民币,其发明的水下连续泵吸技术的捕捞效率可达传统渔船的 3 倍以上,日捕捞能力可达 500 吨,船载加工设备日处理能力达到 600~700 吨,可实现磷虾粉和磷虾油的船上生产,即在船上通过脱水、干燥、粉碎的方式获得虾粉,粗油在船上精炼成磷虾油。目前产品已经在国际市场上取得一定影响。

(二) 我国发展现状与存在的问题

1. 发展现状

我国远洋渔业装备开发和生产始于 20 世纪 60 年代,70—80 年代进入全面发展时期,1985 年 3 月,我国第一支远洋渔业船队起航开赴西非海岸,开辟了我国与几内亚比绍、塞内加尔、塞拉利昂等国的渔业合作领域,揭开了我国远洋渔业历史的第一页。

2018年12月7日,我国农业农村部对外公布了《"十三五"全国远洋渔业发展规划》(以下简称《规划》)。《规划》提出,至2020年,中国远洋渔船总数稳定在3 000艘以内。根据渔业渔政管理局的数据统计,2019年我国远洋渔业捕捞产量为2 170 152吨[2]。远洋渔业总产值为2 435 387万元[2]。截至2017年底,我国经渔业相关部门批准作业的远洋渔船为2 491艘,其作业海域分布在40多个国家的专属经济区及太平洋、印度洋、大西洋的公海及南极海域;公海作业渔船为1 333艘,产量达到139万吨,总产值为165亿元。我国过洋性渔业项目主要分布在亚洲、非洲、南美洲的32个国家海域,作业方式以拖网为主,包含少量的定置网、流刺网、围网等。2017年获得农业农村部从业资格的远洋渔业企业共计159家,从业船员约5.1万人,其中包括1.7万人外籍船员[4]。

目前总体而言,我国远洋渔船整备水平得到明显提高,中大型渔船所占比例大幅增加,渔船"老旧小"问题逐渐改善,初步形成一支具有现代化、专业化、标准化水平的远洋渔船队伍。未来几年,远洋渔船的新船建造申请还将被严格限制,渔业渔政管理局的渔船工作重点仍将是淘汰旧船和更新改造[4]。

在国家科技支撑计划及农业农村部探捕等项目的经费支持下,我国近年来积极开展远洋渔业、渔具、渔法和装备设施方面的研发,在秋刀鱼、金枪鱼围网等方面取得系列研究成果。比如,上海海洋大学联合温岭市光迪光电有限公司研发设计两用集鱼灯,解决原有集鱼灯不能聚集两种鱼类的问题,在使用寿命、节能等方面具有优势;在金枪鱼围网方面,不仅改进设计了围网网具,提升网具平均沉降速度的同时降低了捕捞浮水鱼群的空网率,还设计研发了USB数字式水平鱼探仪三维显示系统,以三维影像的方式对金枪鱼鱼群进行实时追踪、预测鱼群逃离方向和速度,有助于实现精准捕捞[4]。

近年来,为深入了解世界主要大洋性渔业资源状况及其开发潜力,提高远洋渔业生产效率、拓展远洋渔业资源探捕空间,我国在远洋渔业资源探捕方面也积极开展行动:2017年,上海海洋大学和远洋渔业企业为支撑和承担单位,以我国大洋性渔业主要捕捞物为调查对象,主要开展了对大西洋中西部公海鱿鱼资源、毛里塔尼亚专属经济区中上层渔业资源、西北太平洋公海秋刀鱼资源、印度洋东北部中上层渔业资源探捕、伊朗专属经济区渔业资源的探捕调查活动;基本按照预定计划完成规定站点考察,并对各目标海域内的海况环境、高产渔场位置、鱼类行为特性等方面进行了重点调查[4]。

在渔情预报方面,建立了远洋渔船预警系统,对距离他国专属经济区不足3海里或进入他国专属经济区的渔船进行预警提示,进而帮助渔政管理部门实现对远洋渔船的智能化监管和服务;另外,我国通过集成应用自主海洋遥感卫星和北斗导航卫星及AIS通信技术,开发了具有自主知识产权的全球渔场海况信息服务系统,为远洋渔业生产和近海渔业生产提供风场、浪场、海表温度/盐度等海洋环境数据,该系统已经在太平洋、印度洋和大西洋实现渔场覆盖预报[4]。

目前国内船企在更为先进的南极磷虾捕捞加工船、大型拖网加工渔船领域还没有取得突破性进展,迄今为止还没有交付国产的专业南极磷虾捕捞加工船。近年来,远洋渔业企业捕捞南极磷虾主要依赖进口国外旧船,这些渔船大多较为老旧,几经转手才被引进国内。截至2016年底,CCAMLR登记的中国籍的南极磷虾捕捞船仅4艘,年捕捞能力仅3万吨左右,而"明开"号,船龄已经超过20年。

近年来,我国在南极磷虾捕捞装备研发方面取得的一些研究成果,中国船舶集团公司第七〇一研究所进行了极地渔业资源及海洋环境科学调查船的开发,内容包括磷虾生化特性现场研究与新产品开发、南极磷虾资源探查与评估、南极磷虾渔场变动规律、磷虾加工设备技术工艺调试等。七〇一研究所承担的"863"课题"南极磷虾捕捞加工船总体设计及关键系统集成"已结题,全船设计图纸通过国家渔业船舶检验审查。该型船采用吸虾泵连续捕捞方式,加工技术专业化、集成化。借助这项成果,中国水产有限公司南极磷虾捕捞加工船改造项目已进入船厂施工阶段。此外,湖北海洋工程装备研究院有限公司也正积极进入南极磷虾捕捞加工船设计和建造领域。

中国于2009年末开始南极磷虾资源商业捕捞,现与韩国并列国际磷虾渔业第二集团。南极磷虾船自主建造方面,2016年以来,专业的南极磷虾船研发明显加速,中船黄埔文冲船舶有限公司承建了国内首条也是农业农村部批准的唯一一条专业南极磷虾捕捞加工船。2019年,农业农村部又批准了5条南极磷虾船建造指标,主要集中在山东、浙江等地。截至2019年6月初,中国累计已有34船次开展南极磷虾捕捞作业,磷虾总产量近32万吨,最高年捕捞产量是2015年/2016年渔季的6.5万吨。

中国南极磷虾捕捞船船载加工技术和设备比较落后,船载加工的终末产品以冻品为主。2020年之前,除辽渔集团购买日本的"福荣海",国产的磷虾渔船船载虾粉加工工艺是沿用陆基湿法鱼粉加工工艺,专业化水平低,鲜虾出粉率低,活性物质损失较多,难以作为后续高附加值产品提取的原料。国内有关科研机构经过多次技术攻关和海试,在专业化南极磷虾船载脱壳和虾肉加工设备方面取得突破,研制的虾肉加工生产线已配置在国内南极磷虾专业捕捞加工船"深蓝1号"上,迈出了实现磷虾加工装备国产化的重要一步。中国南极磷虾捕捞船多数为大型拖网渔船改造而来,仍采用传统拖网捕捞形式,渔业生产效率仅为日本的1/2、挪威的1/4,捕捞质量、日加工量、产品品质低。中国现有2艘专业磷虾捕捞船"福荣海"和"深蓝1号"。其中,"福荣海"是从日本购置的近50年船龄的二手船。"深蓝1号"是中国民营企业投资超过6亿人民币,通过国际合作方式,引进国际先进的磷虾捕捞、船上加工及建造技术而设计建造的专业磷虾船。该船自动化水平高、转化效率高、产量大,能实现日捕捞加工能力600吨、年8万～10万吨的鲜虾捕捞及处理能力。

2. 目前存在的问题

我国远洋渔船从规模和数量虽然位居国际领先水平,但远洋渔船及其装备的自动化、智能化水平、经营管理模式以及生产的安全性和生产效率问题距离国际水平仍有较大的差距。

一是自动化、智能化程度低,影响生产效率和安全。我国远洋捕捞船装备陈旧,自动化水平较低。国外远洋渔船装备基本是自动控制,既提高了工作效率,又确保了产品品质,而我国大多以手工操作为主,由于作业机械数量多,手工操作不但增加了船员的数量,也增加了作业危险性。国外7 000～8 000吨的拖网加工船上只需15～16名船员,而我国类似渔船上的船员则超过100名。

二是依赖进口,国产化程度低,自主研发能力有待提高。我国目前低端船型多,拥有自主知识产权的高技术、高附加值船型较少。20世纪自主研发的小型冷冻拖网渔船,由于无法满足欧盟的检验标准,面临淘汰或停产的危险。大洋性渔船大多为国外引进的超低温金枪鱼延绳钓船、大型金枪鱼围网船、大型拖网加工渔船等,船龄已经超过20年,自主设计建造的仅有深冷金枪鱼延绳钓船、大型远洋鱿鱼钓船,但其建造质量远不如日本,且主要设备从日本引进。另外,我国船舶总体设计水平落后。目前我国从事远洋渔船设计、建造的企业和科研机构数量有限,自主设计建造的远洋渔船船型少,技术储备不足,整体水平落后。我国虽为世界造船大国,但高附加值渔船建造少,船舶工业先进的设计、建造技术未能惠及远洋渔船。

三是环保性能较低,不能满足国际渔业组织的标准。能耗高是长期困扰中国远洋渔船发展的问题之一。据报道,中国渔船燃油消耗占捕捞生产成本最高达到70%以上。渔船老化、节能型渔具材料的研发应用不够、新型探捕和集鱼灯等附属装备推广不足已成为我国远洋渔船高能耗、低效率的重要原因。渔具材料对于捕捞效率提升和节能减耗具有基础性意义,渔具类型的改进节油率可达20%。目前主流的普通纤维绳网已经难以满足远洋渔船作业精准化以及节能高效的需要。近年来,远洋渔业发达国家将超强纤维应用于渔具并取得显著效果。但是由于技术难度较大,生产成本较高,一些国家甚至禁止将该材料出口中国。目前,我国从事相关材料研究的企业数量较少,一些科研机构的研究成果还主要停留在研发阶段,无法与企业生产做到对接。

四是渔船标准体系不完善,标准引领作用不明显。长久以来,我国远洋渔船标准化工作进展缓慢,一直没有形成完善的标准体系。部分标准也存在滞后的问题,不能很好地适应现代甲板机械产品的需求。部分远洋渔船装备则是"无标可用",如远洋渔船捕捞设备就有很大标准缺口,钓机、自动钓竿、钓台等均无标准可参考。另外,标准对于行业发展的引领和约束作用不明显。我国现有行业性标准对于指标要求普遍偏低,甚至缺乏指标要求。现有的远洋渔船相关的船型标准对企业没有较强的约束力,企业往往根据自身资金规模和偏好设计渔船,产生了一系列质量问题、船舶造价高、船舶制造质量参差不齐等。

除了上文提及的制约因素外,人力资源不足、从事渔业人员的行业水平较低、渔船作业力量分散、船舶建造质量差,船厂建造过程中的监管不足也是制约远洋渔业发展的重要制约因素。我国100多家远洋渔业企业中,民营企业占90%以上,中小企业偏多,作业力量分散,抗风险能力和国际竞争力较差。

对于南极磷虾船,也依然存在不少技术瓶颈:

一是缺少自主研发设计的专业化南极磷虾捕捞船,主要技术和设备仍然需要引进,国外技术封锁比较严重,一定程度上影响了消化、吸收的进程,也限制了我国开发利用南极磷虾这一重要的战略资源。

二是基础研究仍然薄弱,基础研究深度及广度、南极磷虾资源的探查与评估、南极磷虾渔场的变动规律等研究严重不足,包括对于南极的水文气象、渔情等资料不够丰富,需要进一步深入,这是船舶设计的重要基础之一。

三是因南极磷虾易堵塞网具、易挤碎,所以对捕捞技术提出了更高的要求。但目前的作业方式仍是传统的拖网捕捞,这种作业方式涉及环节较多,生产过程复杂,捕捞效率低,损害磷虾的品质,直接影响生产效益指标,甚至还会造成一定的资源浪费。

　　四是由于缺乏经验,前期论证过于苍白,许多领域并没有有效定论,因此,设计必须采取更稳妥和保守的方式。国内首制船已完成并投入运营,可在此基础上实船考察,积累经验,使南极磷虾船更快地融入安全、环保、智能的国际海事发展趋势中。

　　五是缺乏专业加工装备,使得南极磷虾的加工能力与质量不高。捕获的南极磷虾必须在数小时内进行加工,否则虾壳富含的氟元素会渗入虾肉导致氟超标,其强大的酶系统还会令自身迅速分解。因此,捕捞磷虾的渔船必须有高效的加工处理设备,用于虾粉和虾油的生产。而我国现有渔船缺乏南极磷虾深加工生产技术和设备,加工利用方法较少,也没有完善的安全和质量控制体系。

(三) 未来展望

　　远洋渔业能带动船舶及装备设计制造业的发展。发展远洋渔业捕捞装备的重点在于高效、节能、安全的性能提升,以远洋渔业捕捞装备自动化、标准化、集成化、智能化为发展方向。国际先进的远洋渔船向综合大型化、自动智能化、节能降耗、精准高效、安全环保的方向发展,主要从尺度、性能、建造材料、油耗能效、捕捞技术等方面致力于实现捕捞加工冷冻装卸的一体化作业,鱼群的智能精准探测、精准识别和分类,提高生产安全,降低成本等目标。

　　南极磷虾的资源开发是远洋渔业发展的新增长点。现代南极磷虾开发产业的发展方向不是表现为简单的捕捞渔船数量或产量规模,而是形成具有高科技含量的全产业链。目前急需开展磷虾资源产出过程与机理、渔场探测与渔业生产保障服务技术研究和专业磷虾船设计建造关键技术研发,完善捕捞加工技术体系,创建以资源精准探测、渔情动态速预报、生态高效捕捞、专业化捕捞加工船建造、船载加工与高值化利用为核心的技术体系,形成"捕捞、加工、高值化产品"为一体的新兴战略产业集群,全面提高南极磷虾日均捕捞与加工能力,提升我国磷虾资源开发装备技术水平和核心竞争力,推动磷虾产业链的快速形成与规模化发展。

　　(1) 新能源动力。基于南极海洋生物资源养护公约(CCAMLR),南极海域的环保问题一直是重中之重,而传统船舶的柴油推进系统对排放的污染一直是南极海域的环保之痛,低硫油的强制使用是目前各国暂时对策。因此绿色动力能源的使用是未来南极磷虾捕捞科考船的必由之路,从目前技术发展状态看,纯电池动力、LNG动力、氢燃料动力、风帆及太阳能等新能源都是未来南极磷虾捕捞科考船的动力发展方向。

　　(2) 低能耗智能仓储。南极磷虾捕捞科考船是极地作业加工类船舶,应具有冷藏仓储能力,冷藏仓储系统能耗是船只主要能耗之一,同时南极磷虾捕捞作业海域的气候温度多数处于$-5℃$以下,如何利用自然温度和通风来保证冷藏舱的空气品质和存储温度将有利于南极磷虾捕捞科考船的能耗结构优化,智能型的仓储管理系统也将是南极磷虾捕捞科考船的核心技术之一。

　　(3) 高效率货物存储与转运方案。虾粉和冻虾的仓储结构与货物转运方案将会影响南极磷虾捕捞科考船的有效存储舱容,也会影响南极磷虾捕捞科考船的经济价值,传统的冷藏舱仓储结构是利用仓库行车和铲车进行冷藏货物的存储与转运,冷藏舱的上层空间被浪费(为$15\%\sim20\%$的舱容空间),同时货物转运效率较低,低转运效率意味着船舶转运周期的延长,连续安全转运气候时间要求又将限制有效转运量。因此设计全新的虾粉冷藏存储结构、存储方式与模块化的货物转运方法将有利于全面提升南极磷虾捕捞科考船的作业安全性和经济效益。

（4）环保型热能回收再利用方案。南极磷虾捕捞科考船的虾粉加工生产线中既存在加热的蒸煮环节,也存在冷却环节,加工系统中的热循环存在严重能源浪费,船只加工线的能耗一直是船舶主要能耗之一。建立更合理的加工线热循环系统,通过对冷却系统的热能回收,使用回收热能对蒸煮环节进行加热,有效降低虾粉生产线的能耗将会提升整船的经济性,降低船舶排放指标,提高船舶环保性能。

（5）高品质智能型卫生车间。南极磷虾捕捞科考船的产品都是食品,在未来,磷虾加工工厂和生产线的卫生保证将是该船生产合格产品的基础,加工工厂和生产线的清洁方法、清洁耗时及清洁成本都将影响该船的产品质量和船舶经济性。建立模块化的加工车间体系,配置智能型卫生监测和清洁系统将是产品市场的保证。

（6）南极磷虾船产业链配套。南极磷虾捕捞科考船属于高附加值的捕捞和加工作业船,唯有连续生产作业才可以保证其经济性得以发挥,为了保证其连续作业能力,相关的辅助货物转运船舶,动力补给船舶等配套船舶需要保证,具有快速转运能力的冷藏货物转运船舶将是南极磷虾船连续有效作业的直接保证。

（7）未来产业技术支持。针对目前船舶技术的发展趋势,纯电池动力船舶在 2035—2050 年将会逐渐成为主流,2035 年具有高度智能加工厂的智能型南极磷虾船将会成为在运营船舶的主流。智能化运维电力补给将是新能源南极磷虾捕捞科考船的重要难题,有效利用南极常年的风能动力为南极海域作业船舶提供清洁电力将是行之有效的方法,因此海上风电动力单元与电力收集船舶将是未来南极磷虾船有效的辅助支持船,也是环保能源磷虾船推广普及的有力支持。

（四）最新进展

2019 年 5 月,由中船黄埔文冲船舶有限公司建造的我国首制南极磷虾船"深蓝"号在广州下水。该船是我国第一艘新造专业南极磷虾捕捞加工船,是国内最大最先进的远洋渔业捕捞加工一体船,达到世界先进水平,可填补我国在高端渔船建造领域的空白,有力提升我国在南极磷虾科考、捕捞、加工等领域的技术水平,有利于我国远洋渔业的健康发展及更好地建设海洋强国。

2019 年 11 月,大连辽南船厂为中国水产有限公司改装的 120 米冷冻拖网渔船"龙发"轮顺利启航,"龙发"轮是国内首艘改装的极地海域作业磷虾捕捞加工船。作为我国仅有的 3 艘从事南极水域开发、捕捞加工南极磷虾的大型拖网加工船之一,本船改造成功后常年在南极海域作业。

2020 年,我国自主建造的最大、最先进的远洋渔业捕捞加工船"深蓝"号,填补了我国大型拖网远洋渔船自主建造的空白。该船总长约为 120 米,型宽为 21.60 米,设计吃水为 7.3 米,设计航速为 15 节,可满足 ICE - A 冰区（冰厚度为 0.8 米）及 -25℃ 低温环境的营运要求。船上配有目前世界上最先进的变水层拖网系统、连续泵吸系统和多种产品加工生产线,可进行产品的连续加工处理和自动包装运输作业,年捕捞量将达数万吨,其渔获物经过精深加工后,可带动和形成百亿级市场。"深蓝"号将主要用于南大洋渔业捕捞,兼顾海洋科考功能,如图8-6所示。

图8-6　"深蓝"号远洋捕捞船

挪威建造的世界最大的拖网加工船"大西洋黎明号"用于磷虾捕捞与加工,该船长144.6米,14 000总吨,配备两台7 200千瓦主机。西班牙建造了多艘总长为115米的金枪鱼围网船,该船型的鱼舱为3 250立方米,日冻结能力为150吨。

三、深远海养殖装备

为满足不断增长的人口对海洋渔业产品的需求和人类对于海洋无污染高蛋白质的需求,深海养殖成为渔业发展的最新突破点。对渔业而言,深海生态系统是指大陆架以外、水深超过200米的深海水域各生物之间及其与环境的相互关系而构成的生态系统。该水域离大陆较远,远离沿海污染或富营养化水域,中下层海水受光照影响很小,水温等理化因子较为稳定,具备开展水产养殖且有较为理想的水质条件。

在深远海水域开展水产养殖,对海洋装备提出了更高的要求:

(1)适宜的养殖环境。优良的水质是开展健康养殖、提高产品品质的必要条件。环境水温的变化范围与养殖品种最佳生长温度的对应程度越高,生长周期越短,养殖系统产能越高。在深海特定水域及不同水深,或追随特定的洋流,可能获得水温合适的水源。

(2)养殖系统的安全性。养殖设施必须具有抵御恶劣海况(包括风、浪、流)的影响,保障生命与财产安全的能力,并同时保护养殖对象免受海洋物理、化学或生物性灾害的侵袭。

(3)养殖系统的规模化程度。深海养殖系统的设施化、装备化程度是所有养殖方式中要求最高的、需要大量的建设投入。为保证产出效益,养殖系统必须具有足够的规模。

（4）高效的工程装备。养殖设施构造需要安全可靠的工程装备，养殖生产的各个环节需要配套全面的机械化及自动化装备，以及信息化管理系统、专业的海上物流保障系统等。

（5）辅助功能要求。设置在深远海的大型养殖平台，还可配置海上捕捞渔船的补给、渔获物物流与加工、水产名优苗种繁育等生产功能，形成相互关联的产业链。在深远海养殖平台上还可设置海洋科学考察站，以长年观测海洋水文与生物资源。

目前深海养殖所使用的海洋装备主要有深水网箱和养鱼平台/工船两类。

（一）全球发展态势

挪威是全球深海养殖装备技术领先国家，尤其是所掌握的冷水养殖和高端装备技术。目前，挪威已在全世界相应海域国家申请专利，几乎垄断了深远海网箱式养殖平台的设计技术及运营市场，形成了从装备设计、鱼苗培育、远海放养、活鱼捕捞、鱼肉生产到物流销售的完整的产业链和供应链。

1. 深海网箱

深海网箱一般指放置在深水海域的养殖网箱，由于可获得更干净、更能够自由流动的海水以及天然食物，所以可以养殖出味道更鲜美的海产。与近岸海域的网箱相比，深海网箱一般具有更大的尺寸、更强的抗风浪能力和自动化程度，如图 8-7 所示。

图 8-7 挪威的大型深海网箱

为了适应深海复杂的环境，目前比较常用的深海网箱主要有重力式网箱、碟形网箱、张力腿式网箱以及球形网箱，下面将分别介绍这几种常见网箱。

1）重力式网箱

重力式网箱是指通过顶部浮架结构提供的浮力和底部配重系统的重力来张紧网衣并

保持一定体积的网箱,通常情况下,其主要由浮架结构(floating collar)、网衣结构(net structure)、配重系统(weight system)以及锚泊系统(mooring system)组成。相比于其他类型的网箱,重力式网箱通常具有养殖容积大,日常维护简便等优点,在深水抗风浪网箱市场中占有较大份额,目前被很多国家如中国、挪威、日本、美国、澳大利亚等广泛应用。按形状分类,重力式网箱主要有正方体和圆柱体两种,其中以圆柱体形式较为常见,其形式如图8-8所示。

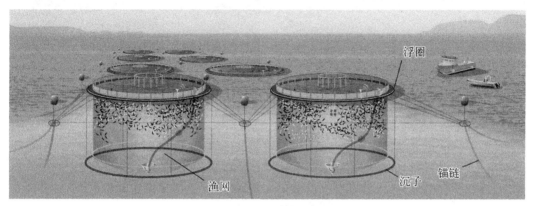

图8-8　重力式网箱

浮架结构(圆柱体形重力式网箱的浮架结构也称为浮圈结构)一般使用双排或者三排并列的用高密度聚乙烯管(HDPE)组装而成。浮管的截面直径通常在225~500毫米,并且其截面直径随着整体网箱直径的增大而增大。它的主要功能是给整个网箱系统提供浮力,人可以在上面行走。最内侧浮圈安装有扶手,主要由直径约为100毫米的高密度聚乙烯空心管安装而成,用于支撑渔网以及保护在浮圈上行走的工作人员。网箱所用的网衣多为尼龙材料制成,也有用聚乙烯和金属材料制成的。通常分为有节网衣和无节网衣,但是为减少对鱼类的摩擦损伤,通常将网衣制成无节形式,且网眼形状以方形和菱形为主。网衣的配重系统通常采用底圈和沉子两种形式,用于张紧网衣。锚泊系统用于限制网箱受到波流载荷的漂移,使其固定在一定范围的海域内。

可以看出,未来深海网箱的养殖系统主要包含弹性网箱(plastic cage)、刚性网箱(steel cages)、补给系统(feed system)、饲养船(feed barges)、工作船(work boats)、摄像系统(camera system)、水下照明装置(underwater lights)、环境探测装置(environmental sensors)、水下灯源(underwater lights)和渔网清洗(net cleaning)等部分组成(见图8-9)。未来将会实现整个渔场的日常运营由控制台的软件自动进行,只有少数工作人员留在海上。作为整个渔场的主要部分,其在深海海洋环境的水动力性能直接关系到经济收益和养殖物的安全。

2) 碟形网箱

与传统的重力式网箱的形状不同,碟形网箱的形状采用"飞碟"的形式,在网箱内部由一根中空的锌铁合金支柱支撑,周边用十二根锌铁材料的空管组成型圈,其作用类似于自行车的轮毂,如图8-10所示。中央的支撑圆柱可以充气或灌水,用于调节网箱的升降,这种网箱的优势在于可以用在开放型海域进行养殖生产,在有大风或者风暴潮来

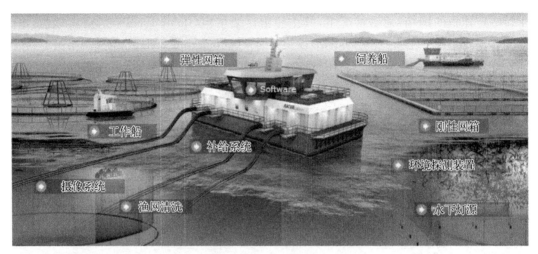

图 8-9   深海网箱养殖系统

临时,可以将网箱全浸没到水中,用于规避海面的强风浪,待大风或者紧流过后,网箱还可浮出水面。但是它也存在于以下两个缺点:① 碟形网箱的安装和日常维护例如来投放饲料以及网衣清洁通常需要潜水员潜到水下,使得其设计较浮式网箱更为复杂,同时对于网箱的日常维护则需要更多的附属设备以及管理人员;② 养殖的体积不如重力式网箱大,最大有效养殖体积只为重力式网箱的三分之一,所以产生的经济效益也不如传统的重力式网箱。

图 8-10   蝶形网箱

3) 张力腿式网箱

张力腿式网箱(tension leg cage,TLC)是另外一种比较常见的网箱,如图 8-11 所示,它在抗风浪方面的优势也比较明显。网箱的主体为坛子形网衣,主要由六棱柱行网衣主体以及顶部的圆锥形网衣封闭而成,它们之间由拉链连接,以便于养殖物的放养和收捕。在网箱底部和锚块主要由六根张力腿连接,锚块插到海底固定。

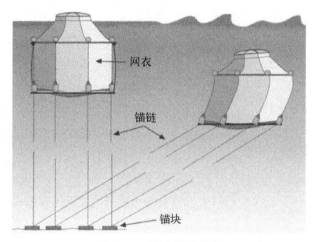

图 8-11 张力腿式网箱

这种网箱的抗风浪性能优良,实验证明,它可以抵抗的最大浪高约为 11.7 米,在网箱漂移后有效的养殖体积损失一般控制在 25% 以内。但是它有一定的缺陷:① 在水流或波浪作用下容易产生漂移,使得网箱全浸没与水下,不利于日常管理与维护;② 该网箱对于锚碇系统的要求较高,主要表现在网箱安装时需要在海底安装提供足够张力的锚块,这对于海底地形尤其是土壤条件要求较高,因此对于这一类型的网箱在我国还未大规模推广。

4)球形网箱

深水海域的养殖网箱时常面对深海的恶劣环境,而且也不容易为人类管理,所以更"聪明"、更自动化的养殖网箱是未来发展的关键。为了解决上述问题,美国的设计人员提出了球形网箱的概念,其特点是可以在海浪的驱动或者外部拖船的牵引下自由移动。典型的球形网箱的概念设计如图 8-12 所示,整个系统中有一个小船装载着发动机为养殖网箱的移动提供能量。但实际上,这样的能量供应装置可以设计得更小巧,并且可以考虑将之放置在浮标上,实现自动化操作。

2. 深远海养殖工船/养鱼平台

早在 20 世纪 80—90 年代,发达国家提出了发展大型养殖工船的理念,包括浮体平台、船载养殖车间、船舱养殖以及半潜式网箱工船等多种形式,并进行了积极的探索,为产业化发展储备了相当多的技术基础。

养鱼平台起源于石油平台,石油气采完后,就改建为养鱼平台,以平台为基地,周围布置一群大型全自动化的深水养鱼网箱(见图 8-13)。欧洲与日本等一些国家利用海上石油平台,发展"石油后"产业。如丹麦、挪威等国采用直径为 50 米、100 米的网箱,高密度养殖上百公斤几百美元一尾的金枪鱼。养鱼平台上有发电站、实验室、饲料厂、电脑监控中心,每只网箱均有监控头,中心根据提供的水质及摄食强度等信息,由投饲机控制投饲。由于这种"石油后"产业利润丰厚,许多国家等不及石油平台的淘汰,而专门设计开发新型的养鱼平台。

深海养鱼场
自由漂浮可遥控

图 8 - 12　一种球形网箱的概念设计

图 8 - 13　深海养鱼网箱

目前,深海养殖工船在全球范围内已有诸多实践。西方养殖业发达国家如法国、挪威、西班牙等,以及许多岛屿国家或地区如日本、中国台湾等,也将养殖工船视为重点研发和推广的设施。值得注意的是,大型养殖工船在欧美等发达国家虽有诸多实践,但一直未成为主体产业,这与生产规模有限、远海养殖需求不足等因素有直接关系。2015 年,挪威 NSK 船舶设计公司发布了其设计的大型深海养殖工船,总长为 430 米、型宽为 54 米,1 艘养殖工船可以容纳1万吨三文鱼成鱼或超过200万条幼鱼,还可以降到海平面以下10米深度。该养殖工船将设计钢架结构,每艘船上可以安装6个50米×50米的养殖网箱,网箱深度可达60米。

(二) 我国发展现状

1. 深海网箱

1) 国内的深海网箱发展现状

"十五"以来,在国家"863"计划、科技攻关计划的资助下,通过对挪威高密度聚乙烯(HDPE)框架式网箱的引进与再创新,我国深水网箱养殖关键技术和重要装备得到突破性进展,填补了我国深海养殖技术与装备的空白,深水网箱及养殖实现了"零"的突破。在国家和地方政府相关政策的鼓励引导下,深水网箱养殖得到快速发展,我国的深水网箱数量逐年递增。截至2015年末,我国深水网箱的应用总量超过5 000只,数量上与挪威相当,分布在水深20米左右的半开放水域附近(见图8-14),养殖品种主要有卵形鲳鲹、军曹鱼、大黄鱼、鲈鱼等,比传统港湾网箱综合经济效益提高30%～60%。

图8-14　南海美济礁的深水网箱

最近几年,我国先后研制出多种类型的新型网箱,创制出深水网箱养殖远程多路自动投饵系统、吸鱼泵、智能起网机等多个配套装备,开发出海水网箱数字化养殖操作管理软件。从技术研发层面又向前迈进了一大步,"十五"以来有20多项专利技术得到较好的孵化,应用于深水网箱养殖产业建设,建立了13个深水网箱超百箱规模的养殖基地,技术的应用取得了较大经济效益。

但从国内整体的技术水平来看,我国在网箱设计方面仍处于模仿阶段,从理论技巧到工程应用等各个方面均与挪威等先进国家有极大的差距,急须投入资金进行科研攻关。

2）存在的问题

虽然目前我国的深水网箱数量已与挪威大致相等，但我国深水网箱装备技术及养殖产量与挪威相比仍不在同一级别上，特别是在前沿技术研发方面差距甚远。高技术、前沿技术研究的滞后，导致我国深水网箱产量仅相当于挪威网箱年养殖产量的 1/20，其差距及存在的主要问题具体表现在如下几个方面：

一是设计技术落后。一个新产品的诞生，从设计开始。设计的合理与否，直接影响产品的生命力。目前，我国大部分深水网箱设计仍以传统经验为主，我国海况复杂，海底地貌多样，产品的技术参数盲点较大。深水网箱系统设计具有个性化鲜明的特点，与建筑工程技术相仿，不同的海域和养殖品种需要不同的深水网箱系统。若每次进行单独模型试验，时效长成本高，况且不能"放之四海而皆准"。国外普遍使用的是数字化设计技术，通过数字化设计平台有效解决了深水网箱适应性与构筑等技术问题。我国深水网箱数字化设计技术仍处于空白状态，基础理论研究薄弱，网箱养殖设施的设计仍缺乏翔实的理论依据，这严重阻碍了我国深水网箱产业的发展。

二是配套装备技术缺失。深水网箱养殖系统不是一个孤立的单一养殖装备，以深水网箱为主体附属配套装备才能形成强大的先进生产力。不同的深水网箱养殖生产方式对配套装备有不同的需求，通常以组合及系列产品出现。国外常见的配套装备有自动投饵机、养殖工船、机动快艇、水质环境监测装备、养殖监视装备、吸鱼泵和起网机等。我国开发出的深水网箱养殖配套控制装备尚未进行标准化、产业化生产，其核心技术有待于进一步优化，性能有待提高，目前只在个别深水网箱养殖基地进行试验与示范，严重制约了深水网箱产业做大做强。

三是针对养殖生物的基础研究有待加强。适宜深远海养殖的品种，如高价值的石斑鱼、鲑鱼、苏眉鱼、裸盖鱼、金枪鱼等的生理与生态学研究需要加强与完备，支撑精准、高效养殖生产的养殖产品生长模型、投喂模型、水质控制模型等需要建立，相关的集约化养殖技术，以及配套的活体运输、加工物流以及质量评价体系需要建立，支持工业化养殖的生产工艺、操作规范、品质管理技术体系对深远海养殖平台的高效运行至关重要。鱼类海水养殖产品的配合饲料技术亟待突破，规模化的海上养殖生产环境，仅仅依靠鲜活饵料饲喂而没有配合饲料的保障是难以为继的。

2. 深远海养殖工船/平台

在深远海网箱式养殖平台方面，20 世纪 80 年代中后期，"中国多宝鱼之父"雷霁霖院士提出了在我国建造深远海养殖平台的初步设想：建成后有望与捕捞渔船相结合，形成驰骋深远海和大洋、持续开展渔业生产的"航母舰队"。目前，我国已经具备了深远海养殖平台的制造能力，设计能力也取得了长足的进步。我国不仅承接建造了全球第 1 座半潜式养殖平台，而且又接连获得了 12 座深海养殖平台订单。此外，武船重工也于日前与日照市万泽丰渔业有限公司、中国海洋大学签订了"深海 1 号"大型智能网箱制造协议。

在养殖工船方面，2016 年大连阿波罗海事服务有限公司牵头认证的由散货船改装成养殖工船的总体方案设计获得了 DNV GL 船舶设计的原则性认可证书（AIP）。该船通过换水孔使船舶货舱内外相通，艏部安装单点或发散系泊设备，可抗 17 级台风。2017 年7 月，我国首艘养殖工船也在山东成功交付，该船由中国海洋大学和中国水产科学院渔业机械仪器研究所设计、日照港达船舶重工有限公司改装。该船总长 86 米，型宽 18 米，型

图 8－15　用于改装深远海大型养殖平台的"阿芙拉"级油轮

深 5.2 米,设计有 16 个养鱼水舱,可满足冷水团养殖鱼苗培育和养殖场看护要求。

(三) 未来展望

1. 深远海网箱式养殖平台呈蓄势待发之势

为了满足在海洋中生产蛋白质的强劲需求,国际深海养殖快速发展,很多挪威渔业公司提出了先进的深海养殖模型理念,使深远海网箱式养殖平台与传统渔场有很大的不同。首先,新型渔场由钢结构组成;其次,新型渔场只需要 3～5 个工作人员即可控制上百万条鱼的生长,自动化程度高。

2. 自动化程度需不断提高,抗恶劣海况能力应进一步增强

近海养殖易带来海洋环境污染,并且面临着资源枯竭和海产品大量减少的问题,因此向深远海进军是必然趋势。深远海渔业装备必须保证能在人员较少的情况下实现装备的有效运行。因此,养殖装备的自动化程度需不断提高。包括水质自动监控技术、自动投饵技术、自动分选技术、水下视频监控技术等在养殖生产中的应用将日益广泛,对自动化的开发将成为今后科研的重点。此外,深远海海域一般具有台风多、海洋环境恶劣、海水温度高等不利因素,要发展深远海养殖,必须要求养殖装备技术有很强的抵御能力。

3. 国际市场需求明确,国内发展前景广阔

从国际市场来看,挪威、加拿大、俄罗斯、澳大利亚等渔业大国的大型养殖公司已经成功运营多年,传统的养殖方式已经成为习惯,要想提升技术、革新养殖手法,就得利用新技术、新装备大幅提升渔业资源调查、养殖、捕捞、储运加工全产业链集成水平。从我国市场来看,据初步调研,我国适合新型渔场养殖的海域约为 16 万平方公里。仅以南海为例,海域水深为 45～100 米,且适合开展深远海渔业养殖的海域面积约为 6 万平方公里。结合国家拓展蓝色经济新空间、发展深远海智能化渔业的战略需求,深海养殖装备未来市场前景广阔。

(四) 最新进展

1. "长鲸 1 号"海洋牧场平台

2019 年 5 月份刚投用的"长鲸 1 号"海洋牧场平台,是由烟台中集来福士研发的国内首座深水智能化坐底式网箱,如图 8 - 16 所示。新型网箱平台相当于 100 个普通网箱,年产成鱼能够达到 1 000 吨,产值达到 4 000 多万元。与普通网箱不同,"长鲸 1 号"配备了投饵、水下监测、网衣清洗等自动化装备以及污水处理系统、海水淡化系统和太阳能发电系统,是全球首个深水坐底式养殖大网箱和首个实现自动提网功能的大网箱。

图 8 - 16　"长鲸 1 号"海洋牧场平台

2. 深远海养殖工船

2019 年 3 月 1 日,中船集团七〇八所和上海耕海渔业有限公司在上海临港正式签署了3 艘深远海养殖工船的设计合同,标志着中国深远海养殖首个自主知识产权的成套装备进入产业化实施阶段。此次签约的养殖工船是我国深远海养殖装备的 2.0 版本(见图 8 - 17)。该船为钢制全焊接、流线型船艏、艉驾驶室、双壳双底、双桨推进、带艏侧推的深远海养殖加工船。具备自主移动避台风、变水层测温取水、舱内循环水环保养殖、分级分舱高效养

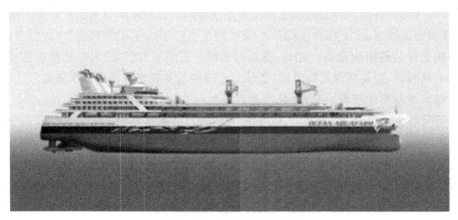

图 8 - 17　深远海养殖工船

殖、自动化智能化等五大技术突破。

这 3 艘深远海养殖工船预计 2022 年将在南海下水投产,主要用于在国内深远海海域开展大西洋鲑鱼养殖及加工和挪威三文鱼在中国本地养殖,可提供八万方养殖水体,具有较好的市场前景。

参考文献

[1] 世界粮食及农业组织.2020 年世界渔业和水产养殖状况:可持续发展在行动[R].世界粮食及农业组织,2020.

[2] 农业农村部渔业渔政管理局,全国水产技术推广总结,中国水产学会.2020 中国渔业统计年鉴[M].北京:中国农业出版社,2020.

[3] 农业农村部.关于向社会公开征求〈中华人民共和国渔业法修订草案(征求意见稿)〉意见的函,第八十一条[Z].[2011-08-05].http://www.gov.cn/xinwen/2019-08/29/content_5425568.htm.

[4] 农业农村部渔业渔政管理局.远洋渔业发展报告 2018[R].农业农村部渔业渔政管理局,2018:3.

[5] 刘碧涛,王艺颖.深海养殖装备现状及我国发展策略[J].船舶物资与市场,2018(2):39.

[6] 麦康森,徐皓.开拓我国深远海养殖新空间的战略研究[J].中国工程科学,2016(3):93.

[7] 刘晃,徐皓,徐琰斐.深蓝渔业的内涵与特征[J].渔业现代化,2018(5):2.

[8] 胡保友,杨新华.国内外深海养殖网箱现状及发展趋势[J].硅谷,2008(10):28.

[9] 侯海燕,鞠晓晖,陈雨生.国外深海网箱养殖业发展动态及其对中国的启示[J].世界农业,2017(5):162.

[10] 景发岐.深海网箱养殖与传统网箱养殖比较研究[J].河北渔业,2010(3):58.

[11] 世界粮食及农业组织.2018 年世界渔业和水产养殖状况:可持续发展在行动[M].罗马:粮农组织,2018:179-181.

[12] 潘云鹤,唐启升.中国海洋工程与科技发展战略研究[M].北京:海洋出版社,2014:566-568.

第九章 深海生物资源开发与 环境生态保护装备

一、概念及范畴

从广义上,海洋生物资源不仅包括海洋渔业资源,还包括深海蕴藏的大量生物资源。深海高压、黑暗、高温/低温和寡营养等极端环境孕育了深海热液、冷泉、海山和洋壳等特殊生命系统,适应深海极端环境的生物资源在药品、基因、食品、新能源材料、微生物肥料和石油污水降解等方面具有独特功能,对认识地球深部生物圈新陈代谢和解密极端生命起源和演化有重要意义。

针对这些特殊生物资源的研究与开发,就必须依赖深海生物资源开发装备。极端环境的特殊性对深海生物资源的开发装备,提出了耐压、耐温以及耐腐蚀环境等严苛条件的要求。开发先进的深海生物资源勘探、获取、培养与保藏装备,是实现深海生物资源绿色、安全和有序开发的迫切需求。同时,资源开发过程对深海自然生态环境影响不容忽视,《联合国海洋法公约》《国际防止船舶造成污染公约》和《中华人民共和国深海海底区域资源勘探开发法》等国内外法律条件都明确了在资源开发的同时更需要保护环境,兼顾资源和环境可持续发展。高精尖的深海环境生态保护装备,不仅可以对资源开发过程中的深海环境生态指标实时精准监测和控制,并且能保障对深海资源的可持续开发利用。

由于深海资源尚未大规模开采,世界各国对深海生物资源和环境生态保护装备的研发起步较晚。本部分涉及的深海生物资源开发装备与环境生态保护装备是开发深海生物资源和保护深海环境活动中使用的各类装备的总称,包括原位精准探测、采集和保藏装备,快速、精准、广域、长周期和实时的环境探测装备,以及环境生态保护模拟与科学实验装备等。

二、全球发展态势

(一) 深海生物资源开发装备

深海,曾经被认为是生命的禁区。然而随着深海探测的不断深入,深海繁茂的生物群体逐渐向人类揭开它们的神秘面纱。深海是天然的新基因资源库,蕴藏巨大的深海生物应用开发潜力,是国家重要的战略资源。对深海微生物的了解对推动我们认识深海生命的起源和进化机制起着至关重要的作用。

近几十年来,国际深海生物资源的调查与获取技术取得了突破性进展,发达国家由于装备和手段的先进性,在新一轮的深海生物资源竞争中抢得先机。日本海洋科技中心(Japan agency for marine-earth science and technology, JAMSTEC)创建了"深海丸2000"潜艇,随后又建造了"海豚丸 3K"型系列,利用这些装备,日本首次发现了Calyptogena Soyoae 生物群落,进一步推动了对深海生物资源科学的研究和装备的发展。20 世纪 70 年代后期,美国潜艇"阿尔文号"在加拉巴哥群岛以外的深海热液发射口附近发现有大量的海底热液生物群落,从而推动了深海热液生态系统的研究。随后,日本"海沟号"拍摄了大量底栖生物视频并且获得了 3 000 余株深海微生物,从中发现了世界上最深的化能合成生物群落。此外,英、美等国共同实施的"HADES 计划"也利用深海着陆观测平台对深海生态开展了系统研究。

在深海生物取样方面各国的取样技术也得到了一定的发展。2002 年,日本 Koyama等人开发了首个也是唯一一个专门用于遥控潜水器(remote operated vehicle, ROV)的加压储存系统"深海水箱",可将鱼类储存在相当于 2 000 米的压力中,成功在深海 1 171 米收集了一种鱼类标本,并且实现在 500 米处收集的样品存活长达 64 天[1]。2005 年,美国蒙特利海湾研究所(Monterey bay aquarium research institute, MBARI)开发了一种碎屑取样器,将其装备在遥控潜水器上进行原位收集极为脆弱的中层水生动物[2]。2009 年,荷兰皇家海洋研究所 Triple D 开发了一种由金属框架、拖网和刀片组成的深海挖泥器,并证明该装置能有效采集海底穴居动物的样本[3]。2009 年,新西兰国家水与大气研究所(national institute for water and atmospheric research, NIWA)制造了重量相对较轻的撬网,其中装备了缰绳和铁链分离系统。该装备作为标准工具类型,被广泛用于在海底地形和基底上的大型和巨型无脊椎动物群取样[4]。

目前,潜水器的生物取样方式向灵活性方向发展,使用机器人系统实现人类同等灵活性的能力变得至关重要。2018 年,美国罗德岛大学开发出一种手套控制的软机械手臂,可通过穿戴式手套抓手可直观地控制手臂(见图 9-1)。该技术采用与海洋生物的柔软脆弱特性相适应的材料,已成功在超过 2 300 米的深度下进行了操作[5]。

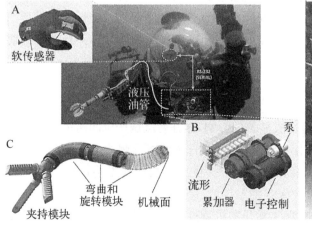

图 9-1 深海软机器手臂系统对柔软脆弱生物进行采样

同年,哈佛大学通过使用柔性材料通过 3D 打印制造出一种柔顺手掌的抓手来改善软操纵器的操作稳定性,在柔软的指尖上增加了可互动的"指甲"(见图 9-2),可以更好地抓取硬质基质上的样本。为了在采样过程中保护样品,沿手指和指甲周围还添加了一层多孔泡沫[6]。

图 9-2　全 3D 打印软机械抓手对柔软脆弱生物进行抓取

支撑深海生物基因资源开发利用的深海技术主要是探测、采样、筛选和培育技术。自 20 世纪 90 年代以来,在深海探测技术的支撑下,深海生物基因技术成为生物技术的热点,得到了快速发展。以美国、日本、德国等为主的世界发达国家纷纷从基因水平上对深海微生物资源进行研究,并取得了许多重要研究成果。目前深海生物基因技术的研发体系已经比较成熟,初步实现了部分深海极端微生物开发的产业化。由于深海生物所处的独特环境,人工培养具有相当大的难度,深海生物基因资源的开发主要通过深海资源海底采集实现。深海生物资源储运技术和装备的关键在于如何保持与海底相似的生态环境,从而保证特殊的深海生物的活性,即深海微生物保真采样及原位培养技术。过去的 40 年中,国际上一些实验室使用不同的方法开发了深海生物保压采样器原型,荷兰、日本、美国等科研院所开发了新的保压采样器。2019 年,法国 LOV 海洋实验室进一步研发了集深海生物原位采样、富集和转移于一体的设备,并进行了深海底原位实验[7]。除了深海微生物取样装备,海洋科学家们也在不断地开发深海宏生物取样和探测设备[8]。取样设备发展的重点主要是要在深海极端环境保证对深海生物无扰动的情况进行取样,除了精准取样和保证深海生物的原位环境不改变以外,取样设备的功能多样性是海洋科学家们逐渐追求的方向,比如要求取样设备同时可以在深海缺氧环境满足生物的培养并且兼具防腐蚀能力[9]。

(二)深海环境生态保护装备

深海资源开发,会对深海生态环境造成显著的影响,在开发区域产生的污染会在深海底层洋流的带动下扩散到采区以外的相邻海域。美国、日本等海洋强国利用原位探测器和自治潜器等装备为深海生态系统研究和环境保护提供原位数据和影响资料[10]。原位生态环境监测及实验技术和装备是保护深海生态环境、保障深海战略性资源有序开发的重要手段。确定深海环境基线,定量监测深海开发作业过程中的潜在环境影响离不开高精尖的深海环境探测装备。深海环境的独特性要求各项深海环境探测装备能够进行现场、原位和在线探测,并且兼具灵敏、快速、自动化、耐腐蚀、耐高压和耐高温的极端环境等特点,从而为深海环境生态保护提供连续、实时、长期的探测数据。

环境探测方面的海洋装备大多使用搭载各种传感器无人潜水器。2007 年,美国新泽西州大学研发的 Slocum 滑翔机集成了多种物理和光学传感器,兼具测量温度、盐度、深度平均电流、表面电流、荧光、表观和固有光学特性等测试功能,并用该装备在大西洋中部大陆架记录了大范围分层的年度变化以及风暴在沉积物重悬中的作用[11]。2013 年,日本高知大学海洋核心研究中心开发了一种先进的自然环境监测设备,具备自动记录盐度、温度和深度等参数功能[12]。2017 年,日本海洋地球科技研究所新开发的 WHATS-3 采样器在采样能力、现场可用性和维护可行性方面具有良好的平衡性,被誉为目前可用的最佳流体采样器之一,被用于深海地流体系统的高效研究。

在环境探测方面,各国更加重视海洋环境观测站/网的建设,对海洋环境变化进行长期观测。1989 年以来,英国国家海洋中心建设的豪猪深海平原可持续观测站(PAP-SO)一直在进行深海生物地球化学和生态学的时间序列研究[13]。加拿大维多利亚大学创建了"加拿大海洋网络"(ocean networks Canada,ONC)非营利性组织,2006 年在沿海海洋建造了世界上第一个有线海底观测站维多利亚海底实验网络(Victoria experimental network under the sea,VENUS)[14],随后于 2009 年建造了东北太平洋海底实验网络(North East Pacific time-integrated undersea networked experiment,NEPTUNE),也是世界上第一个区域性有线海洋观测站[15]。这两个网络提供近实时的化学、地质、生物和物理海洋学数据,初步部署包括沉淀物捕集器、浮游生物泵、声学多普勒流速剖面仪、温盐深、摄像机、水听器和高分辨率声呐等广泛的海底仪器设备并提供持续电力和互联网连接。欧洲多个机构从 2008 年发起建设一个长期的多学科海底观测站网络(European multidisciplinary seafloor and water-column observatory,EMSO),在北冰洋到黑海的欧洲关键海域部署,该网络包含一套区域设施系统配备多个传感器,主要用于地球物理、化学、生物、海洋学等多学科结合的长期实时监测,如温度、pH 值、盐度、水循环、海床运动等参数,以研究海洋生态系统的环境过程[16]。我国在国家发改委的资助下,已经通过重大科技基础设施计划在南海建立了海底观测网一期,具备了对海底地质、化学和生物环境长期动态观测的能力。

海洋资源的开发很大程度上取决于水下作业装备的发展水平。由于受海洋极端特殊环境条件的限制以及基于安全性的考虑,不能所有测试都进行实际出海实验,科学家很难身临其境进行深海生物资源特性和深海资源开发过程中环境生态效应等科学问题的研究;而且仅有现场观察是不够的,通过科考船取回的样本量十分有限,嗜温或嗜压的极端生物又容易因为环境条件的改变而死亡。因此,在陆域通过深海模拟装备模拟还原深海实际环境,在陆域实现对深海生物资源的培养及深海环境生态系统进行实验来配合相关科学研究,是进行深海生物资源开发利用研究的重要手段,同时对深海环境生态保护具有重要意义。

美国 Seyfried 博士于 1979 年设计了一套高温高压反应釜,使用镀金的方式来防止釜壁及其他元器件的腐蚀,1985 年又研制了全钛的高温高压反应釜,并于 80 年代末制成了第一套高温高压控制系统,当时是用节流阀来手动控制液路的压力和流量,组成流动体系,但限于当时的技术条件,整套装置自动化程度较低[17]。日本和法国已研制成功深海微生物培养与检测设备[18],他们的研究结果显示,在这些深海极端环境模拟设备中,从6 500米水深的海底取回的微生物不仅能够存活,还能在所需压力下顺利繁殖,但是这些设备体型庞大、操作复杂、开发成本昂贵。

随后,美国明尼苏达州大学[19]地质地球物理系研制了一套较为先进的深海极端环境模拟实验系统。该模拟实验系统可以很好地模拟不同压力、温度、酸碱度等深海极端环境系统,从而保证从深海底取回的微生物可以正常的存活[20]。

整个系统由可调压泵通过单向阀给反应釜施加压力,设备研制方案比较简单,可采用现成的商业化控制阀技术,易实现微流量的控制。

深海原位水下实验室可以实现让科学家亲临海底原位环境,把实验室搬到海底去,利用深海底天然的各项特殊环境展开科学研究和资源开发。世界上海洋强国建设了各种类型海底实验室系统,为各国海洋生态、生物等方面科学研究提供了重要的装备与平台支撑。迄今为止,世界上已有超过65座海底原位实验室系统在各地建成并运行,包括美国的海中人系列、宝瓶座、SEALAB系列、Tektite系列,苏联Bentos-300,法国Conshelf系列,德国Helgoland,意大利Progetto Abissi等水下实验室,部分水下实验室如图9-3所

(a)　　　　　　　　　　　　　(b)

(c)　　　　　　　　　　　　　(d)

图9-3　国外水下实验室

(a) 美国宝瓶座水下实验室;(b) 德国Helgoland水下实验室;(c) 美国SEALAB 3海底实验室;(d) 苏联Bentos-300海底实验室

示,实验室的情况分析如表 9-1 所示。这些实验室是用于科学研究的海底长期驻停与运行的载人实验平台,支持着各国科学家在海洋生物及生态环境等研究方面取得了大量丰硕、宝贵的研究成果。

表 9-1　国外现有实验室对比分析①

名　称	所属国家	最大作业深度/米	最大载员数/人	自持力/天	用　途
宝瓶座	美国	20	6	10	研究生物和生态环境等,蛙人取样、手持设备观测
SEALAB	美国	15	10	65	蛙人饱和潜水试验
Tektite	美国	15	5	20	蛙人饱和潜水和微生物、真菌研究/依赖蛙人取样
Conshelf	法国	102	6	12	水下生存试验
BAH 1	德国	10	2	11	蛙人饱和潜水试验
Helgoland	德国	33	—	14	蛙人饱和潜水试验
Bentos-300	苏联	300	25	14	—
"阿鲁米那"水下实验室	美国	5 180	6	1.5	搭载海底参数测量传感器和沉积物取样工具进行观测和作业
NR-1型深海工作站	美国	914	6	30	搭载机械手进行海底作业

国际上正掀起进入深海、认识地球的科学研究新高潮,世界各国对海洋资源的探测、开发与利用正走向深远海区域。海洋资源探测、开发与利用先进平台及装备技术的发展是决定未来海洋优势,保证国家竞争优势的关键高新技术领域,其中某些技术的复杂性与难度甚至超过航空航天技术。西方各国已充分地认识到其战略地位与作用,纷纷采取各种政策措施,保障和促进该技术领域的快速发展。

三、我国发展现状

(一) 深海生物资源开发装备

在"十五"期间,我国就启动了深海生物及其基因资源开发的相关研究,建立了中国大洋生物基因研发基地,在深海微生物研究装备研制及资源开发应用方面取得了重要进展。相比发达国家,我国在采样技术和资源开发利用等方面还有较大差距,在深海调查与样品采集方面技术手段还有待加强。

1. 深海微生物原位取样与富集装备

深海微生物的取样和富集装备是决定深海微生物资源有效开发利用的重要武器。由于深海环境因素的限制,目前研究深海微生物主要有原位富集培养和实验室模拟技术培养两种方法。

---

① 数据源自:http://www.seasky.org/sea.html。

1) 原位富集培养

20世纪80年代前,原位富集培养的方法主要是针对深海微生物展开研究。原位富集培养主要是利用深海的自然条件进行试验,将培养基置于富集装置内,投放到深海热液区域进行为期一周至数周的原位培养,随后取回装置分析所附着的微生物群落,从而了解深海的生态系统[21]。原位富集培养是研究深海微生物的常用方法,能够科学有效地研究深海微生物的生长及代谢状况。不过原位培养装置受到海底环境和动物活动的影响极易损坏,且无法进行海底维修,因此冷泉区域应用难度较大。

2) 实验室模拟技术富集培养

模拟技术富集培养主要是通过机械手持取样器取样、大洋钻探和可视抓斗等方法进行样品采集,随后带回实验室进行高压培养。其缺点是样品采集后从船上转移到实验室的过程中不能保持生物原有的生存环境,如高压、低温、适当的盐度和氧浓度等,导致绝大多数嗜压型生物到达实验室时已经死亡,只有少数适应力强的生物可以在极短的时间内存活[22]。目前国内对保压转移方案的研究还很少,以浙江大学为主要科研单位所研制的保压转移设备目前仍然还处在实验阶段。针对微生物的保压转移系统研究,浙江大学王文涛所设计的深海沉积物多次保压转移装置有一定的借鉴意义。

我国深海微生物取样和富集装备的专利如表9-2所示,我国设计研发的深海微生物采样和富集装备主要是在深海环境下通过泵吸和抓取不同级数的循环过滤等流程实现微生物的采集和富集,其中采集和富集过程中的压力保真是装备研发的重点和难点。深海微生物保压转移系统通常都是与深海微生物保压取样器和深海微生物保压培养皿配套使用,而且涉及保温和保压的要求。这些微生物采集富集装备可独立安放在海底工作,也可搭载ROV进行移动工作。

表9-2   我国深海微生物取样和富集装备专利

序号	装备名称	主要功能
1	深海微生物原位富集采样装置 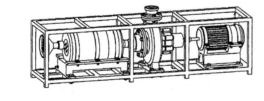	实现深海微生物的原位富集采样,且可以保持采样过程无污染以及无压力突变,具有结构简单和操作方便等优点
2	深海生物抽吸式多级富集采样器 	下潜作业一次可以实现大量微生物采样;采用齿轮连杆推动齿轮,实现旋转转滤芯选通转盘关闭或切换滤芯通径;可以实现不同的采样功能和效果;结构简单,便于加工制造、成本低廉,工作效率高;并能够搭载深海载人潜水器和遥控无人潜水器等大型装备

序号	装 备 名 称	主 要 功 能
3	基于折叠滤芯结构的深海微生物采样装置 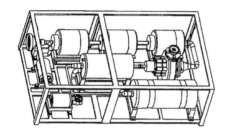	有较强的工作稳定性和承受能力；通过不同孔径的折叠式滤芯可以对不同大小的微生物进行分离保存
4	深海热液喷口微生物过滤采样装置 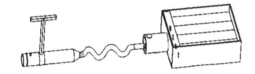	装置包括前端采集管、抽吸泵、若干个过滤罐以及控制器。下潜作业一次可以实现热液喷口微生物的大量采样。结构简单，便于加工制造
5	深海无压力突变微生物采样器 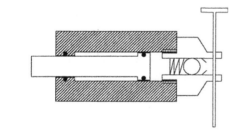	装置设有套管、活塞、单向阀和阀门，可实现深海无压力突变微生物采样
6	基于ROV的深海极端环境微生物捕获器 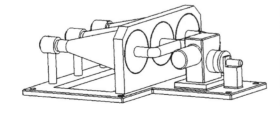	装置安装在ROV的搭载平台上，包括底座、微生物采集系统、海水过滤系统、动力系统及液压马达进水口密封装置。由ROV携带进行深海极端环境下微生物采样，科研人员可以精确控制采样地点、采样时间、采样量，实现相同地点的连续采样或者水平方向长距离采样

序 号	装 备 名 称	主 要 功 能
7	深海微生物保压转移系统 	装置采用了并列双轴驱动的布置方案,简化了保压筒内部的结构,使结构更紧凑,降低制造成本,通过螺纹传动的方式传递轴向移动动力,稳定可靠且移动精度高

2. 深海宏生物主动诱捕原位取样装备

与深海微生物相对应的是肉眼可见的深海宏生物,深海宏生物是天然的极端环境的新生物基因库,深海宏生物生活习性、基因特征以及极端环境适应性等研究对解密深海生命起源进化关键过程和深海生物资源高效开发具有重要作用。

深海宏生物资源的研究与开发的重要前提是研发深海宏生物取样装备。与深海微生物固定易取样不同的是,深海宏生物具有可移动性且敏感性极强的特点,这给深海宏生物资源的开发利用带来困难。另一方面,深海宏生物生活在高压低温/高温的极端环境中,在开发过程中,深海宏生物样品里的遗传物质脱离了原位环境极端环境可能会发生显著变化。深海宏生物取样与诱捕装备是开发研究深海宏生物资源的重要武器。分析我国深海宏生物取样诱捕设备发现(见表9-3),现有的深海宏生物诱捕装置分为固定式和移动式,可搭载 ROV 操作在平台使用也可独立原位固定在海底,主要是通过诱惑牵引部件和封闭部件等部分组成,这些诱捕装备可通过机械式启闭,也可电动启闭。宏生物取样装备的主要功能是对深海宏生物的原位取样,分为挖掘式、铲撬式和托网式等,宏生物取样装备亦可与诱捕装置集成使用,取样装备的核心是保护生物样品生活的极端压力和温度环境。

3. 深海生物原位定植培养装备

深海生物的生存条件极其苛刻,有的嗜热、嗜冷,还有的嗜盐和耐高压等,深海原位定植培养是加强对深海生物资源的开发利用的有效手段。深海原位定植培养技术即将陆地

表9-3　我国深海宏生物取样诱捕装备专利

序号	装 备 名 称	主 要 功 能
1	深海原位生物固定诱捕器 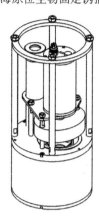	装置包括储液筒,储液筒用于储存固定液,包括筒体、上端盖和下端盖。压力平衡筒固定于储液筒上,内部设置有活塞。可实现在深海海底诱捕生物后,自动将生物样品原位固定,保护遗传物质在水下长期存放和仪器回收过程中不会被分解,使用方便,成本更低
2	深海底栖生物防逃逸诱捕器 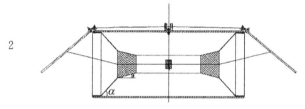	装置包括筒体、倒须以及拉紧线。通过开口由外至内依次变小的倒须,引导底栖生物逐渐进入筒体内然后收小网口,可以有效防止已经进入筒体内的底栖生物逃逸
3	深海触发主动式生物诱捕器 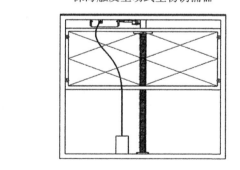	采用全开放的诱捕入口,提高了深海生物进入诱捕区的可能性;采用触发主动机构,可以针对鱼类等生物特定诱捕,并能及时触发,实现快速控制和响应,具备稳、准、快的诱捕特点,针对性较强、诱捕成功率较高
4	主动式深海宏生物诱捕装置及方法 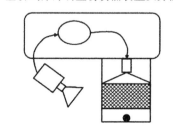	通过机器或人工视觉,主动判断宏生物是否出现,由计算机或人工决定是否实施抓捕;该装置结构简单、动作灵敏、系统投入小且成功率高

序　号	装 备 名 称	主 要 功 能
5	涡轮蜗杆电机驱动关门的深海生物诱捕器 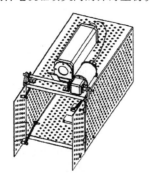	主动感应生物进入诱捕箱内进行捕捉,大幅提高采样成功率,锁定箱门避免海流冲开生物逃逸,全海深使用。适用于诱捕活动能力强的大型深海近底层鱼类
6	深海环境长期观测与生物诱捕器 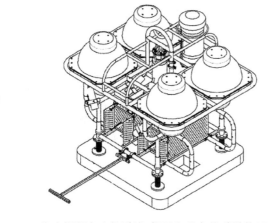	适用于全深海环境观测和诱捕大型活动能力强的深海近底层鱼类,优点在于适应深海长期观测、提高诱捕采样成功率和避免装置在海底着陆时的瞬间冲击过大而损坏搭载仪器
8	海底深渊宏生物诱捕、保压和观察的采样装置 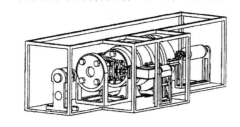	可以完成保压取样,保持所得到的生物样品基本保持在原位压力,取样筒内部多重花瓣式挡板,可以有效防止生物的逃脱,提高取样的成功率。蓝宝石玻璃观察窗,可以在取样之后对取样筒内部情况进行观察,查看取样情况
9	深海保温生物采样器 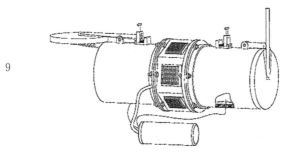	装置采用半导体制冷片对样本进行主动制冷,防止在回收过程中样品的温度随海水温度的升高而升高

续表

序号	装 备 名 称	主 要 功 能
10	铲撬式深海生物采样器 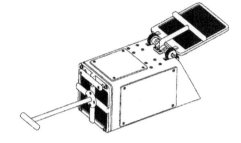	装置搭载在 ROV 或载人潜器上,需要采样的生物进入基体后,ROV 或载人潜器机械手的液压装置卸力并使前盖在拉簧的作用下重新与基体贴合并关严
11	深海底栖生物采样网 	装置作业水深可达1 000 米以上,可贴着海底扫刮,高效地采集贴底的底栖生物
12	抓斗式深海生物采样器 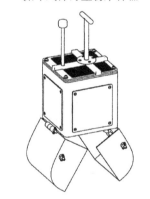	装置能够搭载于载人深潜器、ROV等水下作业平台,通过水下机械手进行操作,抓捕软体动物样品
13	深海吸入式浮游生物取样器 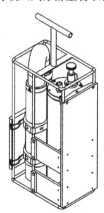	装置体积小、重量轻,适用在各种可搭载仪器上,坐底投放、定点定时、定量对浮游生物取样,采样成功率高、吸水装置的结构设计可有效避免大流量取样时浮游生物本体的破坏和污染,水下自动控制或通过机械手以及其他触发机构触发开关启动

实验室中常用的海洋微生物培养基和培养方法"移植"到深海海底,利用深海原位的高压、低温、寡营养和无光等极端环境,富集和培养深海生物。深海原位定植培养装备是推进深海原位定植培养技术的重要抓手,分析我国研发的深海生物原位定植培养装备(见表9-4)可以发现,现有的深海生物原位定植培养装置主要集中于微生物的原位富集培养装备,宏生物的原位培养装配鲜有涉及。微生物的原位培养装置要求能在深海海底环境中自主工作,能够采集环境参数信息变化的能力。现有深海微生物原位培养装备主要为筒式、箱式、开盖式和循环式等类型,现有的原位培养装备鲜有自主改变环境参数的装备。

表9-4　我国深海生物原位定植培养装备专利

序　号	装　备　名　称	主　要　功　能
1	可自动封口的深海微生物原位定植富集培养罐 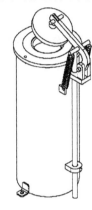	解决了海底富集培养罐在培养结束后培养罐回收过程中,海水涌入培养罐内部,破坏培养罐内微生物的富集样品的问题。装置培养罐结构简单、成本低、不需要机电控制装置并且使用方式简单,提高了富集采样装置的可靠性
2	深海微生物原位培养富集装置 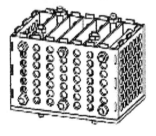	装置的六面箱体具有更优良的耐压能力,能用于深渊和超深渊的微生物原位培养与富集。不同材料的微生物附着基板易于全面富集极端条件下的微生物,保持微生物群落结构的自然状态。其制造简单、造价低廉且节约实验成本
3	深海微生物开盖式培养舱 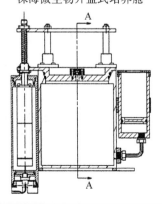	在完全开放的状态下进行微生物富集培养,在布放和回收过程中,关闭培养舱本体可实现深海原位状态的微生物富集培养,采用压力补偿腔可确保样品回收时的安全性并有效减轻整套系统重量

续表

序号	装 备 名 称	主 要 功 能
4	深海微生物循环式培养舱 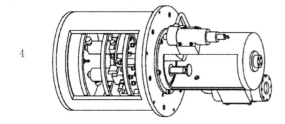	装置通过不断的循环海水从而进行微生物富集培养,在布放和回收本发明的过程中,对微生物培养舱体密封,设置传感器监测微生物培养舱体内的水质参数

(二) 深海环境生态保护装备

1. 深海环境探测装备

1) 深海环境噪声探测装备

深海作业过程中的环境噪声可能对深海生命系统造成持续性的伤害。水声介质传播的特殊性易导致各种海洋设备、鱼雷等兵器以及海洋风浪信息等噪声叠加,传统的现场磁带记录带回实验室分析检测海洋噪声的方法难以满足深海作业过程中对噪声的分辨,且采集信息小,数据容量有限不能满足深海作业开发过程实时监测的需要。

2) 海底水土界面综合环境探测设备

为了摸清海底资源开发过程对深海底沉积物和底层海水环境的影响,亟须建立深海底沉积物和底层海水柱系统的综合环境探测设备。深海资源开发对底层生物及生态系统的影响需要全面认识深海作业活动对深海冷泉、热液、海山和大洋俯冲带等特殊生态系统生物群落变迁、生活史演替、种群补充机制和生物活动机制等重要基础问题的影响。针对深海底栖生物和生态系统的海洋环境探测装备是有效解决这些基础问题的"金钥匙",这些装备的投入使用将为深海生物资源开发与环境生态保护涉及的基础科学问题提供重要的第一手数据。

3) 冷泉和热液区探测装备

近年来,国际上对冷泉和热液区等特殊深海生态系统的研究与探测逐步加深,相关的深海环境探测装备水平取得了长足发展,多种无人/载人潜水器和着陆器等已被海洋科学家用于科学研究和探测,相比传统的载人或无人潜水器,深海着陆器具有结构简单、使用方便、成本低以及具有长时连续探测能力的优势。虽然着陆器只能定点探测,自身不具备独立移动的能力,但是其长时连续探测能力是各类潜水器无法比及的,而这恰恰是研究深海环境及其栖息生物系统所亟须的[23]。我国李彬等科研人员[24]面向海底热液和冷泉区化能生态系统科学研究的实际需求,研制了一套实用的观测位置可调整的深海生态过程长期定点观测系统"冷泉号"着落器系统,如图 9 - 4 所示,该系统可在热液和冷泉区进行长达一年的定点连续原位探测。

另外,被称为人造"海洋之眼"的深海着陆器,在水深 1 130 米左右的南海北部的冷泉喷口处进行原位观测长达一年后,带回了约 186 千兆的冷泉区高清影像和传感器数据资料。

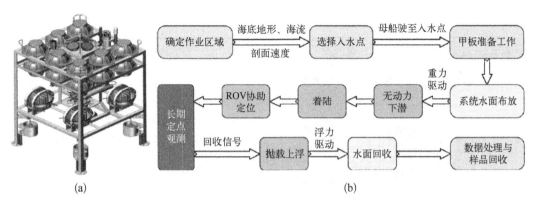

图9-4 （a）"冷泉"号着陆器三维图；（b）"冷泉"号着陆器作业流程图[24]

4）深海辅助探测装备

深海生态系统探测的辅助装备也是决定深海生态环境探测水平的重要因素。我国现有深海生态探测辅助装备主要包括海底生物尺寸摄像装置实现对深海宏生物的外观体积测量和深海宏生物生活习性观测记录等，深海生物监视和自动观测装置亦是研究深海生态系统的重要手段，它们可以实现对深海水域生态环境的自动监测和数据存储记录。总的来说，开发长周期、低功耗、多角度自动观测监视、大容量存储和实时数据传输的深海生态环境探测装备是推动深海生态系统基础认识和生态保护的重要发展方向。

2. 深海环境模拟装备

近年来，我国在深海极端环境模拟装备方面也取得了长足的进步，除了针对海底过程模拟和海洋可燃冰形成分解等方面的系列专用深海模拟装备外，在深海极端生物环境模拟方面也得到了发展。2007年，浙江大学针对深海热液系统开发了高温高压深海生物极端环境模拟实验系统（见图9-5）[18]，具备了较真实的模拟海底高温高压极端环境及热液流动的开放体系功能，不仅可以用于模拟深海微生物所处各种不同的极端环境，完成深海生物基因资源的培养和扩增过程，研究极端微生物的生长过程及其环境因素间的相互关

图9-5 浙江大学模拟深海极端环境的生物培养与化学成矿反应模拟装置[18]

系,还可以用于高温高压极端状态下物质相变、水岩相互作用及矿物特性研究,以及微生物对海底成矿过程作用机制研究。

上海海事大学建立了可以模拟万米水深环境的高温(90～450℃)、高压(35～100兆帕)的深海极端环境模拟器(见图9-6),该装置有效容积为5 000毫升,可研究在深海高温高压和微生物条件下的材料腐蚀及失效过程,并自动记录和实时观测。

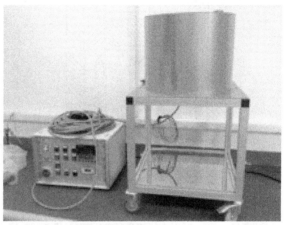

图9-6　上海海事大学深海极端环境模拟器

中国科学院深海科学与工程研究所于2013年成立了深海极端环境模拟研究实验室,研制了高压可视反应腔(high-pressure optical cell, HPOC)模拟深海极端环境,最高工作压力为160兆帕,工作温度范围为−190～500℃。该装置可以实现深海环境模拟,与原位研究相互印证,研究深海生物地球化学循环涉及的科学问题及黑暗生物链的发育演化。

分析我国现有深海极端环境模拟装备的研发情况(见表9-5)可以发现,深海极端环境模拟装备主要集中在深海高温高压和深海低温高压等极端环境的原位模拟仿真,其中装备的耐腐蚀性、压力的迅速精准调控技术、生物无毒性环境模拟和大容量生物培养技术是这些装备的核心攻关难点。

表9-5　我国深海极端环境模拟装备专利

序号	装备名称	主要功能
1	深海极端环境模拟系统	装置包括拉曼反应舱、进样增压装置、拉曼光谱采集系统和温度控制装置。装置结构简单、稳定性高、耐高温和耐腐蚀的能力强,可长时间保持在高温高压的状态,可以实现对0～450℃、0～60兆帕下深海极端环境的模拟,具有长时连续监测功能的拉曼光谱采集系统,实现对舱内样品成分和浓度的实时控制,可广泛应用到对深海热液冷泉等极端环境的模拟中

续表

序号	装 备 名 称	主 要 功 能
2	深海高温高压环境模拟装置 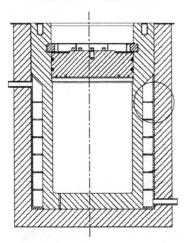	装置包括上端开口的筒体,筒体的上端开口处通过塞盖盖合,塞盖与筒体密封形成密闭腔体,筒体上设有加压口,筒体的外侧设置有夹套,夹套包覆在所述密闭腔体的外周,夹套上设有调温介质的进口和出口,夹套的外壁面、筒体上未被夹套包覆住的外壁面均贴合有保温棉。能够有效模拟深海高温高压环境,压力、温度均可调节,且结构简单、工作可靠

3. 深海原位水下实验室

近年来,我国已在小型深海载人/无人潜水器、深海空间站和深海装备基础共性技术等方面取得重要进展和突破,可为我国深海实验室的发展和建设提供技术基础支持,我国以"蛟龙号"和"深海勇士号"载人潜器为代表的深海科学研究装备虽取得了令世界瞩目的成就,但还只能开展短时、小规模的点域研究。目前我国尚未成功研制具备长期原位观测和高保真取样和智能原位实验研究的深海载人实验室装备,不能满足未来深海科学研究和资源开发的长期、连续观测与原位取样实验的需求。

1994 年我国提出了发展"深海空间站"的建议。2003—2005 年,结合"国防重大科技基础工程"及"国家科技重大专项"的遴选工作,进一步论证了"深海空间站"的发展方向与内涵。2005 年 7 月,"深海空间站"被列入《国家中长期科学和技术发展规划纲要》前沿技术领域。"十一五"期间,原国防科工委安排了深海实验室"一主两辅"五项关键技术及"深海空间站标准体系"的研究;科技部在 863 计划海洋技术领域安排了"35 吨级深海空间站主站试验平台"及"1 000 米级超大潜深深海空间站新型耐压结构"等关键技术研究。"十二五"期间,国防科工局安排了"深海空间站关键技术验证"项目;科技部在 863 计划海洋技术领域安排了小型深海空间站四项关键技术的研究。经过十余年努力,我国已圆满完成深海空间站技术的前期研究工作,并取得了丰硕成果,可为我国深海实验室的发展与建设,提供重要的技术基础。

我国现有的深海装备水动力性能和结构安全性试验研究设施的技术水平与规模已居于世界前列,材料性能、制造工艺、动力、机械设备、观察通信导航以及电子信息等领域技术与设备的研究试验条件已达世界同等水平,为实施深海实验室建设提供了良好的基础条件。

四、我国未来展望

（一）深海生物资源开发装备的发展方向

1. 深海微生物原位取样与多级富集装备

当前设计研发的深海微生物采样和富集装备主要是在深海环境下通过泵吸、抓取、不同级数的循环过滤等流程实现微生物的采集和富集，其中采集和富集过程中的压力保真是装备研发的重点和难点。总的来说，微深海生物采集和富集装备的发展重点是开发具有原位条件保真采样、连续长距离采样、高丰度富集、结构简单和操作灵活等特点的装备。

2. 深海宏生物主动诱捕原位取样装备

现有的深海宏生物诱捕装置分为固定式和移动式，可搭载 ROV 操作在平台使用也可独立原位固定在海底，主要是通过诱惑牵引部件和封闭部件等组成，这些诱捕装备可通过机械启闭，也可电动启闭。宏生物取样装备的主要功能是对深海宏生物的原位取样，分为挖掘式、铲撬式和托网式等，宏生物取样装备亦可与诱捕装置集成使用，取样装备的核心是保护生物样品生活的极端压力和温度环境。总的来说，深海宏生物诱捕和采样装备的发展方向是开发敏捷、灵活、针对性强和诱捕率高的诱捕装备，以及保温、保压和快速精准的取样装备。

3. 深海生物原位定植培养装备

现有的深海生物原位定植培养装置主要集中于微生物的原位富集培养装备，而宏生物的原位培养装配鲜有涉及。微生物的原位培养装置要求在深海底环境中自主工作，采集环境参数信息变化的能力。现有深海微生物原位培养装备主要有筒式、箱式、开盖式和循环式等类型，现有的原位培养装备鲜有自主改变环境参数的装备。深海生物原位生物定植培养装备的发展方向是开发可长周期工作、自主感应记录环境参数、定向诱导富集、智能控制的微生物原位定植培养装备，同时应该增强开发可原位定向条件控制的深海宏生物智能培养装备。

（二）深海环境生态保护装备的发展方向

1. 深海环境探测装备

总的来说，深海环境的独特性要求各项深海环境探测装备能够进行现场、原位和在线探测，并且兼具灵敏、快速、自动化、耐腐蚀、耐高压和高温的极端环境等特点，为深海环境生态保护提供连续、实时和长期的探测数据。

2. 深海环境模拟装备

研发自动化、大体积、高压力、可视化、综合化和迅速响应环境参数变化的深海极端环境模拟装备是未来的发展方向，也是助力深海生物资源开发和环境生态保护装备高质量发展的重要抓手。

3. 深海原位水下实验室

开展对深海生态前沿科学问题的全天候、高效率、长时间、连续观测和原位实验的技术与装备研究,利用深海环境条件,开展原位观测、现场取样和实验研究,从而全面掌握深海真实动态的客观规律,这是根本解决的方法和未来发展的重要趋势。未来不但要充分利用深海"有人"平台的任务规划、判断决策和应急处置等优势,还要高度融合深海"无人"系统模块化、机动灵活和自动化水平高等优势,构建深海有人、无人高度有机融合的智能协同的深海实验室,提高深海原位观测和实验的安全性、可靠性和综合效能,为我国深海生物资源开发和环境生态保护提供世界一流水平的研究装备。

五、最新进展

(一) 深海生物资源开发装备

在中国科学院战略性先导科技专项"深海/深渊智能技术及深海原位科学试验站"的支持下,"探索一号"科考船搭载的"深海勇士"号载人潜水器在南海发现了一个约3米长的鲸落(见图9-7),附近有数十只白色铠甲虾、红虾以及数只鼬鳚鱼,它尚处在第一个阶段,具有长期观测的价值。这是我国科学家第一次发现该类型的生态系统,具有重要的价值。2017年以来,"深海勇士"的下潜作业取得了一系列重大成果:① 首次实现大深度载人潜水器与远程缆控潜水器的水下联合作业;② 精确划定海马冷泉区的范围,新发现4个冷泉活动点,确定了海马冷泉环境和生命群落分布特征;③ 在南海甘泉海台海域发现冷水珊瑚林。

图 9 - 7 "探索一号"科考船完成 2020 年度首个科考
航次(TS16 航次)科考任务及重要成果

在中国科学院战略性B类先导专项"海斗深渊前沿科技问题研究与攻关"的支持下,我国完成第三次万米深渊科考任务——"2018年马里亚纳海沟深海装备海试及科考航次"(TS-09)。我国自主研发的全海深深海装备突破了多项国际记录:"海角"全海深着陆器坐底26天,是目前国际上着陆器在深渊环境下单次作业时间最长的;潜水器所搭载的全海深陶瓷耐压舱高清摄像系统7次下潜超过万米,其中最深10 910米是国际上的最大工作水深。同时本航次获取多项标志性成果:国际上首次诱捕获得全程低温保存的7 000米级3条狮子鱼样品和9 000米级2只糠虾样品;国际上首次在7 012米水深发现索深鼬鳚属鱼类,这是已知的该属存活的最大深度;国际上首次在同一潜次实现全海深垂直分层水体微生物原位富集与固定取样,最大深度为 10 890 米[25]。

2018 年,在中国大洋第 50 航次科考队执行我国深海战略专项"蛟龙探海"工程的重要任务中,我国首次在西太平洋回收深海微生物原位富集系统,该系统利用深海原位的高压、低温、寡营养、黑暗等极端环境,富集和培养在陆地实验室无法培养的深海微生物,一年的时间,获得了大量高保真的微生物原位富集菌群及其环境数据[26]。这有助于定向获取具有特定功能的深海微生物,为开展深海微生物功能研究和充实深海微生物菌种库提供重要实验材料。

(二) 深海环境生态保护装备

在中国科学院战略性先导科技专项"热带西太平洋海洋系统物质能量交换及其影响"支持下,海洋综合科考船"科学"号科考队在 2017 年西太平洋综合考察航次成功建成我国首个深海实时科学观测网。其中的长期定点剖面观测型潜水器可自主连续观测获取超过 30 天的海流、溶解氧、叶绿素、浊度和温盐深等海洋要素的长期剖面数据信息,满足对黑潮流经的敏感海域进行长期、定点和连续观测的需求[27]。经过 4 年建设,20 套深海潜标 800 余件观测设备多数已经稳定获取连续 3～4 年的大洋水文和动力数据,并且实现了大洋上层和中深层代表性深度的全覆盖。此外,在西太平洋深海 3 000 米范围内的温度、盐度和洋流等数据实现了 1 小时 1 次实时传输,显著推进了对西太平洋三维环流结构、暖池变异及动力机制的研究。

在中国科学院海洋先导专项和南海环境变化专项支持下,沈阳自动化所自主研发的"海翼 7000"号在 2017 年 3 次突破水下滑翔机世界最大下潜纪录,最深可达 6 329 米,并且"海翼"系列水下滑翔机可实现大规模集群观测,获得了高分辨率深渊垂直剖面环境观测数据[28]。2018 年,"海翼"号与"远征二号""探索 4500""云鸮 100"无人直升机"GZ-01"无人水面艇,共计 5 大类型 8 台套无人装备参加联合试验,在国内首次构建了空海一体化立体协同观测系统,获得大量海洋温盐剖面等数据。

2019 年,中国地质调查局组织开展的深海探测共享航次完成了中国科学院战略性先导科技专项等 20 多项科考任务,创新了共享模式。运用"海马"号和"探索 4500"两套潜水器在南海北部陆坡西北部海域开展联合调查,发现了新的海底大型活动性"冷泉"。通过多类型潜水器协同对海底活动冷泉进行观测和取样,基本查明其分布范围、地形地貌、生物群落、自生碳酸盐岩及流体活动等,获取了一大批冷泉系统相关生物、水、气体和沉积物等样品及数据[29]。

国家重点研发计划"深海关键技术与装备"专项的"大型深海超高压模拟试验装置"项目,研发了一种全海深潜水器压力试验装置,以满足全海深背景下大容积超高压力的测试需求。该装置采用预应力钢丝缠绕技术,极大增加了测试筒的耐压性,可实现全海深压力的环境模拟,是目前已知主要参数指标组合最大的冷等静压设备[30]。

参考文献

[1] Koyama S, Miwa T, Horii M, et al. Pressure-stat aquarium system designed for capturing and maintaining deep-sea organisms[J]. Deep Sea Research Part I: Oceanographic Research Papers,

2002，49(11)：2095 – 2102.

［2］Robison B H，Reisenbichler K R，Sherlock R E. Giant larvacean houses：Rapid carbon transport to the deep sea floor［J］. Science，2005，308(5728)：1609 – 1611.

［3］Rees H. ICES techniques in marine environmental sciences no. 42：Guidelines for the study of the epibenthos of subtidal environments［C］. Denmark：ICES，2009.

［4］Clark M R，Rowden A A. Effect of deepwater trawling on the macro-invertebrate assemblages of seamounts on the Chatham Rise，New Zealand［J］. Deep Sea Research Part I：Oceanographic Research Papers，2009，56(9)：1540 – 1554.

［5］Phillips B T，Becker K P，Kurumaya S，et al. A dexterous，glove-based teleoperable low-power soft robotic arm for delicate deep-sea biological exploration［J］. Scientific Reports，2018，8(1)：1 – 9.

［6］Vogt D M，Becker K P，Phillip S B T，et al. Shipboard design and fabrication of custom 3D-printed soft robotic manipulators for the investigation of delicate deep-sea organisms［J］. PloS one，2018，13 (8)：e0200386.

［7］Garel M，Bonin P，Martini S，et al. Pressure-retaining sampler and high-pressure systems to study deep-sea microbes under in situ conditions［J］. Frontiers in Microbology，2019，10：1 – 13.

［8］Shillito B，Gaill F，Ravaux J. The ipocamp pressure incubator for deep-sea fauna［J］. Mar Sci Tech-Taiw，2014，22(1)：97 – 102.

［9］Riou V，Para J，Garel M，et al. Biodegradation of Emiliania huxleyi aggregates by a natural Mediterranean prokaryotic community under increasing hydrostatic pressure［J］. Progress in Oceanography，2017，163(APR.)：271 – 281.

［10］Kirkham N R，Gjerde K M，Wilson A M W. DEEP-SEA mining：Policy options to preserve the last frontier — Lessons from Antarctica's mineral resource convention［J］. Mar Policy，2020：115.

［11］Schofield O，Kohut J，Aragon D，et al. Slocum gliders：Robust and ready［J］. Journal of Field Robotics，2007，24(6)：473 – 485.

［12］Okamura K，Noguchi T，Hatta M，et al. Development of a 128-channel multi-water-sampling system for underwater platforms and its application to chemical and biological monitoring［J］. Methods in Oceanography，2013，8：75 – 90.

［13］Smith K，Ruhl H，Bett B，et al. Climate，carbon cycling，and deep-ocean ecosystems［C］// Proceedings of the National Academy of Sciences，2009，106(46)：19211 – 19218.

［14］Tunnicliffe V，Barnes C R，Dewey R. Major advances in cabled ocean observatories (VENUS and NEPTUNE Canada) in coastal and deep sea settings［C］//Tallinn：IEEE，2008.

［15］Favali P，Santis A D，Beranzoli L. Sea floorobservatories：A new vision of the Earth from the Abyss［M］// Best M，Barnes C，Bornhold B，et al. Integrating continuous observatory data from the coast to the abyss：a multidisciplinary view of theocean in four dimensions. Berlin：Springer，2013：500.

［16］Favall P，Beranzoli L. EMSO：European multidisciplinary seafloor observatory［J］. Nuclear instruments and methods in physics research section a：Accelerators，spectrometers，detectors and associated equipment，2009，602(1)：21 – 27.

［17］Jahren S J，Odegaard H. Treatment of thermomechanical pulping (TMP) whitewater in thermophilic (55 degrees C) anaerobic-aerobic moving bed biofilm reactors［J］. Water Science Technology，1999，40(8)：81 – 89.

［18］蒋凯.高温高压深海极端环境模拟装置及其控制策略研究［D］.杭州：浙江大学,2007.

［19］Ding K S. WE direct pH measurement of NaCl-bearing fluid with an in situ sensor at 400 degrees C and 40 megapascals［J］. Science, 1996, 272：1634 - 1636.

［20］Hempel G. Ocean and polar sciences：grand challenges for europe［M］. Jena：Gustav fifcher verlag, 1996：10 - 15.

［21］Wang F P, Zhou H Y, Meng J, et al. GeoChip-based analysis of metabolic diversity of microbial communities at the Juan de Fuca Ridge hydrothermal vent［J］. Proceedings of the National Academy of Sciences, 2009, 106(12)：4840 - 4845.

［22］葛朝平.深海近底层多网分段/分层生物幼体保压取样器研究［J］.液压与气动,2013,6：69 - 71.

［23］陈俊,张奇峰,李俊,等.深渊着陆器技术研究及马里亚纳海沟科考应用［J］.海洋技术学报,2017,36：63 - 69.

［24］李彬,崔胜国,唐实,等.深海生态过程长期定点观测系统研发及冷泉区科考应用［J］.高技术通讯,2019,29：675 - 684.

［25］中国科学院.我国第三次万米深渊综合科考"震撼"归来［EB/OL］.［2018 - 10 - 17］.http：//www.cas.cn/cm/201810/t20181017_4666395.shtml.

［26］中国自然资源部.我国首次在西太平洋回收深海微生物原位富集系统［EB/OL］.［2018 - 10 - 30］.http：//www.mnr.gov.cn/dt/ywbb/201810/t20181030_2291116.html.

［27］李硕,唐元贵,黄琰,等.深海技术装备研制现状与展望［J］.中国科学院院刊,2016,31：1316 - 1325.

［28］中国科学院.万米深渊科考频传捷报"海翼"号创造新纪录［EB/OL］.［2019 - 09 - 19］.http：//www.cas.cn/kxyj/cxldcg/201909/t20190919_4715363.shtml.

［29］中国自然资源部."海洋六号"回家深海探测共享航次取得系列创新成果［EB/OL］.［2019 - 05 - 17］.http：//www.cgs.gov.cn/xwl/ddyw/201905/t20190517_482223.html.

［30］中国航空新闻网.川西机器助力全海深载人潜水器超高压模拟试验研究［EB/OL］.［2018 - 05 - 24］.http：//www.cannews.com.cn/2018/0524/176640.shtml.

第十章　海洋科考装备

海洋科考事业是认识海洋和经略海洋的基础,大力发展海洋科考装备,有利于提高科学研究、经济发展、海洋环境保护、国防建设,有利于夯实海洋强国建设的基础,显著推进海洋科技自主创新。与一般的海洋装备差异较大的是,海洋科考装备衡量的是一个国家的海洋科研水平,因此更多地象征着该国家在科研基础设施建设领域的技术水平基础。由于涉及的技术、设备等方面较为精密、可靠,因此其技术发展往往具有前瞻性和引领性,有利于带动其他海洋装备的自主创新发展。从一带一路的发展来看,从海洋命运共同体的落实来看,海洋科考装备的研制与运营将有利于推动在气候变化、海洋环境保护、海洋资源调查、极地科考等方面的国际合作。发展海洋科考装备将加快人类探索海洋的进程,为建设人类海洋命运共同体谋划中国方案,并为世界做出贡献。

一、海洋科考装备总体情况

(一) 概念范畴

海洋科考装备是用于海洋化学、海洋物理、物理海洋、海洋地质、生物海洋和海洋生物等科学技术研究的观测和调查装备,从广义上看,主要包括岸基台站、天基、空基和船基(各类海洋科考船)以及各类深海运载器如载人潜水器(HOV)、无缆自主潜水器(AUV)、缆控潜水器(ROV),各类浮标、潜标、海床基、水下移动平台、深海传感器(声学、光学、电磁学、热学传感器)和深海取样探测设备(生物取样、海水取样、深海岩芯探测)等。

(二) 总体现状

近年来,世界海洋科考装备发展大致分为三个阶段:第一阶段为 20 世纪 70 年代前,主要以机械装备为主,体积大、操作复杂、需要大量人力物力、测量精度和稳定性较差;第二阶段为 20 世纪 70 年代至今,随着计算机、传感器和装备技术的发展,逐渐形成以计算机和自动化为主的装备,如大型综合科考船、万米绞车、深潜器、水下无人 ROV/AUV/滑翔机等;第三阶段为现阶段,随着电子信息、人工智能和传感器技术的快速发展,未来海洋科考装备将逐步向集成化、无人化、智能化和网络化发展。目前,国际上美国、日本和欧盟等海洋强国在海洋科考装备和相关工程技术方面仍处于领先地位。

从我国海洋建设需求看,我国海洋科考装备数量和能力还不能满足现实要求,从我国海洋资源的调查看,我国对新型资源例如海洋矿产、海洋生物医药、天然气水合物等方面的科学研究需要海洋科考装备支撑。

（1）我国海洋科考平台技术近年发展速度加快,已初步建立了包括卫星遥感、航空遥感、海洋观测站、雷达、浮(潜)标、海床基观测平台、海洋环境移动观测平台的海洋科考平台技术体系,基本实现了与国际同步。但我国在深海领域的技术水平和产业化水平总体较低,高端科考平台、先进深海运载器、深海光学通信技术、深海导航定位技术、深海动力能源技术和深海装备材料技术等亟须技术攻关。

（2）近年来国家在海洋领域的支持显著提升,我国海洋科考装备的部分技术指标已达到国际同类产品的水平:一是我国发射的 HY-1B 海洋动力环境监测卫星实现了全天候、全天时连续探测海洋风、浪、流等海洋动力环境信息的能力。二是我国研发了"科学"号、"向阳红"号、"东方红"号等世界先进的系列综合型科考船,具有海洋水文、地质、气象、生物和海底资源等科学调查能力,"雪龙 2"号极地破冰科考船就是中国自主建造和联合设计的首艘破冰船。三是"蛟龙"号、"海马-4500"号、"海斗"号、"潜龙"号、"深海勇士"号、"海燕"系列、"海翼"号等海洋运载器创造了我国在深海领域机器人的最大下潜和作业深度,我国已突破了一系列关键技术,形成了初步的应用能力,能够推动我国进入全球海洋观测业务。四是海床基观测系统、自持式剖面漂流浮标、声学海流剖面测量设备、船载及投弃式温盐深测量仪器设备正在加快研制。五是海底观测网技术领域,我国虽然起步较晚,但海床基示范系统正在逐步测试。

与发达沿海国家相比,以产业标准看,我国海洋观测装备产业发展总体处于起步阶段,缺少具备国际竞争实力的企业,我国目前许多深海科考系统和设备产业化水平远远不够,国产化设备大部分是高校院所的科研样机,没有达到量产阶段,仅有少量技术装备实现了产品化和小规模生产。近年开发的一些具有较高技术含量的装备,如温盐深剖面仪、海流测量剖面仪、海水元素监测仪、侧扫声呐、合成孔径成像声呐、海底地震仪等传感器,均处于试验样机阶段,尚不具备商业开发条件。

（3）我国目前在海洋科考装备发展存在一些短板和薄弱环节。我国深远海海洋环境技术装备保障能力与发达国家相比仍有较大差距,主要表现在重大项目和专项建设应用的部分关键仪器设备还依赖进口。对一些高性能海洋环境装备,国外还实施禁运。这导致我国海洋科考技术和海洋安全受制于人。

目前,存在的问题有:

第一,海洋科考技术的尖端与复杂性与目前的研究投入不成比例。

目前海洋测量装备国产化最大的问题是关键零部件的国产化,海洋测绘领域的高端产品的国产化还有较长路要走,例如超短基线、声学多普勒流速剖面仪(acoustic Doppler current profilers,ADCP)和惯性产品、水下机器人的关键零部件等,科研投入较大,研发人才要求高,研发周期长。水下机器人对于专业人才的需求较大,高端人才较为稀缺。目前我国在海洋科考装备和技术领域的投入逐步增大,但是相比于欧美长达数十甚至上百年的积累,我国在该领域的投入仍较为有限。以重型破冰船为例,美国计划投入 19 亿美元建造 3 艘重型破冰船,加拿大已投入 10 亿美元建造 1 艘重型破冰船,目前我国在重型破冰船实船研制领域尚未启动。另一方面,我国部门之间存在行业数据彼此封闭,缺少在权限管理下的数据共享,在海洋环境监测数据质量控制技术方面差距较大,无法在线直接访问有关数据,同时存在数据重复研究获取或使用效率低下的问题,这就需要我们开展顶层设计统一规划的数据标准和存储管理技术研究。

第二,海洋科考装备的核心研制技术仍受制于人。

与国外先进海洋科考国家相比,我国产业发展差距主要受制于集成电路技术、传感器技术、材料技术和高精密度加工制造等基础工业技术水平,尤其是在缺乏关键装备、核心技术和核心零部件方面,国外水平对我国海洋科考装备产业的发展有着巨大影响。在尖端的传感技术方面,差距依然巨大,而且有持续拉大的趋势,比如高精度海水温盐深剖面仪、相控阵海流剖面仪、声学多普勒流速剖面仪、投弃式温盐度和投弃式温深度等传感器技术成果在指标上不及国外技术发达国家的产品。

(a) 在天基和空基海洋测量装备领域,美国、俄罗斯和欧洲可提供全天候的海况实时资料,我国平台信息获取能力与应用需求存在差距。

(b) 在海基平台领域,经过近十年的发展,海洋科考船规模得到了较好的提升,但在统筹规划、利用率管理、协作共享上存在不足,难以满足国内和"一带一路"沿线海洋科考调查的实际需求,极地重型破冰船等极地科考重大基础设施缺乏。

(c) 在 AUV/ROV/AUG 等领域,我国自主研发的产品与世界先进水平差距逐步缩小。剖面浮标方面与国际先进水平相比,仍处于跟跑阶段,与美国和法国等浮标使用寿命、精度和可靠性等方面存在一定差距。

(d) 在基础探测器领域,一是深海声学技术领域,侧扫声呐探测未实现产品化,浅水多波束测深声呐未实现产品化,浅地层剖面测量技术可靠性和成熟度较低。二是深海光学技术领域,我国在光电探测领域处于起步阶段,技术水平总体较落后,水下激光通信技术研究刚刚起步,水下光学成像技术处于技术研发和试验阶段。三是深海电磁学技术领域,我国相关研究较为落后,开展研究单位较少,海洋大地电磁采集站尚未实现产品化。四是海洋气象传感领域,国产气压传感器尚难以达到进口产品的测量精度和稳定性,目前几乎全部依赖进口。

(e) 我国在海底网技术方面存在较大差距,特别是在海底接驳盒、海底装置电能供给及海底工程布设等技术方面存在较大差距。未来该技术将在数据传输、快速组网和网络布设等方面进行技术提升。

第三,海洋科考的软技术发展较为滞后。

从专利申请、数据应用、标准构建、基础设施建设方面等方面显示,我国海洋科考的软技术发展滞后。主要差距如下:

(a) 通过统计欧洲专利局的海洋科考装备分布,以科考船(research vessel)为例,我国获得的专利数仅为美国的 6%,落后于美国、日本、韩国、丹麦和德国。

(b) 海洋磁力测量技术在测量规模、仪器设备和数据处理方法方面与发达国家存在一定差距,如美国基本掌握全球磁场分布,我国现有数据是不同单位采用不同仪器在不同时期获得。在海洋测绘数据综合处理方面,缺乏网络环境分布式综合集成处理能力,多源同步观测数据检验评估和融合处理技术与国外尚有差距。海图制图和海洋地理信息工程方面,未形成多样化产品生产供应体系,基于云架构的海洋地理信息网络化采集、分析和服务技术体系不完善。

　　(c) 海洋测绘标准和规范方面,基础测绘法规建设相对滞后,参与 IHO 等国际标准化程度不高。我国海洋仪器和装备的标准化体系建立不完善,在海洋仪器装备的生产标准、入网标准、计量检定、测试和运行维护等系列标准方面未得到足够重视,致使我国海洋环境监测核心技术落后,也远不能满足我国的重大业务需求。

　　(d) 我国在深海技术发展的基础设施较为滞后,部分试验场和试验条件保障基础设施缺乏。

(三) 发展形势环境

1. 天基和空基科考装备世界各国获得创新发展

　　近年来,美国、欧洲、俄罗斯、加拿大等国已相继发射多颗海洋卫星,包括搭载有更先进水色成像仪的新型海洋光学遥感卫星、海洋微波遥感卫星和海洋综合探测卫星等,探测范围已涵盖全球海洋。此外,世界各国越来越重视无人机在海洋探测中的应用,以美国为首的许多国家正在积极研制各种新型的海上无人机[1],俄罗斯、英国、德国等国都加大了对本国发展无人机的支持力度。

2. 运载器加快系列化和深海化

　　目前美国、欧洲、日本、加拿大等国都拥有该国自主研发的运载器系统。目前欧美开展业务化的 ROV 达到 6 000 米,技术较为成熟的美国、日本、俄罗斯、法国等少数国家 AUV 业务化能力达到 3 000 米,已形成了从微型到大型的系列化产品,以美国、挪威、英国、冰岛等国的产品为代表,占据了主要市场。目前,全球共有数百台载人深潜器广泛应用于海洋环境监测、海洋调查和安全作业,美国、日本、俄罗斯、法国等研制的载人深潜器下潜到 10 000 米或更深。美国最早开始水下滑翔器研发,也拥有目前世界上最为成熟的水下滑翔器技术,已形成系列产品且在世界范围内有大量应用。随着“蛟龙”号、“深海一号”的服役,这方面中国正在迎头赶上。

3. 欧美企业垄断深海传感器市场

　　国际上海洋观测技术装备主要被美国、加拿大、日本与欧洲等垄断,其中北美占总市场份额的 76%,欧洲占 19%,亚洲仅占 5%。美国掌握有大量海洋科考设备的核心传感器技术,几乎实现了所有科考设备的产品化和系列化。

　　在深海传感器探测技术领域,第一,温盐深剖面仪(CTD)在浅海应用较多,但在深海的应用相对较少,欧美国家在 CTD 技术、设备研制方面有较为成熟的产品,并应用于深海温盐度测量。第二,在声学传感器领域,美国、法国和挪威等国研制多型侧扫声呐技术产品,处于全球垄断地位。挪威、美国、德国和丹麦等国家在多波束探测技术研究和应用领域全球领先,以丰富的产品类型和先进的技术指标处于全球垄断地位。挪威和美国在合成孔径声呐成像技术研究和应用方面全球领先,研发了多型品牌产品。挪威和美国在 20 世纪 70 年代实现浅地层剖面测量技术的产业化,并在 21 世纪利用电子控制和云计算等技术处于全球绝对领先地位。第三,在深海光学传感器领域,美国、德国和法国研发了水下光学传感技术,特别是美国 MBARI 研究所取得了显著成果。美国、英国和法国在 20 世纪 80 年代完成了光纤水听系统的探测试验,并于 2000 年完成 8 公里和 96 个探头的水下传感探测成像系统研制。美国、澳大利亚和日本相继突破水下激光高速率数据传输技术,2016 年美国克莱姆森大学在 2.96 米水深成功实现 3 GB/s 的高速率数据传输。英国、挪威和美国在水下光学成像技术全球领先,研发的产品技术性能优异。第四,在深海电磁学传感器领域,美国和英国在该领域研究全球领先,并已实现产业化。第五,在深海热学传感器领域,美国 WHOI 研究所、MBARI 研究所、华盛顿大学和明尼苏达大学开展了大量研究。

在深海取样探测技术领域,第一,深海生物取样技术取得一定进展,但采集速率仍受到海底温度影响。第二,深海海水取样技术采用采水器设备以及电力和机械控制方式,在一定深度实现海水样品采集,采集过程更加自动化,美国和日本在该技术领先。第三,深海岩芯取样技术目前已经广泛应用,美国、英国、法国和日本在该技术领域领先。我国具有"三龙装备体系",即以"蛟龙"号为代表的载人潜水器、"海龙"号为代表的缆控无人潜水器、"潜龙"号为代表的无人自主潜水器。随着深海运载器的规模应用,岩芯取样需求倍增,与之配套的岩芯钻机就是其中需加快发展的关键技术装备之一[2]。

4. 海底观测业务化运行渐趋成熟

海底观测网技术的发展主要体现在供电技术、机电集成封装、信息传输、状态监控等技术上。在海底观测发展方面,美国、加拿大走在了世界前列。

海床基技术经过几十年的发展已基本成熟,很多国家推出了多种商业化的海床基平台产品,这些平台结构简单,尺寸、重量都较小,具有操作较为灵活,易于进行海上布放、回收作业的特点,可搭载 ADCP 等多种传感器。近年来,深海海床基产品向模块化发展,模块之间可通过水声进行通信,突破了海床基系统空间范围的局限性。

(四) 重点技术

海洋科考领域涉及的装备众多,技术谱系相对复杂,需要突破的关键核心技术众多。海洋科考装备需更高端、更先进,也要深入推进深海和极地研究,使海洋装备能搭载如水文、气象、地球物理、生物探测、勘探等综合设备和技术手段,这同时也对科考装备的辐射噪声、续航能力、舒适性、操纵性都提出了更高要求,推动减振降噪、综合电力系统、优化船体线型等一体化研究以减少对精密调查和分析仪器的影响。尤其在深海研究和开发方面关键技术有超大潜深极端环境中新材料与大型结构安全性技术,深海有人、无人探测作业集群装备智能协调操控技术,深海有人、无人集群系统的互联互通与定位技术,超大潜深高能源密度动力技术,深海原位研究开发试验与作业技术,深海极端环境下长期安全可靠性及应急逃逸技术。

海洋观测平台朝着作业多功能一体化方向发展。海底观测网朝着综合立体观测、海洋数据的深度挖掘、多种观测计划交叉融合等方面发展,形成"有线与无线结合、固定与移动结合",并依靠人工智能技术实现海洋观测网自主组网和自主观测。

载人深潜器将向着进一步提高潜深、载重、生存能力、执行任务能力等方向发展。无人遥控潜器将向在更深、更复杂的海洋环境下能生存并能执行长时间任务、更大载重能力等方向发展。水下滑翔器未来将向具有混合推进器、持续能力更强、运动控制更高效、搭载传感器负荷能力更强等方向发展。从核心技术看,耐压壳体材料技术、大容量电源技术、综合控制技术、脐带缆技术、仿生技术等关键技术将是未来发展的前沿方向。潜标技术朝着在水下可上下运动、实现自动剖面测量等方向发展,未来潜标技术将朝着生存能力更强、测量参数更多等方向发展。未来 Argo 技术将向着提高可搭载传感器能力、工作可靠性、生存能力等方向发展。

在传感技术方面,新材料、新原理、智能传感及传感网络技术的发展将会推动产生微型化、智能化、高可靠性的新型传感技术;在数据综合处理技术中,大数据、知识发现、各学科交叉融合、计算及交互可视等技术将得到广泛应用。

在深海探测传感器方面,声学通信数据极限传输速率仅为 1.5 千米/秒,同时存在数据损耗大、水体折射和漫反射多径效应影响,导致通信质量较差和稳定性低。水下电磁波衰减严重,惯性导航系统无法实时反馈和修正信息,极大影响深海探测效率。深海动力能源技术选用不锈钢或镀层铝合金作为深海探测装备的主材,这些材料密度较大,搭载重量受限;钛合金价格昂贵,加工困难,难以广泛应用于深海探测装备。以人工智能和大数据处理为代表的新一代深海探测技术,需要通信技术的支撑,光学通信有望成为深海探测技术发展的优选。

二、海洋科考船

人类对海洋的研究很大程度上依赖于先进的各类仪器和设备,海洋科考船是其中应用最广泛的一种。海洋科考船是研究、认识海洋的必要工具,科学家通过海洋科考船在海上获得有关海洋的第一手资料,调查研究海洋水文、地质、气象、生物等现象和海底资源。海洋科考船相当于海上的移动实验室,是海洋探索与研究不可或缺的工具。

(一) 全球发展态势

1. 海洋科考船发展较早,并形成了繁杂的海洋科考船体系

现代海洋科考船的分类方法较多,如按船型分,有单体、双体和特殊型;如按航行和作业能力分,有全球级、大洋级、区域级和近岸级;如按性质分,有综合科考船、专业科考船和特种科考船。其中专业科考船有地球物理勘探船、水声调查船、渔业调查船、地质调查船、气象观测船,以及资源航道测量船、环境监测浮标作业船等;特种科考船中又有大洋钻探科考船、极地考察船、航天测量船、潜水器母船、海洋考古船等。

2. 美国在海洋科考船的配置方面的实力全球领先

海洋科考船是人类认知海洋的重要手段之一,也是探测与研究海洋最重要和最有效的平台、基本工具与载体,在现代海洋观测体系中具有不可取代的作用。

海洋科考船的主要用户是国家部门或者科研、大学等机构,因此海洋科考船基本都属于国家自主建造,例如法国、德国、西班牙、荷兰、加拿大、韩国和日本等国家的科考船均采用国船国造。部分国家例如日本、孟加拉国、西班牙等则为不具备研制能力的沿海国提供建造服务。据 IHS 统计,2010—2019 年全球新成交的海洋科考船有 167 艘,内河科考船有 15 艘,渔业科考船有 53 艘。

美国海洋科考船的研制和运营实力在全球领先,并且数量多、系列全,涵盖了全球级、大洋级、区域级和近岸级发展,可满足近、中、远海的海洋调查需求。美国新型科考船设计

重点突出综合调查能力的整体优化,设计趋向安静化、模块化和信息化,三化性能已成为新型海洋科考船整体性能的一个标志。美国拥有世界上装备最先进、船只数量最多的海洋科考船队,仅伍兹霍尔研究所(WHOI)和斯克利普斯海洋研究所(SCRIPPS)就拥有 8 艘科考船,其中 4 艘为大洋综合调查船,搭载了先进的多波束测深系统、侧扫声呐等设备,并配置了船载实验室,此外美国还有 240 余艘海上志愿船,航线遍布全球各主要航线。俄罗斯也有近百艘科考船。欧洲主要发达国家也拥有众多技术先进的科考船,仅法国海洋研究与开发中心就拥有 7 艘海洋科考船。中国近十年新建了一批性能优异的海洋科考船,如,2017 年"嘉庚"号、2019 年"东方红 3"号、2020 年"实验 6"号、2020 年"探索二号"和"中山大学"号等,数量和性能上都取得了显著的进步,但从规模使用和整体规划上仍相差较大。

(二) 我国发展现状

1. 综合科考船

作为海洋科考船的一个大类,综合科考船是指为满足海洋水文气象、地球物理、地质地貌、生物化学、海洋声学、海洋渔业等两种及两种以上海洋调查领域的需要而设计的科考船,偏重调查学科的"综合性",需具备多个海洋调查领域的同步观测、样品采集和处理,具有多学科、多功能、多技术手段的综合调查能力。

综合科考船上的装备能执行海洋科学考察任务的仪器设备、操控支撑设备,具备较宽敞的工作甲板和实验室空间,能满足包括科考人员在内的全船人员长期海上工作和生活的需要,具备相适应的稳性安全、续航力和自持力;船体结构坚固,有良好的耐波性、适航性和振动噪声特性,干舷较低方便舷外作业,一般安装减摇装置,同时有些设备具备波浪补偿能力,以提高海上的作业能力和舒适性;具有良好的低速操控、慢速推进及动力定位的能力,考虑模块化设计和未来可扩展能力;具备较充足的电力系统,关注精密仪器的电能品质和电磁干扰特性;具备较完善的卫星定位、通信导航和数据网络甚至智能平台系统。

综合科考船是当前海洋科考船中数量最多的一类科考船,发展也最为迅速。此类科考船由于一次可获得多学科的综合信息,一次出海获得的信息量大,就整个海洋学的全面发展来看,对推动海洋学各学科的发展贡献最大。例如中国"科学"号综合科考船、美国"Neil Armstrong"号综合科考船。

2. 专业科考船

专业科考船一般指只针对海洋科学中的某一类或某几类学科进行专门调查和研究的科考船。以下详细介绍几类我国 21 世纪以来重点发展的专业科考船型。

1) 地球物理勘探船

地球物理勘探船(简称"物探船"),是利用地震弹性波寻找海底油气和沉积物资源的一类探船。由于声波在不同的物质中传播的速度不一样,通过研究海底深部岩层声波的反射特点,可以找到其中含有的液态、气态及固态的各种资源。由于海底的油气等资源一般藏得很深,通常都在几千米的深度,要想将声波传到如此远,只能靠低频声波,因为高频声波能量衰减很快,无法远距离传输。

2) 渔业资源调查船

渔业资源调查船是一类专门从事渔业资源、渔场和海洋环境等科学调查,以及渔具、渔法和渔获物保鲜试验等相关研究的调查船。渔业调查船关注鱼类资源的探测、捕捞及存储技术，为各类渔船捕获鱼类提供前瞻性研究。

3）浮标作业船

浮标是具有一定形状、尺寸和颜色的漂浮物体，锚泊在指定的位置，可用作助航标志、海洋环境监测、船舶系留等。浮标是海洋监测的最主要手段之一，是海洋立体观测网的重要组成部分。监测机构将各种监测仪器放于浮标平台上，可获取多种海洋数据信息。浮标可布于近海沿岸甚至远海大洋中，根据其探测能力，大小也各不相同，小的直径仅几十厘米，大的可达十几米、几十吨重。浮标越大，越可以安装更多的探测设备，可以对海浪、海温、海洋生态环境，以及台风、海啸等进行全方位的有效监测。

浮标作业船是用于浮标、潜标的布放、回收、抢修等保障工作的专用船，它们有的还具备执行断面调查等综合海洋调查任务的能力。船上通常配备浮标起吊用的专用大型 A 形架、缆绳收放装置、登标梯等专业设备。在浮标作业船出现之前，浮标的布放维护等工作主要依靠拖船等其他类型船舶，耗时长、作业效率低、对海况要求高。有了专业的浮标作业船后，浮标可由作业船直接运输至指定点位布放，需维护抢修时由艉甲板上安装的 A 形架对浮标进行起吊回收，相关工作可在船上一气呵成，布放及维护效率得到很大提升。

3. 特种科考船

特种科考船有多种，本书主要介绍潜水器母船、极地考察船、大洋钻探船和航天测量船。

1）潜水器母船

在海洋科考船中，名字中带"母"字的种类非常少，潜水器母船是其中的代表，这里的潜水器一般指大型的载人潜水器。就像航空母舰是各类舰载机的大本营，潜水器母船是名副其实的载人潜水器的"母船"，从物理连接上，当潜水器下放时，潜水器与母船之间有一根互相联系的"脐带缆"，这根生命之线为潜水器提供系固、电力、信号等各类信息，是潜水器活动的"营养来源"。从维护补给上，潜水器释放前后的一些准备、维护、保养工作，释放过程中的各种监测、保障工作等，都在母船上进行，提供全方位的后勤保障。

潜水器不工作时，存于母船上专用的库房。为缩短潜水器布放时的路径，这个库房一般通过一扇宽度为 4～5 米的大型卷帘门通往艉部主作业甲板。库房周边有配套的维修保障间、起吊装置、油料气源库等，在潜水器"休息"时，这些配套设施会一刻不停地为潜水器进行各类体检及能量补充工作，保障潜水器下一次工作。

潜水器母船上最重要的系统就是载人潜水器的布放回收系统，它们是保证载人潜水器深潜成功的基石。一般由三部分组成，包括艉部 A 形架、运移轨道车和拖曳绞车。安装于船舶艉部的 A 形架，可以看作是将载人潜水器放入水中及提出水面的机械手，由两个支柱和一个横梁组成，横梁中间设有起升绞车及万向架，带恒张力和抗横摇纵摇功能。运移轨道车是载人潜水器的"专车"，用于实现载人潜水器在甲板起吊点与艉部收藏区之间的甲板运转，实现载人潜水器在甲板上转运过程中的系固固定，以及潜水器在存放库房内的维护维修。轨道车还可以升降，在库房内时可以将潜水器提升，用于其底部的维护保养工作。拖曳绞车的作用是将载人潜水器从水面拖到船舶艉部 A 形架下面的回收位置。进行收放期间，为了减小俯仰和摇摆，拖曳绞车对载人潜水器一般保持一个恒定张力。

我国目前最先进的载人潜水器"蛟龙"号,其母船是由改造后的综合科考船"向阳红09"号承担。2017年9月16日,我国首艘专为载人潜水器研制的支持母船"深海一号"在武汉开工建造,"蛟龙"号载人潜水器未来将告别"向阳红09"号,迎来自己的专用支持母船。国内的潜器母船中,还有"彩虹鱼"的母船"张謇"号,这是我国民企参与海洋科研的代表船型。国外的载人潜水器母船中,最著名的要数搭载"阿尔文"的"亚特兰蒂斯"号,"阿尔文"号是当今世界最有名的载人潜水器之一。

2) 极地考察船

极地考察船是海洋科考船中体量最大的一类科考船,是名副其实的大块头,其满载排水量一般在1万吨左右。此类船以极地水域科学考察为首要任务,兼具一定的极地考察站后勤物资运输补给能力。

由于需要经过两极区域的冰区,极地考察船练就了一身特殊本领——强大的破冰能力及抗冻能力。它能劈开一定厚度的冰层,并且在极地寒冷的环境条件下也能保证船舶系统的正常运行。

极地考察船的破冰能力来自其特殊设计的船体线型,这是一种称为破冰型的艏部线型,不同于开敞无冰水域海洋科考船经常外凸的艏部,破冰型是内缩式,与水面之间有一个很大的角,外形就像一把匕首一样,尖瘦的中间部分可以劈开封结的冰层,并且很容易从冰层"夹击"中全身而退(外凸型的艏部易被冰层卡住)。很多破冰船的艉部也可以破冰,称为双向破冰型,在不用转弯的情况下可以实现反向破冰。

由于船体水下部分需要经常承受冰这种"固体"的冲击,破冰船的船体骨材间距较常规海洋科考船小,船体水下外板度加大,并采用了能受低温的特种钢材,在船体外露的海水门、推进螺旋桨等处则考虑了特殊的冰区加强措施。

防寒设计主要针对破冰船的水上部分内部空间,如何保温、如何防冰和除冰是破冰船设计要考虑的头等大事,因为油路、气道、水管、液舱等都可能因为寒冷的天气冻结住,使船舶系统无法正常运行。最主要的防寒措施就是加热,一般可分为电加热和蒸汽加热,利用电阻丝或蒸汽产生的热量防止结冰或融化已有冰层,为此船上的电站或锅炉容量必须加大。另外,破冰船的水上外形力求简洁,上层建筑一般都比较规整,减少外凸体及各种梯道等的数量,可以降低结冰的概率,减少除冰工作量。对于艏部的铺泊设备,一般采用顶部有盖的封闭式设计。

我国目前新建的极地考察船"雪龙2"号,总长122.5米,最大船宽为22.32米,具有双向破冰能力,能在15米水平冰加2米雪中以2~3节的速度连续破冰。它涵盖了海洋和大气环境观测与实验、海洋地质和地球物理测量、海洋生物和生态调查分析等科考功能,是我国未来极地科考的旗舰型船。

3) 大洋钻探船

大洋钻探船主要用于地球深部样本的获取,能够在水深数千米的海底实施钻探,是目前海底深部取样的唯一手段,是全世界深海高技术的集大成者。它的突出特征就是立于船体中部的大型钻探井架,是整套钻探系统的主支撑部分。由于技术密集、运营维护费用高,目前世界上的大洋探船仅两艘,即美国"决心"号和日本的"地球"号。

大洋钻探船的关键技术是其动力定位技术、升降补偿技术及钻探技术。为了抵抗高海况下风、浪、流引起的船体平面方向运动,大洋钻探船的动力定位能力是海洋科考船中要求最高的,为此在主要推进器的基础上,钻探船通常还需配置若干个辅助推进器,大型钻探船甚至可达10个以上。为了抵抗上下颠簸运动,钻探船通常还会配备升降补偿装置,可以随时补偿船体随波起伏对钻杆造成的不利影响。钻探技术是钻探船的技术核心,经历了非立管钻探、立管钻探及非立管泥浆泵钻探技术三个阶段,目前的最新技术在钻探深度及防止井喷方面做到了很好的平衡。

"地球"号钻探船是日本船舶科学技术中心为实施"21世纪海洋钻探规划"而打造的世界上第一艘立管型深海钻探船,是目前世界上最大的大洋钻探船,主要用于深海海底地质结构的勘探。该船总长210米,型宽38米,型深16.2米,吃水约92米,满载排水量为7500吨,月池长21.9米,宽12米,井架高度70.1米,具备操作10000米钻杆的能力,该船采用隔水管钻井方式和电力推进方式,兼具自航能力和动力定位能力。"地球"号上可以承载150人,其实验空间占据了4层甲板,占地面积近2300平方米,有三分之一个足球场面积那么大,安装了最新型的分析仪器,可进行地球物理学、古生物学、岩石学、地球化学等方面的现场分析研究。

我目前正在开发自己的大洋钻探船,预计满载排水量为20000~30000吨,钻探能力将媲美"地球"号,建成后将成为世界上继美国和日本之后的第三艘大洋钻探船。

4)航天测量船

测量船是一个国家卫星和航天器发射的重要保障手段,可按需要建成设备完善、功能较全的综合测量船和设备较少、功能单一的遥测船。

(1)测控系统。航天测量船除具有船舶结构、控制、导航、动力等系统外,还装有相应的测控系统。综合测量船的测控系统一般由无线电跟踪测量系统、光学跟踪测量系统、遥测系统、遥控系统、再入物理现象观测系统、声呐系统、数据处理系统、指挥控制中心、船位船姿测量系统、通信系统、时间统一系统、电磁辐射报警系统和辅助设备等组成。

(2)仪器设备。仪器设备可用来考察高层大气、接收卫星或宇宙飞船等太空装置发来的信号,并可向太空装置发布指令。它能对航天器及运载火箭进行跟踪测量和控制,是航天测控网的海上机动测量站。

(3)主要任务。航天测量船的主要任务是在航天控制中心的指挥下跟踪测量航天器的运行轨迹,接收遥测信息,发送遥控指令,与航天员通信以及营救返回降落在海上的航天员;还可用来跟踪测量试验弹道导弹的飞行轨迹、接收弹头遥测信息、测量弹头海上落点坐标、打捞数据舱等。

(三) 未来展望

海洋科考船朝着平台通用化、系统智能化、综合化发展,随着人类对海洋的认识不断加深,海洋科考向多学科融合发展,我国已经迎来了"大科考时代"。

深海科考装备与技术未来将朝着体系化、专业化、智能化等方向发展,亟须深入推进船型技术和布置技术解决方案和基础理论的创新构建,突破无人智能技术、深海极地通信技术、多学科协同技术、燃料电池和固态电池动力、特殊动力等关键技术,建设一批满足我国海洋资源调查、近海生态环境调查、全球气象/地形地质/水文调查等利益需求的新型科考船(例如深远海科考船、极地重型破冰船、深远海渔业研究船、地球钻探研究船、无人装备科考收放平台),打造世界一流的综合功能全、测量效能高、环境适应能力强大的科考船以及无人测量船队。

(四) 最新进展

2017年4月15日,厦门大学"嘉庚"号科考船正式入列国家海洋调查船队。"嘉庚"号是我国第一艘采用国外方案设计、国内转化详细设计,并由船东拥有完全知识产权的海洋科学综合考察船。"嘉庚"号船长77.7米,型宽16.24米,最大航速14节。作为一艘世界顶级海洋综合考察船,"嘉庚"号创造了许多"第一":全球第一艘在升降鳍上设置走航超洁净海水采集系统的科考船,升降鳍可自由在水下收放、伸缩,鳍上装备有多波束装置等高性能声学设备系统,海底的环境生态能看得一清二楚;是我国第一艘具备洁净采样、操作、分析能力的科考船,能够支持水文、化学、生物、地质地球物理、大气和相关交叉学科的实时、同步观测和现场科学实验研究,支持信息数据远程传输;是我国第一艘全电力静音推进科学考察船,可在全球所有无冰洋区航行,两次加油可绕地球赤道一圈;是我国第一艘通过挪威船级社船舶噪声船级符号Silent A+S指标的船舶,船舶驶过水面时,噪声水平仅与会议室开会所产生的噪声水平相对当;是我国第一艘在全球科考工作空间(包括甲板和实验室)布置与国际通行标准接轨的科考船工作甲板系固体系的船舶,科考设备可自由安装在甲板和实验室地板上[3]。

2019年10月25日,新型深远海综合科学考察实习船"东方红3"船正式入列中国海洋大学"东方红"系列科考船队(见图10-1)。该船是"东方红"系列科学考察新一代船型,配备了国际最先进的船舶装备和科考装备,其多项设计为国际首创,新船的入列将极大提高中国深远海的科考能力。该船总长为103.8米、宽18米,海上自持力长达60天,可连续航行1.5万海里,载员110人,甲板作业面积和实验室工作面积均超过

图 10-1　新型深远海综合科学考察实习船"东方红 3"

600 平方米。该船是目前世界上最安静,定员最多,经济性、振动噪声、电磁兼容等指标要求最高,作业甲板和实验室面积利用率最大、综合科考功能最完备的新一代海洋综合科考实习船[4]。

2020 年 7 月 18 日,"实验 6"号新型地球物理综合科学考察船在广州下水,预计明年投入使用,将为海洋科学以及深海大洋区的极端环境研究提供先进的海上移动实验室和探测装备试验平台[5]。"实验 6"号将填补我国中型地球物理综合科学考察船的空白,完善国家海洋调查船队和中国科学院科考船队功能序列,成为我国一个先进的新型海上移动实验室和探测装备的技术试验平台。

2020 年 8 月 28 日,中国最大海洋综合科考实习船"中山大学"号在中国船舶集团旗下江南造船(集团)有限责任公司下水。该船具备无限航区全球航行能力,是目前中国排水量最大、综合科考性能最强、创新设计亮点最多的海洋综合科考实习船。"中山大学"号船长 114.3 米,型宽 19.4 米,型深 9.25 米,吃水 6 米,整个船体线型优美、高大威武。据介绍,该船经济航速 11.5 节,最大试航速度 16 节,经济航速下续航能力 15 000 海里,额定人员编制下自持力 60 天,定员 100 人,在国内科考船中首次采用 L 形全回转低噪声推进器、首次采用轮缘永磁侧推、首次采用"直流母排+储能蓄电池"的组合设计、首次采用全航速主动式减摇鳍等。"中山大学"号注重绿色环保性能,满足最新国际排放要求,并将取得中国船级社 Clean 标志,确保对大气环境、水体等科考调查的影响降至最低[6]。

三、深海潜器

(一)全球发展态势

1. 载人潜水器

载人潜水器(human occupied vehicle,HOV)是指具有水下观察和作业能力的潜水装置,主要用来执行水下考察、海底勘探、海底开发和打捞、救生等任务,并可以作为潜水人员水下活动的作业基地。

在强劲市场需求和先进技术进展的共同推动下,载人潜水器产业发展势头强劲。2018 年,海洋技术协会载人潜水器委员会(MTS MUV)对 320 艘载人潜水器的持续跟踪显示,全球活跃数量为 160 艘[7],可提供 1 624 个载人座位;其中 38 艘应用于援潜救生,122 艘应用于科学研究、商业作业、观光旅游等[8]。

国外从 1995 年起就成立了载人潜水器设计、制造和运营为主业的众多商业公司。美国、荷兰、俄罗斯等国从小型观察型载人潜水器着手,潜深从几十米到 1 500 米不等,但在材料、总体结构、动力、操纵性能、布放回收、生命支持与应急自救等方面为深海载人潜水器发展提供了样板。2000 年以来,有关深海载人潜水器的研究重新活跃起来,特别是全海深(11 000 米级)载人潜水器的研制,引发了新一轮行业技术发展。2012 年 3 月,美国卡梅隆团队研制的载人潜水器"深海挑战者"号创造了单人下潜的深度记录(10 898 米)。尽管不是一艘作业型的载人潜水器,但一些技术特点准确契合了载人潜水器技术的发展趋势,如载人舱大内径(直径为 1.1 米)、以高强度钢作为建造材料、潜浮速度大(速度为

150 米/分)、新型照明布局(LED 光源,最长 2.4 米)等。2013 年,美国"阿尔文"号载人潜水器启动了最全面的升级改造,包括全新的载人球内径更大,潜深可达 6 500 米;先进的数字指挥与控制、推进、高清照相/视频成像、数字科学仪器交互等子系统;全新的科学工作空间和机械手配置。2019 年 5 月,美国 Triton 公司的"极限因子号"(Triton 36000/2 型)创造了载人深潜的深度记录(10 928 米)。该潜器长 4.6 米,高 3.7 米,载人舱厚度为 90 毫米,可以搭载两名乘员,水下续航时间 16 小时,生命支持系统可以维持 96 小时。

2. 无缆自主潜水器

无缆自主潜水器(autonomous underwater vehicle,AUV)是水下无人航行器(unmanned underwater vehicle,UUV)的一种,也可译为"自主水下机器人"或"自主水下航行器",有时也称为智能 UUV。AUV 自带能源自主航行,依靠自身的自治能力来管理和控制自己,可执行水下大范围探测任务,同时具有极佳的隐蔽性。AUV 以其自主性、隐蔽性、灵活性和多用途性,被越来越广泛地应用于水下军民两用领域。

AUV 的研究始于 20 世纪 50 年代,自美国华盛顿大学研制世界上首台 SPURV(self propelled underwater research vehicles)以来,AUV 的发展经历了 60 多年的历史。据不完全统计,目前国外主要有十多个国家多个科研机构在从事 AUV 的研究开发,来源主要有以下几方面。公司类机构主要有美国的 Bluefine 公司、Hydroid 公司、Teledyne Marine 公司、Boeing 公司、Lockheed Martin 公司、General Dynamics 公司、Northrop Grumman 公司等,德国的 ATLAS 电子公司,法国的 ECA 公司,加拿大的 ISE,瑞典 Saab 水下系统,英国的 BAE 水下系统,挪威的 Kongsberg Maritime 公司等;军方类研究机构主要为美国海军水下战中心、美国海军研究局、美国海军空间和海战系统中心、美国国防高级研究计划局、美国海军研究生院等;大学类研究机构主要有美国的华盛顿大学、宾夕法尼亚州立大学应用物理研究所、加州大学、麻省理工学院、威斯康星大学、伍兹霍尔海洋研究所及日本的海洋地球科学与技术机构、挪威科技大学等。其中,美国在水下无人系统技术领域始终处于领先地位,有包括海军、研究所、专业化公司和高等院校等几十家单位正在从事 AUV 的研究和开发,具有代表性的 AUV 主要有 Boeing 公司研制的 Echo Voyager 超大型 AUV、Hydroid 公司研制的 Remus 系列 AUV、蓝鳍金枪鱼机器人公司研制的 Bluefin 系列 AUV 和伍兹霍尔海洋研究所研制的 SeaBed、ABE 以及 Sentry 系列 AUV。其他国家有代表的 AUV,主要有俄罗斯的 MT-88、英国的 Autosub、加拿大的 Theseus、法国的 Alister。

2004 年发布的《美海军无人潜航器总体规划》(第二版)根据尺寸、排水量、续航力以及有效载荷的不同,将无人水下航行器分为 4 个级别,分别是便携式、轻型、重型和巨型。2016 年,美国发布了《2025 年自主水下航行器需求》,报告对水下无人航行器的作战使命、当前作战任务、未来任务挑战、后续发展规划进行了阐述,将无人水下航行器的基本作战任务由 9 项演变成了 13 项,并提出了海床战、反 AUV 战等新兴作战概念,旨在通过无人航行器的系列发展,构建新型完整的水下无人作战体系。美国 2017 年发布《恢复美国制海权》报告,要求美海军未来装备超大、智能型 UUV,据此美国海军提出研发 LDUUV 和超大型(XLUUV)无人航行器,俄罗斯、英国、德国、意大利也开展了大型无人航行器的研制,以提升续航时间、航行速度与作业能力。

3. 缆控潜水器

缆控潜水器（remotely operated vehicle，ROV），是水下无人航行器的一种，中文可译为"有缆水下机器人"或"水下无人遥控潜水器"。ROV 是一类通过脐带缆连接水面单元和水下本体，可以通过水面遥控或自动控制系统进行水下作业的无人遥控平台，是一种有缆的、由地面或母船提供能量和信号的潜水器，主要由水面控制系统和潜水器本体组成[9]。由于采用脐带缆进行远程遥控的潜水器，操作人员可在水面通过脐带缆实时了解深海环境信息，开展潜器的操纵与作业，具有强大的环境和任务适应能力，可以完成复杂环境下的水下精细作业和实时数据分析。同时，由于不需要操作人员下潜进行作业，这就保证了人员的安全，作业方式也比较成熟，是目前应用最为广泛的水下作业方式。

ROV 是最早得到开发和应用的无人潜水器，其研制始于 20 世纪 50 年代。1960 年美国研制成功了世界上第一台 ROV-"CURV1"。1966 年它与载人潜器配合，在西班牙外海找到了一颗失落在海底的氢弹，引起了极大的轰动，从此 ROV 技术开始引起人们的重视。由于军事及海洋工程的需要及电子、计算机、材料等高新技术的发展，20 世纪 70 年代和 80 年代，ROV 的研发获得迅猛发展，ROV 产业开始形成。1975 年，第一台商业化的 ROV-"RCV-125"问世。经过半个多世纪的发展，ROV 已经形成一个新的产业——ROV 工业。据不完全统计，2009 年底全世界大约有 461 个型号近 6 000 台 ROV 在运行，有超过 300 家专门从事 ROV 研制、生产和销售的企业。潜深小于 1 000 米的 ROV 占 40% 左右，这是因为海洋石油资源绝大多数分布在近海，近海水下生产活动多，需求量最大；中等潜深（2 000—4 000 米）的 ROV 数量大约占 26%，主要服务于深水油气生产及大洋中脊的科学活动；潜深大于 7 000 米的 ROV 数量仅占 3.1%[10]。

在过去的 30 年中，经过大量的兼并淘汰，国际上有少数大型 ROV 生产商，提供了国际海洋油气行业在用的绝大多数 ROV 产品。这些生产商主要包括英国的 Forum 公司、SMD 公司，美国的 Ocean Engineering 公司、FMC Schilling Robotics 公司，瑞典的 Seaeye 公司，挪威的 Kystdesign 公司等。但在超大潜深 ROV 领域，主要有日本的海洋地球科学与技术机构研制的 KAIKO（潜深为 11 000 米，在 2003 年丢失）、KAIKO 7000（潜深为 7 000 米）和美国的伍兹霍尔海洋研究所研制的 Nereus（潜深为 11 000 米，在 2014 年丢失）、Jason（潜深为 6 500 米）[11]。在海底油气管线和电缆埋设领域，还存在一种海底大型 ROV——开沟型 ROV，这类 ROV 功率可达 MW 级，重量达到数十吨，不仅可以与常规 ROV 一样在水中自由地运动，又可以完成海底重载施工作业。目前，在该领域的生产商主要是英国的 SMD 公司和 Forum 公司，尤其是 SMD 公司生产的海底重载作业装备占据了主要地位。

（二）我国发展现状

1. 载人潜水器 HOV

我国在"八五"和"九五"期间开始了载人潜水器装备的研究、开发与应用，集中在援潜救生潜水器方面，包括 200 米级单人常压潜水装具、600 米级深潜救生艇、200 米级救生钟等。

2000 年以来,我国载人潜水器装备发展迅速。2012 年,研制成功 7 000 米级作业型载人潜水器"蛟龙"号,在马里亚纳海沟最大下潜深度达 7 062 米。2015 年,研制成功 500 米级作业型、仿人形的单人常压潜水器装具(ADS);研制成功 2 台"寰岛蛟龙"型全通透载客潜水器,工作深度 40 米,载员 12 人,商用载客运行获得国家批准试点。2017 年,研制成功 4 500 米级作业型载人潜水器"深海勇士"号,国产化率达 95%。2018 年,世界首台大坝深水检测载人潜水器通过中期检查,工作深度为 300 米。2020 年 6 月,研制成功全海深(11 000 米)载人潜水器"奋斗者"号。2020 年 11 月,"奋斗者"号在马里亚纳海沟成功坐底,坐底深度为 10 909 米,创造中国载人深潜的新纪录。此外,研制了多型移动型救生钟和机动型救生钟,为海军援潜救生提供了国产化装备。

经过近 20 年的跨越式发展,我国已建成完整的技术体系、测试体系、应用体系、维保体系和培训体系,载人深潜技术总体上已处于国际前沿。

载人潜水器装备的主要关键核心技术如下:

(1) 载人潜水器优化设计、安全性评估及应用技术,具体包括载人潜水器型线、总体布局、载人舱布局、功能特性等的优化设计技术,载人潜水器服役期间各种设备的安全性、可靠性设计与评估技术,载人舱内人因工程设计评估技术,载人潜水器应用模式及相关体系设计技术等。

(2) 载人舱设计、建造及评估技术,具体包括金属及非金属材料载人舱的设计技术,球形、柱形及其他形状载人舱设计技术,各种材料及形状的载人舱建造技术,建造完成后载人舱的检测及其使用安全性的评估技术等。

(3) 高能量密度动力技术,具体包括充油锂电池设计、建造及管理技术,水下燃料电池设计、建造及管理技术,水下能源安全性评估技术,水下能源补充技术,新型能源深海应用技术等。

(4) 水声技术,具体包括各种声学设备在潜水器上的集成设计技术,船载高速水声通信系统设计及其装备制造技术等。

(5) 导航定位技术,具体包括高精度、高可靠性的水声定位技术,水下复杂环境下连续高精度导航技术,水下作业目标搜索及作业点重返技术等。

(6) 浮力材料技术,具体包括大深度低密度浮力材料的设计、制备、成型技术,浮力材料的测试与安全性评估技术等。

(7) 载人潜水器安全体系技术,具体包括载人潜水器技术安全体系设计技术,潜水器状态检测与安全性评估技术,各种抛载机构可靠性设计、评价技术等。

(8) 载人潜水器控制技术,具体包括载人潜水器在复杂海底环境下的航行控制技术,可视化的综合信息显控技术,载人潜水器控制仿真技术等。

载人潜水器装备发展过程中,深海水密连接器、高精度水下传感器等零部件存在"卡脖子"风险。

2. 无缆自主潜水器

国内从 20 世纪 90 年代开展了水下机器人技术的预先研究,2000 年以后,又开展了微小型水下无人航行器研究。到"十一五"末期,已经研制了具有实用化探测能力的水下机器人试验平台。

在大深度水下无人系统方面,沈阳自动化所联合国内若干单位,通过与俄罗斯的合作,研制了能够下潜6 000米、重量为1.5吨的"CR-01"型水下无人航行器,用于对大洋的矿产资源探测。"CR-01"6 000米水下无人航行器的研制成功,使我国水下机器人的总体技术水平跻身于世界先进行列,成为世界上拥有潜深6 000米水下无人航行器的少数国家之一。在此基础上,沈阳自动化所联合上海交通大学等单位在20世纪90年代后期又成功研制了"CR-02"型水下无人航行器[11]。

"CR-01"AUV和"CR-02"型AUV均是在20世纪90年代初建造的,到"十一五"末期,该航行器上的一些设备已经失效或老化。"CR-01"和"CR-02"型AUV的最大水下航速较小,仅为2节,不具有足够的抗流能力。此外,两型AUV所带能源系统不足,续航能力仅为10小时。故在"十二五"期间,在中国大洋矿产资源研究开发协会的支持下,沈阳自动化所对"CR-02"型AUV进行了改造与设备更新,构成了新的"潜龙一号"水下航行器,2节航速下的最大续航能力增加到24小时,并搭载了浅地层剖面仪等探测设备,可完成海底微地形地貌精细探测、底质判断、海底水文参数测量和海底多金属结核丰度测定等任务。

"十二五"期间,在国家863计划支持下,中国大洋矿产资源研究开发协会组织实施,中国科学院沈阳自动化研究所为技术总体单位,与国家海洋局第二海洋研究所等单位共同研制了最大潜深为4 500米的"潜龙二号"AUV,集成热液异常探测、微地形地貌探测、海底照相和磁力探测等技术的实用化深海探测系统,主要用于多金属硫化物等深海矿产资源的勘探作业。在中国科学院战略性先导科技专项支持下,中国科学院沈阳自动化研究所研制了"探索4500"AUV。该AUV技术指标与"潜龙二号"基本相同,只是由于"探索4500"搭载了更多种类的科学探测载荷,其水下工作时间缩减到20小时。它主要用于冷泉区近海底的声光调查,也是我国首台用于冷泉科考的国产AUV。此外,科技部确定了可潜深1 000米、最大速度5节、2节速度下续航力36小时的小型海底地形地貌探测AUV研制项目;工信部确定了可潜深2 000米的海底管道探测跟踪AUV的研制项目等;某部委确定了极限水深2 000米、最大速度8节、2节速度下续航力36小时的海底特种目标探测定位的AUV研究项目和多AUV协同探测作业研究项目[11]。

"十三五"期间,在国家863计划支持下,中国天津大学和中国科学院沈阳自动化研究所分别自主研发了"海燕号"和"海翼号"新型水下滑翔机。在续航方面,"海燕号"水下滑翔机实现了在南海无故障连续运行141天,剖面数734个,续航里程达3 619.6公里。在下潜深度方面,"海燕"万米级水下滑翔机在马里亚纳海沟首次下潜至10 619米,刷新了深海水下滑翔机工作深度的世界纪录,"海翼号"水下滑翔机也实现了7 000米级的连续观测。在协作与组网应用方面,以水下滑翔机为核心装备,开展了无人移动平台组网观测与小规模海上试验应用,最大实现了12台水下滑翔机的同步操控。目前,我国"海燕"和"海翼"两型水下滑翔机实现了产品化。

在军用AUV领域,由哈尔滨工程大学、华中理工大学、中船七〇二研究所和七〇九研究所共同开发研制的自主式智能水下机器人"智水"系列代表了我国军用AUV的先进水平,该系列AUV可用于海域扫雷,自主巡航等。

3. 缆控潜水器

国内从 20 世纪 80 年代末开始了 ROV 的相关研究,主要研发机构有中国科学院沈阳自动化研究所、上海交通大学以及株洲中车时代电气股份有限公司。

1985 年,我国研制首台无人遥控潜水器"HR-01"(200 米),这是我国科研人员完全依靠自主技术和立足于国内的配套条件开展的研究工作,是我国水下机器人发展史上的一个重要里程碑,为国际合作奠定了技术基础,也为我国机器人研发和产业化起了促进作用。1986 年,沈阳自动化所与美国佩瑞公司签订了"RECON-Ⅳ"(300 米)中型水下机器人技术引进合同,把引进消化吸收与攻关相结合,于 1986 年"海洋和水下机器人技术开发"列入国家"七五"科技攻关项目。经过 3 年的时间,开发出了 3 套水下机器人,其国产化率已达 90%,并于 1990 年首次销往国际市场。随后,又生产了两套"RECON-Ⅳ"产品服务于海上石油开发。近年来,在中国科学院海洋先导专项支持下,沈阳自动化研究所研制了深海 6 000 米级"海星 6000"ROV,并于 2018 年 10 月 28 日完成首次科考应用任务,最大下潜深度突破 6 000 米,创我国同类 ROV 的最大下潜深度纪录。

上海交通大学是国内最早从事 ROV 研究的机构之一,目前,上海交通大学研制的 3 500 米级"海龙二号"(见图 10-2)、6 000 米级"海龙三号"以及 11 000 米级"海龙 11 000",代表了我国大深度深海重作业型 ROV 及极限海深 ROV 的最高水平,"海龙"号系列 ROV 为我国"三龙"深海装备体系的重要组成部分[11]。

图 10-2   "海龙二号"

2009 年 10 月 23 日,中国"大洋一号"科考船使用"海龙二号"在太平洋赤道附近洋中脊扩张中心,东太平洋海隆"鸟巢"黑烟囱区域观察到罕见的高 26 米、直径约 4.5 米的巨大"黑烟囱","黑烟囱"形似巨大珊瑚礁,不间断地冒出滚滚浓烟,"海龙二号"用五功能机械手准确抓获约7千克"黑烟囱"喷口的硫化物样品并顺利置放在样品框中,成功进行了取样并带回科考船进行研究。这是一个具有历史意义的时刻,是我国大洋调查最高精尖技术装备的首次现场成功使用,"黑烟囱"的发现标志着我国成为国际上极少数能使用水下机器人开展洋中脊热液调查和取样的国家之一。

　　2018年,上海交通大学研发了"海龙三号"勘查作业型ROV(见图10-3),"海龙三号"最大作业水深达6 000米,作业功率为170马力,具备海底自主巡线能力,与"海龙二号"相比具有更强的推力、高速和重型设备搭载能力,以支持搭载多种调查设备和重型取样工具,在中国大洋航次中发挥了重要作用,在中国大洋48、52、56航次中,"海龙三号"采集到了大量底栖生物标本和海底摄像资料,为研究深水海山间底栖生物的种群连通性和群落相似性提供了宝贵样品和数据。

图10-3 "海龙三号"

　　2018年9月10日,由上海交通大学研制的万米级深海无人遥控潜水器"海龙11 000"(见图10-4),在西北太平洋海山区完成6 000米级大深度试验潜次,最大下潜深度为5 630米,完成了6 000米级试验,创造了我国ROV深潜纪录。

　　ROV研发涉及的关键技术包括总体设计与系统集成技术、载体技术、控制技术、水下导航技术、水下定位技术、水下作业技术、大功率驱动技术、高精度传感器技术、远距离供配电技术以及布放回收技术。

　　从2000年以来,经过我国科研工作者的不懈努力,我国在上述关键技术领域取得了一系列成绩,实现了关键技术和装备上的突破,缩短了与国外先进水平的差距。但是,在整体起步晚、国外技术垄断、国内需求拉动不明显等现实因素的制约下,我国ROV科技

图 10 - 4 "海龙 11 000"

水平、创新能力和应用水平与国际先进水平尚存在较大差距。目前相关研发仅限于零星的几种型号,基本属于单件生产,样品多于产品,由科研院所研制,主要针对海洋科学研究,尚未形成面向海洋资源开发,特别是海洋油气开发实际需要的产业化、应用型产品,实际应用经验少,远远无法满足我国海洋事业全面发展的巨大现实需求。

(三) 未来展望

1. 载人潜水器

载人潜水器的技术热点主要包括载人舱设计、建造及评估技术,载人潜水器优化设计、安全性评估及应用技术。以美国为主的海洋强国在双球壳载人舱、非球型载人舱、非金属载人舱、全通透载人舱、5~11 人多客位、有翼线型设计、高端旅游探险、公众科学公益、军用对接转移等方面已逐渐突破并有所应用。未来 5~15 年将是载人潜水器装备和技术更新换代的集中时期。

(1) 非金属材料载人舱设计建造技术。以美国 OceanGate 公司的 Titan 载人潜水器为例,技术突破重点是复合材料圆柱形耐压壳体+钛合金材料前后端盖这一新型结构形式,在承载和减重方面取得很好的平衡。

(2) 全透明材料应用于大视野观察窗的设计、建造技术。观光型载人潜水器已大量采用全透明材料应用于大视野观察窗的设计与建造,如美国 SEAmagine 公司的 AURORA 系列,美国 Trition 公司的系列产品,荷兰 U - Boat Worx 公司的科学探索型 C - Research 系列和观光旅游型 Cruise - Sub 系列。

(3) 以水动力外形设计技术为主的高速无动力潜浮技术。美国 DeepFlight 公司的有翼潜水器采用了"主动上浮"设计理念,利用机翼的水动力来改变潜水器的水下运动。美国 Triton 公司的 Triton LF 潜水器则采用了高宽比较大的垂直立扁型设计,仅约 2.5 小时即可到达海洋最深处。

（4）多人多舱技术。常规的载人潜水器采用单个载人舱设计。日本提出的全海深载人潜水器研究计划，将为6名船员提供舒适的乘坐体验和长达两天的任务时间，设置有休息和盥洗空间，美国SEAmagine公司的AURORA系列已有双载人舱设计，荷兰U-Boat Worx公司的观光旅游型Cruise-Sub系列已有双载人舱设计。

未来，我国载人潜水器装备向着全海深、全水域（江、河、湖、海、库）的谱系化发展思路已经逐渐明朗。巩固提升全海深、江河水库、油气矿产、热液冷泉的作业能力，有效拓展搜索、打捞、考古、观光、极地、核能等新应用领域。同时，不断革新载人潜水器的操纵控制智能化、潜器本体轻量化、作业能力重载化和作业模式协同化水平，培育打造产业链条，支撑海洋强国建设。

2. 无缆自主潜水器

为了满足AUV技术在军民两用领域的快速发展和军事领域应用的需求，AUV趋于多类型、智能化和协同化方向发展。

1）多类型

AUV的发展不应局限于某一类型的模式，而应该向多类型方向发展。其中，发展大型化甚至超大型化AUV，可以提升续航时间、航行速度与作业能力。美国海军正在加速发展超大型AUV，以进一步巩固水下军事优势。俄罗斯聚焦核动力能源，提出了核动力深海自主潜航器，解决长时间和远距离水下续航的问题；德国和英国重点聚焦高精度探测和高精度定位上，发展超大型AUV。此外，发展小型、廉价的AUV以满足便携、快速的应用需求。

2）智能化

新一代的AUV将采用多种探测与识别方式相结合的模式来提升环境感知和目标识别能力，以更加智能的信息处理方式进行运动控制与规划决策，着重从探测信息处理方面提高其外部环境感知能力，实现对探测信息的综合理解，以此为基础促进水下无人系统的认知水平。使得AUV能够根据环境信息和自身状态的变化做出最优（较优）的决策，在保证系统安全的前提下提高系统作业的智能水平。因此，未来的AUV应具有较高的智能化水平，能够执行复杂的水下工作，并与环境发生交互作用，根据环境的变化，在一定的范围内自行调整自身的行为，完成指定的工作，成为高度智能化的深度自学习生态智能。

3）协同化

多水下无人航行器协同作业技术逐渐成为近年来世界各国研究的热点问题，美国已经支持了大量的研究项目，并且已从理论转至试验验证阶段。协同化包含几个方面：① 因为单一AUV的作业效率有限，不同类型的AUV作业能力也存在差异，所以未来将从单AUV作业向多AUV集群作业发展，发挥不同AUV的作业优势，提高AUV的作业效率；② 水下无人航行器不仅有AUV，还有ROV、ARV以及Glider等，可以建立一个深海多平台的协同作业系统，从不同深度、不同尺度、不同海洋参数的角度开展海洋研究，也可以从不同任务的角度开展深海立体监测与精细作业。

在2035年，我国希望能解决AUV装备领域的"卡脖子"问题，摆脱受制于人的状态，形成相应产业，面向我军民两用发展的需求，研制出便携式、轻型、重型和巨型系列化、谱系化、智能化AUV。在2050年，希望能解决单AUV向多AUV集群作业和多平台协同作业问题,建立深海多平台的协同作业系统,实现弱通信条件下的高效集群作业和多平台协同作业。

3. 缆控潜水器 ROV

1) 重载化

深海矿产资源中富含镍、钴、铜、锰及金、银金属等,总储量分别高出陆上相应储量的几十倍到几千倍,必将成为人类 21 世纪的接替资源,深海矿产开发对于我国的可持续发展具有重要意义。但是,目前我国 ROV 主要以小型、探测型以及作业型为主,服务于海洋科考和海洋油气开发,针对深海采矿领域的重载化 ROV 尚属空白。由于所处深海底为超常极端环境,底质条件复杂,同时承受深海环境高压,电磁波及光波在水中迅速衰减,以及海底矿床的赋存状态特殊,使海底重载化施工对现有 ROV 技术提出了挑战,需要解决海底重载作业施工技术、大功率供配电和驱动技术、大型载体海底运动控制技术和布放回收技术等。同时,开发重载化 ROV 系统将带动相应配套部件产业化发展,形成从研究、开发、生产到服务的完整高端装备智能制造体系,打造形成能抗衡甚至超越国际同型产品的中国品牌,为我国从海洋大国走向海洋强国做出贡献。

2) 智能化

由于有缆存在,现有的 ROV 系统是完全有人控制的水下机器人系统,导致复杂环境精细操作困难、效率低以及长时间作业过程中的人员疲劳等问题。因此,在水下作业过程中,当 ROV 自主学习错误或无法自主完成作业任务时,再引入人进行决策完成作业任务,这种人机共融模式将有力推动 ROV 向更加精细化、长期化、高效化发展。这需要实现从以人为主体的科考模式向以 ROV 为核心的未来科考模式的转变,需要将人工智能、水下环境感知技术、虚拟现实技术、现代控制理论和技术加以应用,使其具有一定的自主环境学习、自主作业策略决策、人机责任重分配等能力。因此,未来的 ROV 应具有一定的智能化水平,根据环境的变化,在一定的范围内自行调整自身的行为,实现人机共融完成复杂、高效的水下无人作业。

3) 协同化

水下作业任务复杂多变,不同作业需求也不断涌现,同时针对 ROV 而开发的特种作业工具也将不断产生,尤其是遥控工具(remotely operated tool,ROT)。因此,ROV 不仅仅是精细作业平台、精细调查平台,更是大型水下工程综合协调指挥平台的一部分。随着水下作业越来越复杂,使用的水下装备越来越多,ROV 也越来越多地承担起现场协调指挥者的角色,其主要职责包括现场信息获取、水下装备操控以及将复杂的装备体系和作业工序有效地衔接。随着 ROV 系统的总体技术和支撑技术日趋成熟,ROV 未来的技术发展重点也将向信息技术和特种作业装置的协同技术转移,尤其是面对高复杂度作业需求时,多 ROV、ROV 与 ROT 协同作业、共同完成复杂任务的情况将会产生,这对 ROV 协同化作业能力提出了重大挑战。

(四) 最新进展

1. 载人潜水器

2018 年,美国 OceanGate 公司完成了 Titan 载人潜水器(HOV)的建造,可搭载 5 人潜入 4 000 米水深,用于深海的商业探索和研究冒险。Titan 的亮点设计包括复合材料耐压壳体、大型丙烯酸观察窗、集成式布放回收平台。集成式布放回收平台将用于布放回收载人潜水器,同时还可作为运行维护的浮动平台,运行在偏远地区实现更简单、低成本的部署。Titan 采用了新型的实时船体健康监测(RTM)系统,利用部署在压力边界上的 9 个声学传感器和 18 个应变计,能够分析潜水器下潜时压力变化对壳体的作用力并准确评估结构的完整性。此外,美国 Triton Submarines 公司和 EYOS 考察公司牵头开展了万米深度极限探险活动,建造了 Triton LF 全海深载人潜水器,选择了较大高宽比的立扁型方案。

2. 无缆自主潜水器 AUV

2020 年 8 月,自然资源部海洋二所地球物理与地质建模团队联合中国科学院沈阳自动化研究所和中国船舶集团公司第七〇七研究所,成功完成了我国首次基于水下机器人(AUV)平台的近底重力测量湖试。基于 AUV 平台的水下自主重力测量具有高分辨率、高信号强度的特点,对探测热液硫化物矿产和海底精细结构等具有特有的优势。本次湖试完成了技术流程的贯通和集成方案的验证,为下一步海试奠定了良好的基础,该技术将为我国海底构造环境研究、海底硫化物等矿产资源勘查提供高分辨率数据支持,是我国精细化海洋重力测量的良好开端。

3. 缆控潜水器

2018 年 9 月,"大洋一号"正在执行中国大洋 48 航次任务。在该航次中,"海龙 11 000"ROV 在西北太平洋海山区完成 6 000 米级大深度试验潜次,最大下潜深度为 5 630 米,创造了我国 ROV 深潜纪录。在深潜中,"海龙 11 000"利用机械手近底释放了标识物,开展了 4 个小时的近底高清观测,完成 5 次共 320 米的船舶—ROV 联动移位,水下工作时间长达 13 个小时。本次试验,验证了装备系统的功能、耐压与水密性、系统稳定性,圆满完成了本航段试验任务。"海龙 11 000"具备良好的深海观测探测能力,可以支持在大洋科考船上常用的万米铠装光电缆上的应用。

四、海洋探测装备

海洋探测装备产业主要包括海洋探测传感器、海洋观测平台、海洋观测网技术、海洋固体矿产资源探测技术与装备、深海矿产开采装备、海洋通用技术、深海微生物探测技术与装备、海洋可再生能源与海水综合利用装备等。经过多年的发展,大多数海洋仪器与装备经历了从无到有、从性能一般到可靠的过程,技术上有所突破,但总体上与国际上相比还有一定的差距。

(一)我国发展现状

1. 海洋探测传感器取得长足发展

传感器及其技术是海洋环境探测的关键部件和关键技术,也是制约我国海洋探测技术发展的瓶颈。"九五"以来,在国家"863"等相关科技计划的支持下,经过 3 个五年计划的实施,我国在海洋环境探测传感器研究方面突破了一批关键技术,研发了一批仪器设备,部分传感器已经在海洋动力环境参数获取与生态监测、海底环境调查与资源探查等方面发挥作用。

1) 海洋动力环境参数获取与生态监测的传感器

我国海洋动力环境参数获取传感器技术得到了长足发展。温盐传感器已形成系列产品,完成了海洋剪切流测量传感器样机研制,突破了高精度 CTD 测量、海流剖面测量及海面流场测量等关键技术,开发了高精度 6 000 米剖面仪、船用宽带多普勒海流剖面测量仪、相控阵海流剖面测量仪、声学多普勒海流剖面仪以及投弃式海流剖面仪等高技术成果[12],并初步实现了产品开发,支持了我国区域性海洋环境立体监测系统的建设,提高了灾害性海洋环境的预报和海上作业的环境保障能力。此外,开发了包括溶解氧、营养盐等一批生态环境监测传感器试验样机,包括定型鉴定了两种溶解传感器,开发了两种 pH 值测量传感器,完成了氧化还原电位和浊度传感器研制等。

2) 海底环境调查与资源探测传感器

通过国家相关科技计划支持,目前在海底环境调查与资源探测技术方面取得长足进步。我国已突破了侧扫声呐、合成孔径成像声呐、相控阵三维声学摄像声呐、超宽频海底剖面仪、海底地震仪等一大批的关键技术,开发了一批仪器设备。其中,已研制成功的 HQP 等系列浅地层剖面仪已应用于我国近海工程。此外,我国还研发了适用于大洋主要固体矿产资源成矿环境探测低温高压化学传感器和高温高压传感器系列及其检测校正平台。

2. 海洋观测平台取得进展并呈现多样化

当前,我国的海洋观测平台呈现多样化,从卫星和航空遥感到水下与水下观测平台;从被动观测平台,如浮标、潜标等到移动、自主观测平台水下潜水器,如 AUV、ROV、HOV 等。在观测平台种类上,基本实现了与国际上保持一致。

1) 卫星和航空遥感

我国于 20 世纪 80 年代开始开展海洋卫星遥感探测,从 2002 年起先后发射了海洋水色卫星 HY-1A,HY-1B,2011 年 8 月又成功发射了海洋动力环境卫星海洋二号(HY-2),并业务化应用。继 HY-2 卫星之后,我国还将加快 HY-1 后续卫星、HY-2 后续业务卫星、海洋雷达卫星(海洋三号)立项研制,为海洋灾害监测预报、海监维权执法等提供长期、连续、稳定的支撑与服务[13]。目前,海洋监测监视卫星(HY-3)已纳入国家航天技术发展规划。另外,在海洋遥感数据融合/同化技术方面也取得了长足的进步。

在国家科技计划支持下,国内海洋航空遥感能力正在不断增强,并取得了很好的应用,主要搭载平台为有人机和无人机。搭载多种探测仪器的航空遥感监测平台具有离岸应急和机动的监测能力、良好的分辨率、较大的空间覆盖面积及较高的检测效率,在海岸带环境和资源监测、赤潮和溢油等突发事件的应急监测、监视方面发挥了不可替代的作用。

2) 浮标与潜标

我国从 20 世纪 80 年代初开始研制锚系资料浮标,1985 年开始建设我国的海洋水文气象浮标网。在浮标技术方面,发展了自持式探测漂流浮标、实时数据传输潜标、光学浮标、锚系浮标、极区水文气象观测浮标等观测技术,与传感器、控制系统、通信系统相结合,形成了能满足海洋探测不同需要的观测/监测系统。

我国从 20 世纪 80 年代以来,先后开展了浅海潜标、千米潜标和深海 4 000 米潜标系统的技术研究,已掌握了系统设计、制造、布放、回收等技术,并成功地应用于专项海洋环境观测和中日联合黑潮调查。近年来,在国家相关科技计划的资助下,又发展了具有实时数据传输能力和连续剖面观测能力的潜标系统技术,提高了潜标系统的实用性。中国科学院海洋研究所经过多年努力,成功在西太平洋相关海域收放潜标 73 套次,建成了由 16 套深海潜标组成的西太平洋科学观测网,获取了西太平洋代表性海域连续多年的温度、盐度和洋流等数据。

3) 拖曳式观测装备

在拖曳式生态环境要素剖面测量技术方面,715 所和国家海洋局第一海洋研究所在国家"863"项目资助下研制了拖曳式剖面监测平台系统[14],用于 200 米水深以内生态环境要素的剖面测量,测量数据能够实时采集并传输至船上的数据记录器,传输距离大于 1 000 米;还研制了 6 000 米深海拖曳观测系统,用于多金属结核的精细调查,利用图像压缩技术突破了万米同轴电缆电视信号传输难题。

4) 水下滑翔机

水下滑翔机作为将浮标、潜标和潜水器技术相结合的新概念无人潜水器,由于具备数千公里的航程和数月的续航时间被公认为是最有前景的新型海洋环境测量平台。当前,我国水下滑翔机技术取得突破性进展,国内相关单位开展了总体设计技术、低功耗控制技术、通信技术、航行控制技术、参数采样技术等关键技术研究,目前已完成了试验样机研制,并进行了初步海上试验。

3. 海洋通用技术刚刚起步

深海通用技术是支撑海洋探测与装备工程发展的基础支撑和相关配套技术,涉及深海浮力材料、水密接插件、水密电缆、深海潜水器作业工具与通用部件、深海液压功力源和深海电机等诸多方面。我国深海通用技术研究起步较晚,整体水平相对落后,特别是在产品化、产业化方面与国外有较大差距。

1) 作业工具

水下作业工具涉及较广,如在水下进行切割、钻孔、打磨、清刷和拆装螺母等作业所需的工具等。无人潜水器在海洋探测中常用的作业工具是机械手。我国先后研制出轻型五功能液压开关机械手、六功能主从伺服液压机械手和五功能重型液压开关手,并装备在多台无人潜水器上使用。具有工具自动换接功能的五自由度水下机械手也研制成功,用于 SIWR - Ⅱ 型遥控潜水器,可以完成夹持工件、剪切软缆等工作。近年来,小型水下电动机械手的研究工作也取得了一定的成果,HUST - 8FSA 型水下机械手可应用于水下、化学等有害环境中,能完成取样、检查、装卸等比较复杂的作业任务。

2) 深海动力源

深海动力源也是深海通用技术之一。通常,深海动力源有三种驱动方式,分别为电力驱动、气压驱动和液压驱动。其中液压驱动是目前国际上研究和使用较多的一种,也是未来水下作业工具动力源的发展方向。国内多家科研机构联合研制了与各自项目配套的液压动力源,均采用压力补偿方式。此外,相关企业也开展了高端液压元件和系统的研制工作,通过在精密核心液压零部件上的突破,成功研发了深海 3 000 米节能型集成液压源、深海节能型柱塞泵和比例控制阀等。

我国在深海电机方面也已有较大发展,在"863"计划的支持下,联合研制出 4 000 米深海电机、7 000 米载人潜水器高压海水泵驱动电机,技术水平达到了国际先进水平,并且开发出多种规格水下永磁电机用于深海装备。

3) 水下电缆和连接器

水下电缆种类繁多,根据用途有通信缆、铠装缆、承重缆、管道检测缆、视频缆等。其中,海底光电复合缆是海底观测网的基础设施,主要负责给海底观测传感器供电,并将其采集数据的传输上岸。近年来,我国在海底光电复合缆设计与制造方面开展了深入研究,深海光电复合缆、湿插拔接口技术等取得突破性进展。在水密接插件方面,相关单位已开发出多款无人潜水器配套使用的产品,并具备小批量生产能力。

4) 海洋观测网开始小型示范试验研究

海洋立体观测网已实现区域化部署,正在规划全球观测网。2009 年以来,在南海成功布放系列潜标 300 多套次,构建了国际上规模最大的区域潜标观测网——"南海潜标观测网";2015 年以来,在西北太平洋构建了由 19 套全深度潜标(包括国际首套万米综合潜标)和 1 套实时浮标构成全深度潜标/浮标观测网,实现了对第二岛链等关键海域的全深度长期连续监测;2016 年,在东印度洋及安德曼海构建了由 5 套全水深潜标和 2 套实时通信浮标构成的印度洋潜标/浮标观测网;同时,在海洋卫星方面,形成海洋一号(HY-1)系列卫星、海洋二号(HY-2)系列卫星及高分三号(GF-3)系列卫星为代表的海洋水色、海洋动力环境及海洋监视监测系列卫星,建立起了具有优势互补的海洋遥感卫星观测体系[13]。

(二) 我国目前发展短板

1. 海洋探测技术与装备基础研究薄弱

1) 基础研究相对薄弱

在海洋观测网方面,我们技术起步较晚,尚有很多技术瓶颈和难题,包括低功耗的海底观测仪器、移动观测平台与固定观测平台的联合组网技术等。当前的研究主要还处在观测网的硬件设施建设上面,而对观测网建成后的后续研究尚未开展,譬如如何利用海洋观测网获得更好的数据来研究和揭示海洋现象、如何整合多个局部的海洋观测网络形成全国性甚至更大范围的观测网络问题等。

我国的海底探测基础研究薄弱。在海底固体矿产探测方面,缺乏系列化探测装备,虽然在国际海底发现了三十多处海底热液喷口,但对海底热液喷口的精确定位能力不足,而且受制于海底探测基础理论、调查和评价方法研究基础薄弱,致使深海资源评价技术存在发展瓶颈。尤其是在深海矿产资源开采关键技术方面,国外在 20 世纪 70 年代末便完成了 5 000 米水深的深海采矿试验,我国 2001 年才进行 135 米深的湖试,而且湖试中实际上对其采集和行走技术的验证并不充分。同时,我国对富钴结壳和海底多金属硫化物矿的采矿方法和装备的研究还仅处于起步阶段。在深海生物基因资源研究方面,与发达国家之间的差距较大,特别是在深海生态观测、精确采样、培养技术与极端微生物资源获取方面;在生物多样性调查方面,我国主要集中在东太平洋多金属结核合同区与西太平洋海山结壳调查区开展了底栖多样性调查,在其他国际海域仅进行了少数几个航段,而且缺乏深海长期生态观测的技术手段。

2) 基础平台建设薄弱

我国目前缺乏技术装备试验或标定测试的公用平台和公共试验场。与发达国家相比,我国基础平台建设比较薄弱,目前还没有可投入应用的海洋环境探测、监测技术海上试验场,给探测监测仪器性能测试与检测检验带来了困难,制约了海洋环境监测、探测工程技术走向业务化实现产业化的进程;缺少海洋环境探测、监测工程技术发展的技术支撑保障极地,影响着我国海洋探测、观测工程技术资源的凝聚与整合。

2. 海洋传感器与通用技术相对落后

海洋传感器与通用技术制约了我国海洋探测与作业水平提高、传感器是海洋探测装备的灵魂,虽然我国在海底探测装备集成方面有了突破性的进展,但是在核心传感器方面严重依赖进口,另外在深海通用技术与材料方面,如浮力材料、能源供给、线缆与水密连接件、液压控制技术、水下驱动与推进单元、信号无线传输等,在探测与作业范围、精度、集成化程度和功率,操作的灵活性、精确性和方便性,使用的长期稳定性和可靠性等方面,差距都还很大。这种情况制约着我国深海探测与作业装备的发展,继而影响资源勘查和开发利用活动的开展,限制了我国深海海上作业的整体水平的提高。

海洋传感器与通用技术阻碍了海洋装备产业化进展。海洋传感器与通用技术处于海洋装备产业链的上游,由于当前国外厂商处于垄断地位,推高了我国海洋装备集成的成本,造成国产海洋装备的可靠性不如国外产品的同时在价格上也没有明显的优势,使得国内用户不愿意购买及使用国产海洋装备,再加上缺少供海洋仪器设备试用的公共试场,从而产业化进程举步维艰。

3. 海洋探测装备工程化程度和利用率低

目前,研发相对封闭,与用户需求驱动、成品产业化、构建产业链和商品市场化严重脱节。尽管经过十多年的努力,我国的潜水器技术有了突破性的进展,特别是在 7 000 米载人潜水器、海龙二号 3 500 米 ROV、6 000 米 AUV 的研制过程中,通过引进、消化和吸收,掌握了一批潜水器关键技术。但是与世界先进国家相比,我国的海洋探测装备技术还处于发展阶段,在工程化、产业化方面有较大差距。我国从事潜水器产品相关服务的公司多为国外产品代理商,大多没有与潜水器技术研究单位组成有效的产品化机制。国外海洋探测装备的发展从研究、开发、生产到服务已经形成一套完整的社会分工体系,通过产品产生的利益来促进科研的发展,形成了良性循环;而国内科学研究机构和产业部门之间联系不紧密,尚没有从事产品研发的专业化公司,无法形成协调一致的产业化互动机制,很多研究成果难以真正形成生产力,致使工程化和实用化的进程缓慢,产业化举步维艰,远远不能满足海洋科学研究及海洋开发利用需求。

同时,由于研究部门分散,大型海洋探测装备参与研制部门过多,探测装备后期保障和维护困难。探测装备研制部门与用户脱节,现有探测装备长期闲置,利用率偏低,技术与科学相互促进能力不足。

4. 体制机制不适应发展需求

目前,我国在海洋探测技术与装备方面还没有出台国家层面的发展规划,缺乏顶层设计。各部门独立制定发展规划,部分方面重叠,甚至出现在低层次方面重复性建设严重,不利于长远发展,急需制定海洋探测技术与装备工程系统发展的国家规划。

在海洋探测技术与工程装备方面,缺乏海洋探测技术与装备工程的国际或行业技术标准。这样,一方面不利于研发成果向产品转化,不利于产业化进程;另一方面,工程样机技术水平参差不齐,数据接口与格式互不兼容,难以获取高质量可靠的海洋数据。

科学研究机构和产业部门之间的关系联系不紧密,致使很多研究成果难以真正形成生产力。研发力量大多集中在高校及科研院所,未能将技术研发与市场机制有效结合。国外有很多技术成熟的产品和专业的生产公司,他们能够很好地将科研成果转化为产品,通过产品产生的利益来促进科研的发展,形成了良性循环。这一问题在我国现阶段体现得尤为突出,国内缺乏专门从事深海通用技术产品的企业。

海洋探测仪器与装备产业缺乏长期稳定的激励政策。海洋仪器与探测装备产业具有投资周期长、风险高、需求量小等特点,而国家尚无出台具有针对性的激励措施,企业参与的动力不足。

(三) 未来展望

1. 海洋传感器市场化、产业化

伴随着海洋观测系统的发展,在深海环境和生态环境的长期连续观测需求下,美国、日本、加拿大和德国等国家已经研制出全海深绝对流速剖面仪及深海高精度海流计、多电极盐度传感器、快速响应温度传感器、湍流剪切传感器、多参数水质测量仪等,并已形成系列化产品。同时,伴随着海洋观测平台技术的发展,与运动平台自动补偿的各类环境监测传感器也取得较大进展,目前已研制适应于自治潜水器、遥控潜水器、水下滑翔机和深海拖体等运动平台的温度、盐度、湍流、营养盐、溶解氧等传感器。

2. 海洋通用技术朝着模块化、标准化、通用化方向发展

海洋通用技术作为水下探测装备的核心部件和关键技术,朝着模块化、标准化、通用化发展。当前,在水密接插件方面,已经出现满足不同水深、电压、电流的电气、光纤水密接插件产品;在水下导航与定位方面,IXsea 公司推出了针对水面、水下 3 000 米、水下 6 000 米的用于水面舰船、潜艇、ROV、AUV 等不同用途的多种型号水下导航产品;在浮力材料方面,市场上已出现满足不同水深的、用于不同用途(包括水下潜器、遥控潜器脐带缆、水下声学专用)的浮力材料。在 ROV 作业工具方面,已出现了水下结构物清洗、切割打磨、岩石破碎、钻眼攻丝等专门作业工具;水下高能量密度电池也实现了模块化,无须耐压密封舱就可以直接在水中使用。

3. 海洋探测平台朝着多样化、多功能化方向发展

随着电子技术的发展,海洋探测平台呈现多样化态势。当前,用于水文观测的主要有遥感卫星、岸基雷达、潜标、锚定浮标、漂流浮标、Argo 浮标等。尤其是由 Argo 浮标组成的全球性观测网,能收集全球海洋上层的海水温、盐度剖面资料,从而提高气候预报的精度,有效防御全球日益严重的气候灾害给人类造成的威胁,被誉为"海洋观测手段的一场

革命"。在物理海洋探测方面,主要有电、磁、声、光、震等探测平台对海洋地形、地貌、地质及重磁场进行探测。物理海洋探测平台朝着多功能化发展,将浅地层剖面仪、侧扫声呐、摄像系统等组成深海拖体,对海底进行探测。同时,海洋生态探测平台将荧光计、浊度计、硝酸盐传感器、浮游生物计数器及采样器、底质取样器等集成一体,形成海底化学原位探测与采样装备。

(四) 最新进展

2017 年 5 月,国家重大科技基础设施项目"国家海底科学观测网"正式获批,是我国基于海底的第一个国家重大科技基础设施。项目由同济大学牵头进行统筹协调,同济大学和中国科学院声学研究所共同作为项目法人单位,教育部、中国科学院、上海市为其主管部门,预算超过 20 亿,建设周期 5 年。

"国家海底科学观测网"由东海海底观测子网、南海海底观测子网、监测与数据中心及配套工程组成。据初步统计,东海海底观测子网缆长约 500 公里,共 4 个观测节点和 12 个科学仪器平台,1 个综合观测塔,2 个岸基站,主要目标是面向海上重大工程保护、海洋生态灾害预警等应用需求。南海海底观测子网缆长约 1 600 公里,共 7 个观测节点和 27 个科学仪器平台,1 个海底观测井,6 个无缆观测节点,2 个登陆点,主要目标是面向海底地震灾害预警、海底资源探测、海洋环境保护和海洋信息安全等应用需求。项目建成后,国家海底科学观测网将成为总体水平国际一流、综合指标国际先进的海底观测研究设施,为我国的海洋科学研究建立开放共享的重大科学平台,并服务于国防安全与国家权益、海洋资源开发、海洋灾害预测等多方面的综合需求。

参考文献

[1] 董磊.美军 3 款无人装备海上测试这型无人机被称"革命性武器"[EB/OL].参考消息,[2019 - 08 - 06].http://www.cankaoxiaoxi.com/mil/20190806/2387307.shtml.

[2] 任玉刚,刘延俊,丁忠军,等.基于深海运载器的小型岩芯取样钻机发展现状分析[J].海洋技术学报,2019,38(3):92 - 97.

[3] 陈浪,施薇,翁苏伟,等."嘉庚"号科考船顺利回厦[EB/OL].厦门大学新闻,[2017 - 06 - 22].https://ships.xmu.edu.cn/info/1052/1358.htm.

[4] 张进刚.新型深远海综合科学考察实习船"东方红 3"入列[EB/OL].央视网,[2019 - 10 - 26]http://photo.cctv.com/2019/10/26/PHOAGEW1vyBCXI3soAarvShj191026.shtml? spm=C94212.PBZrLs0D62ld.EKoevbmLqVHC.103♯66X8Z0AJkQd3191026_1.

[5] 黄国保.新型地球物理综合科考船"实验 6"号下水[EB/OL].新华每日电讯,[2020 - 07 - 19].http://www.xinhuanet.com/mrdx/2020-07/19/c_1210709631.htm.

[6] 贺林平.我国综合性能最强海洋科考船"中山大学"号命名下水[EB/OL].人民日报客户端,2020.(2020).https://wap.peopleapp.com/article/5896264/5815293.

[7] 赵羿羽,卢贺帅.全球民用载人潜水器行业新动态[J].船舶物资与市场,2019(7):11 - 16.

[8] 曹俊,胡震,刘涛,等.深海潜水器装备体系现状及发展分析[J].中国造船,2020,61(1):204 - 218.

[9] 葛彤.作业型无人遥控潜水器深海应用于关键技术[J].工程研究——跨学科视野中的工程,2016,8(2):192 - 200.

［10］钟广法.海底峡谷科学深潜考察研究现状［J］.地球科学进展,2019,34(11)：1111－1119.

［11］杜志元,杨磊,陈云赛,等.我国与美国潜水器的发展和对比［J］.海洋开发与管理,2019,36(10)：55－60.

［12］科技部.国家863计划资源环境技术领域"船载海洋动力环境监测高技术集成与示范系统"规范化外海试验工作取得圆满成功［EB/OL］.科技部,［2006－01－27］.http：//www.most.gov.cn/kjbgz/200601/t20060126_28351.htm.

［13］林明森,张有广,袁欣哲.海洋遥感卫星发展历程与趋势展望［J］.海洋学报,2015,37(1)：1－10.

［14］中国船舶报.715所签订拖曳式剖面测量系统合同［EB/OL］.国际船舶网,2009.(2009).http：//www.eworldship.com/html/2009/Manufacturer_0923/10548.html.

第十一章 海洋可再生能源开发装备

一、海洋可再生能源开发装备总体情况

（一）概念范畴

海洋可再生能源开发装备指开发和利用海洋可再生能源时所需要和使用的装备和装置，包括海洋风电开发装备、潮流能开发装备、波浪能开发装备、温差能开发装备等。海洋可再生能源还包括盐差能、生物质能等，由于其开发和利用处于概念阶段，本书暂不予以论述。

（二）总体现状

欧洲的海洋能资源最丰富，英国政府多年来对海洋可再生能源的开发与利用给予了持续的关注与支持，目前英国的海洋能的发展水平处于世界领先地位。英国对海洋能的平均补贴额度高于其他可再生能源的补贴额度，而且英国实行"可再生能源义务政策"，政府对电力提供公司的可再生能源指标额度做出了严格规定，技术的进步和政策的激励共同促进了英国海洋能的发展。

在政策方面，《海洋可再生能源发展"十三五"规划》推动实现海洋能装备从"能发电"向"稳定发电"转变，形成了一批高效、稳定、可靠的技术装备产品，产业链条基本形成。《全国海洋经济发展"十三五"规划》进一步推进了海洋能开发应用示范，海洋新能源新兴产业规模持续壮大。目前，我国海洋能从业机构超过 300 家，初步形成了一定规模的海洋能理论研究、技术研发、装备制造、海上运输、安装、运行维护、电力并网的专业队伍。在核心装备方面，潮汐能机组、波浪能装置等装备取得了长足发展。

未来，我们还需紧跟未来新趋势，投入经费支持科研院所开展海洋可再生能源开发装备和技术方面研究，打破国外技术垄断；创新设计超低流速海洋能专用翼型的谱系设计；为克服现有技术局限性，创新设计波能转换器（WEC）的结构，提高功率转换效率并降低成本提高可靠性；研发基于新原理或改进的波能发电装置；由单一发电技术向潮流能、波浪能与其他能源发电技术集成应用发展。

（三）发展形势环境

在能源结构转型的背景下，低碳能源得到了越来越多的关注。全球能源需求主要由

化石燃料的燃烧提供,但是化石燃料带来了一系列环境问题,并且数量越来越少。可再生能源的研究和开发越来越受到重视。太阳能和风能技术近年来得到了极大的关注,并因此得到了长足的发展,但是以风能和太阳能技术为基础的可再生能源技术严重依赖于天气情况。占地球表面积 71% 的海洋蕴含着大量的可再生能源,虽然海洋能开发难度大于其他可再生能源形势,但必将是未来一种重要的能源供给形势。

海洋可再生能源开发装备属于海洋战略新兴产业,尚未真正产业化。产业环境比较恶劣,主要是技术还不够成熟,海洋能源需求还没有上升到不可或缺的地位。

(1) 从创新的角度分析,首先要解决材料问题。涉及腐蚀、耐压、导磁导热材料等,只有先进材料取得突破才能在技术环节对海洋可再生能源开发装备和设备进行创新设计。

(2) 从技术角度分析,要解决的问题主要有低雷诺数潮流能专用翼型的设计与研究、高功率密度高散热特性电机的制造。

(3) 从产业链的角度分析,目前尚无海洋能完整产业链,大部分海洋能设备由科研院所设计,风电企业及海工企业加工制造完成。

(四) 关键技术

(1) 海洋能装备目前关键核心技术及热点包括:① 防水:密封问题有可能增加浮动捕能的海洋能装备机械磨损;② 腐蚀:海洋腐蚀和电解腐蚀会影响装备、设备的长期生存;③ 发电机:潮流速度低时永磁发电机因其高能积而被普遍使用,发电机在密闭机舱中很难散热,随着温度的变化密闭舱室的压力将变为负压,海水会渗入其中。

(2) 海洋能装备发展"卡脖子"的技术和零部件包括:① 水下滑环:目前缺少国产水下滑环,只能进口美国产品以供使用,价格高且被动;② 高功率密度超低转速发电机:目前国产发电机的功率密度与散热性能不如国外产品;③ 水下密封件:密封件可靠性不高,不能长时间运行。

二、海上风电开发装备

(一) 全球发展态势

海上风力能源是海洋能利用中的主力方向,目前,世界上许多沿海国家都高度重视海上风电的发展。风电行业的真正发展始于 1973 年石油危机,20 世纪 80 年代开始建立示范风电场,至今风电发展一直保持着世界增长最快的能源地位,海上风电技术和风电开发装备日臻成熟,已经进入大规模商业化开发阶段。

一是海上风电发展势头强劲,累计装机保持持续增长。海上风电由于资源丰富、可开发面积大、风场远离人口密集区却又靠近用电负荷中心,成为低碳能源中发展的焦点之一,因此催生出大量的海上风电装备建设和运维需求。根据世界海上风电论坛(WFO)发布的数据显示,截至 2019 年底,全球已投运海上风电场共有 146 个,累计装机容量达到 27.2 GW,同比增长 23.4%;2009—2019 年海上风电装机量年均增长 23%,产量估算年均增长近 40%,这得益于海洋装备与技术的快速改进。根据近十年全球海上风电新增及累计装机容量情况(见图 11-1)综合来看,全球海上风电市场运行较为稳健,保持持续增长态势。

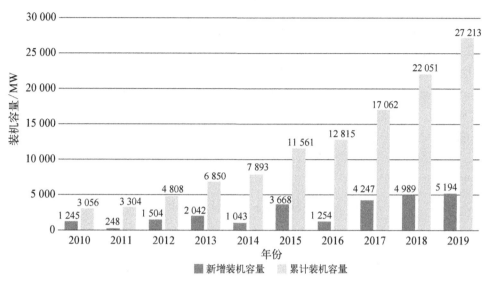

图 11-1　2010—2019 年全球海上风电新增及累计装机容量情况分析

二是风电板块海工装备订单快速增长。根据 Clarksons Research 的数据显示(见图 11-2),2005 年至今全球海上风电相关船舶及平台的新造和改装订单总计达 783 个;根据功能划分包括主要用于海上风电建设的自升式安装平台订单 88 个(占订单总量的 11%)和其他海上施工及支持装置 81 个(10%),用于风电场运维的风电运维母船 59 艘(8%)和风电运维船 482 艘(62%),以及其他海上风电相关装置(包括勘探装置等)73 个(9%)。

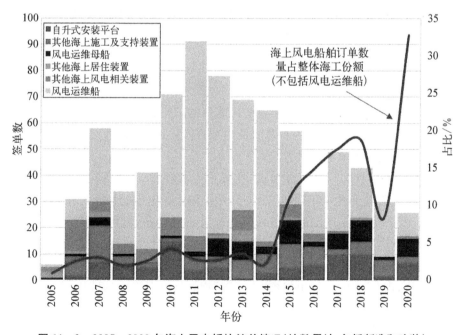

图 11-2　2005—2020 年海上风电板块签单情况(按数量计,包括新造和改装)

若不包括风电运维船(因为尺度较小且数量较多),2005 年以来海上风电板块的船舶新签订单数量已占整体海工市场订单的 10% 以上。

三是中国已逐步赶上并超越欧洲成为海上风电领先者。纵观世界海上风力发电装备与技术发展历程,大致可分为 3 个主要发展阶段:第一个阶段是从 1990—2000 年,海上风电处于小规模研究和开发阶段;第二个阶段是从 2000—2008 年,海上风电进入大规模商业化开发阶段;第三个阶段是 2008 年至今,全球风电产业掀起了新一轮"下海"热潮。截至 2019 年底,全球共有 23 个在建海上风电项目,主要分布在中国、荷兰、英国、德国、丹麦、比利时等。尤其是中国的风电产业近年发展强劲,在全球风电市场上都占有重要的一席(见图 11-3)。

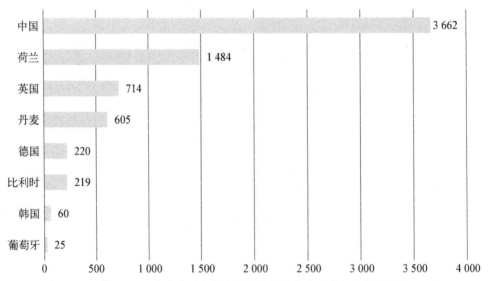

图 11-3　截至 2019 年底全球各国在建海上风电场在建装机容量(单位: MW)

(二) 我国发展现状①

1. 整体现状

中国地处季风区,因此具有相对丰富的风能资源。凭借海岸线长且蜿蜒曲折的优势,东南沿海及邻近岛屿的地区,包括上海以及山东、江苏、浙江、福建、广东、广西和海南等省,都有巨大的发展海上风电的潜力。

中国的海上风电于 2007 年开始发展,在技术难度较高、产业链较复杂的海上风电领域,一开始就远远落后于欧洲,但是近二十年,中国海上风电市场快速扩张,呈现出高速增长的态势,从 2018 年开始,中国新增的海上风电装机已经超过世界其他国家。根据世界海上风电论坛(WFO)发布的数据显示,截至 2019 年底,全球共有 23 个在建海上风电项目;中国在建海上风电项目达到 13 个,占全球 56.5%。中国在建海上风电项目的装机容量高达 3.7 GW,占 52.9%。《风电发展"十三五"规划》(以下简称"规划")指出,到 2020 年

①　数据来源: 中国风电协会(CWEA)。

底,我国风电累计并网装机容量确保达到 2.1 亿千瓦以上,风电年发电量确保达到 4 200 亿千瓦时,约占全国总发电量的 6%。结合目前全球已投运的装机容量以及在建装机容量来看,中国在 2020 年已经成为全球最大的海上风电市场,未来我国风电发展仍有一定的空间。

2. 海上风电开发装备分类

目前投入使用的海上风机结构形式与陆上风机类似,一般包含基础、塔架、风机三部分,这一形式数十年来基本均没有发生重大的改变,但随着技术的进步,风机的功率、几何尺寸及发电效能等性能指标均有较大的提升。海上风机的类别可以根据其基础形式或者功率划分,本书主要依据前者对其进行分类,分为固定式风机和浮式风机,其中固定式风机基础又可细分为单桩基础、多桩承台基础、三脚或多脚架基础、导管架基础和重力式基础等;浮式基础目前仍处于设计研发阶段,其设计原型是各种海上浮式平台,主要有张力腿式、半潜式和单立柱式(SPAR)等,如表 11-1 所示。

表 11-1　海上风机分类

固定式风机	单桩式
	多桩承台式
	三脚或多脚架式
	导管架式
	重力式
浮式风机	半潜式
	张力腿式
	单立柱式

1) 单桩式

单桩式基础是目前世界上应用最多的海上风机基础形式(见图 11-4),近几年欧洲新增海上风电场 80% 以上采用了这种基础形式,其优势在于:在工厂预制可以保证钢管桩质量,现场施工程序相对简单,工作量较其他基础小,是一种十分经济可靠的基础形式。考虑到我国海上风电场都位于近海浅水区,理论上很适合单桩式基础,然而目前单桩式基础在我国海上风电中的应用并不普及。究其原因在于我国缺少大型单桩的施工器械,同时潮间带较浅的水深也使得施工船航行困难,今后随着海上单桩式基础施工力量的增强和海上风电向深水区迈进,单桩式基础在我国海上风电中的应用会更加广泛。

2) 多桩承台式

多桩承台式又称群桩式高桩承台基础,由基桩和上部承台(包括混凝土承台和钢承台)组成(见图 11-5),适用于 5~20 米的水域。斜桩基桩呈圆周形布置,对结构受力和抵抗水平位移较为有利,但桩基相对较长,总体结构偏于厚重。因波浪对承台产生较大的顶推力作用,需对基桩与承台的连接采取加固措施。上海东大桥风电场项目使用的基础即为多桩式基础,采用八根中等直径的钢管桩作为基桩,八根基桩在承台底面沿一定半径的圆周均匀布设。

图 11-4   单桩式风机

图 11-5   多桩承台式风机

3) 三脚架式

用三根中等直径的钢管桩定位于海底,埋置于海床下 10~20 米的地方,三根桩成等边三角形均匀布设,桩顶通过钢套管支撑上部三脚桁架结构,构成组合式基础。三脚桁架为预制构件,承受上部塔架荷载,并将应力与力矩传递于三根钢桩。该基础自重较轻,整个结构稳定性较好,适用于 15~30 米的水域。国内外也有一些项目采用三脚架式基础,如德国 Alpha Ventus 海上风电场,瑞典的 Nogersund,中国的金风科技潮间带 2.5 MW 试验机组如东项目。三脚架式风机如图 11-6 所示。

4) 导管架式

导管架式基础是一钢质锥台形空间框架,以钢管为骨棱,在陆上先焊接好,漂运到安

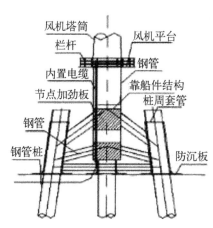

图 11-6　三脚架式风机

装点就位,将钢桩从导管中打入海底。该基础强度高,重量轻,承载力大,并能有效解决水下连接的问题,适用于 5～50 米范围内的水域,但造价昂贵,需要大量的钢材,易受天气和海浪的影响。导管架式基础是深海海域风电场未来发展的趋势之一。德国 Alpha Ventus 海上风电场的 6 台 Repower 机组和英国的 Beatrice 示范海上风电场的两台 5 MW 风机,Ormonde 均采用导管架式基础;中国首例海上风力发电渤海油田示范项目也采用的是导管架式基础。导管架式风机如图 11-7 所示。

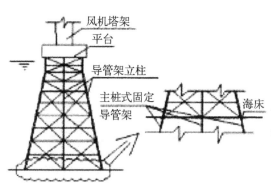

图 11-7　导管架式风机

5)重力式

重力式基础主要依靠自重使风机垂直矗立在海面上,一般为钢筋混凝土沉箱结构,其承载力小、制造工艺简单,适合坚硬的黏土、砂土及岩土地基,且地基须有足够的承载力支撑基础结构自重、使用荷载及环境荷载等,应用于 0～10 米的水域。世界上早期的海上风机基础均采用重力式(见图 11-8),但目前已经很少再采用此种基础建设方式。

6)浮式风机基础

浮式风机是复杂的海上结构物之一,其概念最早由麻省理工学院(MIT)的 Heronemus 教授提出。为了能够将风机安装在海中,根据支撑平台获得稳性和恢复力的

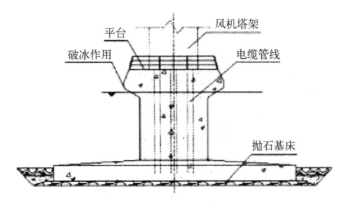

图 11-8   重力式风机基础示意

方式,他提出了3种基本的浮式风机概念,如图 11-9 所示,① 利用自身重心与浮心关系提供恢复力的 Spar 型概念;② 利用锚泊系统提供恢复力的 TLP 型概念;③ 利用水线面的特性提供恢复力的大水线面浮体概念,主要有 Semi 和 Barge 型。

图 11-9   三种浮式风机概念

过去几十年海洋工程和风电行业取得了长足进步,浮式风机也于近几年成为现实。根据上述概念,现在多家公司已经设计并安装了一些试验性的风机。2009 年,第一台真正意义上的浮式风机系统"Hywind"在挪威海域安装成功,实现了海上浮式风机运行发电的历史性突破。之后 Principle Power 公司在葡萄牙海岸安装了 Semi 型风机。

WindFloat 风机所在的海域水深为 45 米。Roddier 等人对 WindFloat 风机做了全面的可行性分析,首次公布了该浮式风机概念的设计标准,并进行大量的结构性能与水动力学性能的数值分析。图 11-10 所示是 Hywind 和 WindFloat 风机,海上浮式风机是风电与海洋工程的结合,开启了探索深海风能开发的新道路。

图 11-10 Hywind 风机和 WindFloat 风机

(三) 未来展望

海上风电有望成为未来具有竞争力的电力来源之一。海上风电的融资成本在进一步下降,各国和地区的支持性政策框架使海上风电项目能够获得低成本融资,其技术成本也在下降,装备和技术的创新正在大幅降低海上风电的成本。海上风电的成功取决于发展海洋风电开发装备和路上电网基础设施,应鼓励有效的规划和设计实践,以支持海上风电的长期愿景。

1. 海上风电场具有向距海岸较远的深水水域发展的趋势

由于陆上空间有限,以及陆上风场对人类视觉冲击与噪声污染等一系列因素,目前,国外的主要风电巨头正在加紧开发下一代大功率风机,其主要特点是功率更大、效率更高、维护性能更好等。欧美主要风电制造商研制的下一代风机已经接近完成,其面向未来开发的海上风电机组大多采用了直驱永磁风电机组+全功率变流器的技术组合,部分企业采用了中速齿轮箱+永磁风电机组+全功率变流器的技术组合(见表 11-2)。

表 11-2 欧美主要风机制造商正在研制的大功率风机

序号	公司名称	型号	功率/MW	技术组合	所处研发阶段
1	Vestas	164-7.0MW	7	中速齿轮驱动+永磁发电机+全功率变流器	设计研制
2	西门子	SWT-6.0-154	6	直驱永磁式风电机组+全功率变流器	样机试验

序号	公司名称	型　号	功率/MW	技　术　组　合	所处研发阶段
3	Gamesa	G128－4.5MW	4.5	中速齿轮驱动＋永磁发电机＋全功率变流器	样机试验
4	GE Wind	GE－4.1－113	4.1	直驱永磁式风电机组＋全功率变流器	样机试验
5	Enercon	E－126	7	直驱永磁式风电机组＋全功率变流器	产品试验
6	阿尔斯通	Haliade150	6	永磁式风电机组＋全功率变流器	设计研制

现阶段,功率为 3.6～6 MW 的海上风电机组为海上风电场的主流机型,将来,配备全功率变流器的各类大型风电机组将成为未来海上风电场的主流机型。2020 年以后,高速齿轮箱＋双馈式发电机组成的风电机组将逐步淡出海上风电场市场。

2.通过降低海上风电成本以增加海上风电的竞争力

政府采用补贴、提高上网电价来鼓励海上风电投资。英国作为世界上海上风电装机容量最大的国家,为了利用北海和波罗的海丰富的风能,出台类似的海上风电补贴政策。随着海上风电单位成本的降低,英国于 2015 年开始降低对海上风电的补贴力度,目标很明确:从扶着走路,到让海上风电真正自立行走,自负盈亏,未来取消政府补贴。英国对海上风电的补贴政策变化,可为我国的海上风电政府补贴发展趋势提供参考:补贴会随着海上风电成本的降低而逐渐减少,补贴额度与海上风电发展速度相关,海上风电发展越快,必然带来规模化生产,成本也会相应降低,补贴额度也会随之减少。当政策补贴取消时,说明海上风电已经到了可以实现与其他类型电力相竞争的时候,此时海上风电的清洁能源属性将进一步促进海上风电的发展,迎来真正的海上风电时代。

3.提升装备和技术水平,形成更高效和大规模的开发

通过减少现场安装工作量、提高风机效率及获得更好的风能资源等方法可以有效降低海上风电成本,这是未来海上风电装备和技术发展的主要任务,这也包括发展一体化风机施工、智能风机和漂浮式海上风电装置。

1)一体化风机

海上施工环境较陆地苛刻,安装效率低,成本高,海上风电安装施工应该尽量减少海上施工部分占施工总量的比重。整机一体化风机采用复合筒作为基础,该基础采用桩基与筒基础的结合,兼有单桩基础和重力式基础的特点。该项技术最大的特点是将传统需要海上安装的工作几乎全部在陆地进行,风机在海上的安装在数小时内即可完成,像"种树"一样安装风机,极大提高了安装效率,降低了海上风电的成本,有望成为未来海上风电的一个新发展趋势。

2)智能风机

智能风机是从提高风能转化率角度来提高风机效率。在风速达到某一数值时,风机达到额定发电功率,即为满发状态,此时的风速称为额定风速。为了实现风机满发,当风速大于额定风速时,必须将部分风能卸掉,而当风速小于额定风速时,需尽可能地捕获风

能。为了提高风能转换率,通过分析、预测时刻变化风场的风速来智能调控风机叶片的角度使风机达到满发状态,这就是智能风机。智能风机的功率预测是关键,而预测必须得到风速数据,获得风场的变化"习性"。研究表明,智能风机发电效率相比传统风机可提高20%,其效益相当可观。

3) 海上浮式风场

根据国际能源署《世界海上风电展望 2019》的报告,海上风电的未开发潜力是巨大的,最好的海上风电场址能够提供的电力供给将超过目前全球电力消费。该报告中基于最新的全球风速和质量天气数据,同时考虑了最新的涡轮机设计,指出海上风电的技术潜力为 36 000 太瓦时/年,适用于在 60 米深、距离海岸 60 公里以内的水域安装,而目前全球电力需求为 23 000 太瓦时。浮动风力涡轮机从海岸向更深处移动,可以释放出足够的潜力,满足 2040 年全球总电力需求的 11 倍(见图 11-11)。目前,海洋风电开发装备领域正在调整各种在石油和天然气领域已经得到证实的浮动基础技术。第一批项目正在开发中,旨在证明海上浮动风电技术的可行性和成本效益。

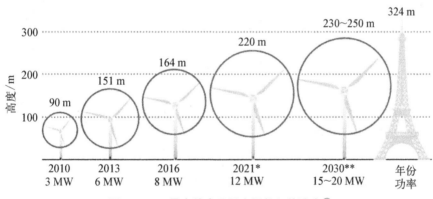

图 11-11　最大的商用风力涡轮机的演变①

漂浮式海上风电场的优势包括:① 离海岸远,风能更丰富;② 漂浮式风机便于运输,出现故障便于回厂维修;③ 采用锚链固定的漂浮体,可反复利用;④ 为近海海水较深的地区开发海上风电提供了解决方案,如日本和美国的部分海域。

浮式风电的井喷式发展,锚作拖船(AHT/AHTS)将迎来一个繁荣的时期。根据30 MW 的 Hywind Scotland 的施工经验,5 台 6 MW 浮式风机共占用了 81 艘/日(vessel days)的施工资源;如果到 2030 年全球浮式风电规模达到 30 GW,风机平均容量 12 MW,那么锚作拖船的需求量将是 40 000 艘/日。

(四) 最新进展

欧洲在 2019 年新增了创纪录的 363 万千瓦海上风能装机容量。比利时、英国和丹麦都创下了新的国家安装记录。欧洲海上风电总装机量达 2 210 万千瓦(22.1 GW)。在法国、荷兰、挪威和英国,60 亿欧元的投资将支持新增海上风电装机容量 1.40 GW。10 个海

---

① 资料来源:国际能源署(IEA)。

上风电场已接入电网,另有 5 个海上风电场已于 2019 年开始安装。2019 年欧洲所有海上风电拍卖的结果均在 40~50 欧元/兆瓦时之间。Hornsea One 实现全部机组并网,成为世界上最大的海上风电场,总装机量达 1 218 兆瓦(见图 11 - 12)。

我国紧跟海上风电开发装备技术发展的步伐,形成了一系列成果。2019 年 4 月,自主研制的 1 200 吨自升式风电安装船"海龙兴业"号顺利交付。该船采用了桁架式桩腿和齿轮齿条式升降系统,设计作业水深达 60 米。主起重机采用绕吊,最大起重能力达到了 1 200 吨,可变载荷达到 3 600 吨,甲板作业面积超过 3 000 平方米,可以同时携带 4 套 7 兆瓦风机机组。

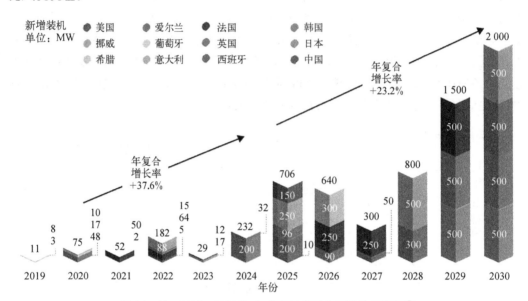

图 11 - 12   2020—2030 年全球漂浮式风电新增装机预测①

三、波浪能开发装备

波浪能是指海洋表面波浪所具有的动能和势能。波浪能是海洋能源中能量最不稳定的一种能源。波浪能是由风把能量传递给海洋而产生的,它实质上是吸收了风能而形成的。能量传递速率与风速有关,也与风与水相互作用的距离有关。

波浪能具有能量密度高、分布面广等优点,是一种取之不竭的可再生清洁能源。全世界波浪能的理论估算值为 10^9 千瓦量级,但是其空间分布并不均匀。南半球和北半球40°~60°纬度间的风力最强,相应的波浪能储量也最大,而赤道地区的波浪能储量则相对较小。

(一) 全球发展态势

世界上波浪能发电设备开发最早的国家是法国,后来英国、挪威、印度、日本等相继进行了开发。最早的波浪能利用机械发明专利是 1799 年法国人吉拉德父子获得的。在最近几

---

① 来源:全球风能理事会(GWEC)。

十年里,受石油价格不断上涨和全球气候变暖的影响,对以波浪能为代表的可再生能源研究蓬勃发展。除了上述国家,还有美国、印尼、西班牙、葡萄牙、瑞典、丹麦等 30 多个国家和地区也在研究波浪能装置。人们设计了很多类型的波浪能发电装置,到目前为止总数已达上千种。但总体上来说,除个别技术外,波浪能开发装备和技术目前尚未实现普遍商业化。

目前波浪能利用技术有振荡水柱式、点头鸭式、摆式、越浪式、点吸收式等方式。振荡水柱式又分为岸基式和漂浮式两种类型,装置的主体是一个下端开口的气室结构,上端有通气管道连接空气涡轮。气室将波浪能转换为空气流的能量,称为能量的一次转换;空气涡轮将气流的动能转换为涡轮的机械能,称为能量的二次转换;最后发电机将涡轮的机械能转换为电能,称为能量的三次转换,因此振荡水柱式能量转换效率较低。后弯管技术可以充分利用装置的摇、荡运动,装置具有"聚波"效应,俘获宽度比较高,同样需要经过三次能量转换将波浪能转换为电能,因此后弯管技术效率也不高。摆式技术适合波浪大推力和低频的特点,频率响应范围宽、能量转换效率较高,但其机械和液压系统的维护较为困难;筏式技术具有较好的整体性,抗波浪冲击能力较强,能量传递效率较高,发电稳定性好,但装置迎浪面积较小,捕获波浪的能力较弱,造成其单位功率成本较高;鸭式技术能量转换效率高,但抗浪能力弱,极易遭到破坏;点吸收式技术捕获波浪效率和能量转换效率均较高,装置建造相对简单,但同样存在装置抗浪能力不强的缺点;越浪式技术能量转换效率较高,所使用的水轮机技术在水电行业已经较为普遍,装置的生存性较高,但其工程造价较大。由此,目前各种波浪能的开发技术都存在一定的局限性。

据欧洲海洋能中心(EMEC)统计,全球已经试验和在运行的波浪能实验装置有 224 套,其中美国有 87 套,占比达到 38.8%;英国有 25 套,占比达到 11.1%;中国 6 套,占比为2.7%。全球有 24 个国家进行了相关实验研究,其中衰减器类型占 14.3%(包括 M4、DUCK、EAGLE、Pelamis 等,图 11-13 为 Pelamis 波浪能装置),点吸收式占 33.9%(如哪吒 2 号、Wave Train、Ocean Harvester、eBuoy 等),振荡水柱式占 5.36%(如 greenWAVE 、WAG Buoy、Pico OWC 等,图 11-14 为 Oceanlinx),越浪式占 6.7%(如 Wave Dragon、AWS Ⅲ、Seawave Slot-Cone Generator 等,图 11-15 为 Wave Dragon),振荡波涌转换器占 5.4%(如 WaveRoller、Ocean WaveFlex 等)。

图 11-13　Pelamis 波浪能装置

图 11-14　Oceanlinx 振荡水柱
式波浪能装置

图 11-5　Wave Dragon 波浪能装置

国外振荡水柱式波浪能利用的主要几个有代表性的装置包括澳大利亚 Oceanlinx 振荡水柱式波浪能装置，此装置既可漂浮又可固定安装在海底或者岸边。目前该公司已有 greenWAVE、blueWAVE、ogWAVE 等多个定型产品。英国 Wavegen 公司的 LIMPET 功率达到 500 千瓦。此外英国、挪威、美国等国都有相关波浪能利用装置研制的相关报道。

（二）我国发展现状

中国的波浪能开发装备和技术研究开始于 1980 年，尤其是 2010 年以后在海洋能专项资金的支持下，波浪能发电技术获得了较快的发展。研究的波浪能技术主要有振荡水柱式、摆式、振荡浮子式、漂浮鸭式和越浪式等。

1. 振荡水柱式

中国科学院广州能源所对振荡水柱式波浪能发电装置进行了长期的研究，开发了一系列振荡水柱（OWC）波能装置，装机容量分别为 10 W、60 W、100 W 等。现在，大约有 700 台 10 W 振荡水柱装置用于导航浮标供电，其他振荡水柱装置处于实验阶段，如图 11-16所示。虽然技术在不断进步，但振荡水柱装置效率仍然偏低。主要原因是气动式的动力摄取系统在一般浪况下，效率仅为 20%～30%；在小浪时其效率甚至低于 10%。中国海洋大学开发出振荡浮子式装置，并开展了振荡水柱与防波堤结合应用研究，如图 11-17所示是海大开发的组合式振荡浮子装置。

2. 摆式波浪能发电装置

2008 年，在国家"十一五"科技支撑项目的支持下，在山东省即墨区大管岛，我国研制了一座总装机容量为 100 千瓦的浮力摆式波浪能电站。电站采用模块化设计，由两个独立的发电系统和电控系统组成。每个系统的功率为 50 千瓦，工作海况为 0.5～3 米波高，具有长期运行和维护能力。

广州能源所对点头鸭式装置进行改进从而发展出鸭式、鹰式等发电装置，100 千瓦的鹰式发电装置在 2017 年已经正式验收。中国科学院电工研究所开展了磁流体波浪能发电技术研究。此外大连理工大学、华北电力大学、集美大学、华南理工大学、浙江海洋大学、国家海洋技术中心等单位都对波浪能开发装置进行了较为深入的研究。

图 11-16　广州能源所研制的　　　　图 11-17　中国海洋大学研制的
　　　　　岸基式振荡水柱　　　　　　　　　　　波浪能发电装置

3. 振荡浮子式

2001 年之后,中国科学院广州能源研究所总结了我国多个振荡水柱式波浪能电站存在的问题,认识到振荡水柱技术因空气涡轮效率低下,总能量转换比仅为 10%～20%,不可能有效地降低发电成本,因而开始转向高效波浪能转换技术研究。2002 年,我国开始研究振荡浮子式波浪能发电装置,并着手建造了第一座沿岸固定式振荡浮子波浪能电站,重点研究波浪能的高效捕获技术。电站由振荡浮子、浮子滑道、泵房和控制房组成,装机容量为 40 千瓦,于 2006 年建成。岸式振荡浮子装置在波浪作用下往复运动,通过液压系统将往复的机械能转换成连续旋转的机械能,进而转换为电能。液压系统中包含蓄能稳压系统,波能功率输出十分平稳,达到了小型柴油机的水平。

可惜的是,2006 年的强台风"珍珠"对该振荡浮子式波浪能电站造成了严重的损坏且难以修复,包括浮子损毁并丢失,滑槽表面严重损坏,导浪墙崩塌等。

4. 鸭式波浪能发电装置

鉴于岸式振荡水柱电站的转换效率低下、选址苛刻、易受到台风攻击、不能实现工厂化生产等缺点,在"十一五"期间,中国科学院广州能源所采用液压动力摄取技术,自主研发水下附体技术,建造了世界上第一个漂浮鸭式波浪能装置。鸭式波浪能装置的概念由爱丁堡大学的 Stephen Salter 教授发明,具有较高的转换效率,但英国的鸭式装置的转轴靠刚性支架固定,在大浪中受力很大,极易损坏,在潮位变化时还会影响效率。

中国科学院广州能源研究所研发了水下附体技术,限制鸭式装置的转轴运动,解决了英国鸭式装置在海中受力过大、受潮位影响的问题,开发了漂浮鸭式装置能量捕获装置,并进行了相应的样机试验(见图 11-18)。试验证明,在相当大的范围内,漂浮鸭式波浪能装置的总效率都远高于其他波浪能装置,并解决了抗台风的问题。

5. 点吸收直线发电波浪能利用技术

点吸收直线发电波浪能利用技术是点吸收式波浪能利用技术中的一种,中国科学院广州能源所从 2009 年起开始研究该技术。点吸收直线发电装置由振荡浮子、水下阻尼板、直线发电机和锚泊系统组成,主要采用了直线发电技术、能量储存技术、电源整流

图 11-18　中国科学院广州能源所研制的鸭式波浪能装置

基础、自振频率调节技术等,是转换环节最少的波浪能发电技术,其特点是转换环节少、结构简单、可靠性高、维护成本低、适应波浪方向和潮位变化等诸多优点。2011年,装机容量为 10 千瓦的漂浮直驱式波浪能发电装置在广东省珠海市大万山岛海域投放。

尽管我国较为系统的波浪能研究已经开展了 30 多年,但真正实现商业化的只有10 瓦航标用微型波浪能发电装置,其他波浪能技术进行了一些样机试验但仍不成熟,目前还处于测试验证阶段。我国所研究的岸式波浪能装置都具备持续工作的能力,但或多或少的都存在着效率低下、造价高昂、可靠性差的问题,有待进一步解决。离岸波浪能装置是当前技术发展的主流,我国在这方面还有待于技术突破。

(三) 未来展望

总体来说,波浪能发电装置与技术取得了一定进展,但还处于发散状态,存在各种技术的不同发展方向,但发展趋势是不断地向高效率、高可靠性、低造价方向发展。在优化现有技术的基础上,各国在波浪能发电技术的研发方面呈现如下发展趋势:研发基于新原理的或改进的波浪能发电技术;由单一的波浪能发电技术向波浪能与其他能源发电技术集成应用发展;由波浪能近岸应用向深海应用发展;产生一些新原理的波浪能发电装置和波浪能综合利用装置。

(四) 最新进展

代表国外波浪能利用新技术发展趋势的几个装置包括澳大利亚 IVEC Pty Ltd 公司设计建造的 IVEC 多气室振荡水柱装置。该装置由波浪能转换成空气压力的效率达到了42%。苏格兰绿色能源公司结合风力发电技术开发了 Wave Treader 波浪能风能综合利用发电装置,该装置的浮体可以随波向及潮差动态调整。澳大利亚 CETO 波浪能综合利用装置可以利用波浪能发电并淡化海水,装机容量最大已经达到 203 千瓦。美国也进行了多气室波浪能综合利用装置研发与磁流体波浪能装置研制。

根据自然资源部国家海洋技术中心发布《中国海洋能 2019 年度进展报告》,自 2017 年 5 月以来,在波浪能技术进展方面,共验收了 6 个波浪能项目,新支持了 4 个波浪能项目,基本接近国际先进水平,并研发了小功率发电装置,约 30 台装置完成了海试。

四、潮流能开发装备

潮汐是海水在月球、太阳等引力作用下形成的周期性涨落现象。潮汐现象伴随两种运动形态:一是涨潮和落潮引起的海水垂直升降,即通常所指的潮汐;二是海水的水平运动,即潮流。前者(海水垂直升降)所携带的能量(潮汐能)为势能;而后者所携带的能量(潮流能)为动能。可以说,两者是与潮汐涨落相伴共生的孪生兄弟。对前者,可以采用类似河川水力发电的方式,筑坝蓄水发电;而对潮流能,可以采用类似于海流发电方式,利用潮流的动能发电。本书主要对潮流能开发装备进行介绍。

(一) 全球发展态势

英国 Marine Current Turbine 公司在 2003 年设计了世界首台大型水平轴式潮流能发电装置 Sea flow(见图 11 - 19),最大功率为 300 千瓦,该装置采用单桩支撑两叶片定桨距涡轮技术方案。改进型 SeaGen S 的最大功率为 1.2 兆瓦(见图 11 - 20),该装置于 2008 年成功并网发电,到 2012 年 5 月发电总量超过 3 吉瓦,比全球其他所有潮流能发电装置发电量总和的 10 倍还要多。该装置直径为 16 米,叶片为 180°变桨,可适应双向流,启动流速是 0.7 米/秒,额定流速是 2.25 米/秒,额定获能系数是 0.45,装置传动比是 69.9,额定转速 14.3 转/分,最大适用水深是 38 米,该装置是世界上首台商用潮流能发电装置。Scotrenewables Tidal Power 公司设计的 SR 250(见图 11 - 21),采用漂浮式水平轴定桨距涡轮,整个装置适应流向的变化,涡轮是可收回的,分为运行模式和运输保护模式。Tidal Generation Limited 公司研制的 Alstom 500 千瓦装置(见图 11 - 22),机舱内有电动

图 11 - 19　Sea flow

图 11 - 20　SeaGen

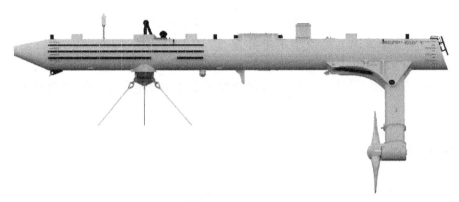

图 11 - 21　SR250

图 11 - 22　Alstom

图 11 - 23　Open center

变桨距动力机构。OpenHydro 公司 Open centre 装置(见图 11 - 23)采用空心贯流式涡轮方案,由固定的外部环和内部旋转盘组成,内外两部分分别布置线圈和永久磁铁,组成一台永磁发电机,无变速机构。2008 年该公司的 250 千瓦示范样机在欧洲海洋能中心成功并网发电,是最早实现并网发电的海洋可再生能源发电装置。

　　美国是世界上最早开展潮流能发电技术研究的国家之一。Verdant Power 公司研制的第 5 代 Generation kinetic hydropower system(Gen5 KHPS)(见图 11 - 24)。该设计的

重点是最大限度地减少维护需求,最大限度地提高服务间隔,实现批量制造和装配。该装置结合轴壳、轴承、密封件集成变速箱单元,采用了新型长寿命主轴密封装置。该公司与美国国家可再生能源实验室合作对转子进行优化,设计了符合成本效益,能进行批量生产的复合叶片。

新加坡 Atlantis Resources 公司是世界上著名的潮流能装置开发商之一。该公司拥有由洛克希德·马丁公司该公司设计的 AR 系列潮流能装置,涡轮整体随潮流方向而改变,AR1500(见图 11-25)的涡轮装置为变桨距叶片,以获得最大能量捕获效率。

图 11-24　Gen5 KHPS

图 11-25　AR1500

(二)我国发展现状

中国在潮流能开发在技术方面与国外技术差距较小,某一些方面甚至领先于国外。不过,目前国内潮流能开发装备及设备尚未真正实现产业化。

我国较早开展了潮流能发电试验,大型装置的发电功率仍然小于 300 千瓦,而且大部分处于工程样机阶段,还没有进入商业化运营,但是技术水平比较接近国际先进水平。其中,以哈尔滨工程大学、东北师范大学、浙江大学和中国海洋大学等单位为代表的高校和科研院所对水平轴潮流能发电装置进行了理论分析、模型实验研究、原型机实验和工程样机实验。

哈尔滨工程大学最早开展潮流能发电装置的研究,先后研制了多台水平轴潮流能发电装置。其中,2011 年投放的"海明Ⅰ"10 千瓦装置(见图 11-26)采用水平轴定桨距涡轮,涡轮外侧采用扩张型导流罩和自适应换向机构;2013 年投放的"海能Ⅱ"2×100 千瓦(见图 11-27)装置采用变桨距涡轮方案。

东北师范大学自 2002 年"863"项目开始一直从事低启动流速的水平轴潮流能发电装置的研究。2013 年,在科技支撑项目支持下研制的 20 千瓦坐底式水平轴发电装置依靠大尾翼适应潮流方向改变(见图 11-28),该装置投放于青岛。带有水动力补偿翼的 15 千瓦装置于 2016 年 9 月投放于斋堂岛水道(见图 11-29)。

图 11-26 "海明Ⅰ"

图 11-27 "海能Ⅱ"

图 11-28 20 千瓦水平轴装置

图 11-29 15 千瓦水平轴装置

　　浙江大学 2006 年成功研制了 5 千瓦液压变桨的水平轴潮流能发电机组。2014 年研制的 60 千瓦(见图 11-30)装置采用半直驱式三叶片水平轴变桨距涡轮方案,采用液压变桨方式。2015 年研制的 150 千瓦装置(见图 11-31)实现并网。

图 11-30 60 千瓦水平轴装置

图 11-31 150 千瓦水平轴装置

中国海洋大学先后开展了垂直轴和水平轴潮流能发电装置的研究工作。2013 年 50 千瓦水平轴潮流能装置投放于青斋堂岛水域(见图 11 - 32),采用电动变桨方案,该装置直径 10.5 米,启动流速为 0.9 米/秒,额定流速为 1.5 米/秒。

图 11 - 32　50 千瓦装置

其他高校和科研院所在海洋能专项资金的资助下也进行了发电装备的研制。如中国科学院电工所和浙江海洋大学研制了轮缘发电机,哈尔滨工业大学威海分校研制了双向流发电机,大连理工大学研制了高效的垂直轴发电装备等。

值得一提的是由国家海洋局支持的国家海洋可再生能源资金项目,以林东为总工程师的海外留学生团队主导研发,世界首台 3.4 兆瓦 LHD 林东模块化大型海洋潮流能首套 1 兆瓦的发电机组自 2016 年 7 月 27 日成功下海以来,经过小,中,大潮水周期完整的运行调试和数据采集分析后,于 2016 年 8 月 15 日正式加载发电。如图 11 - 33 所示。

图 11 - 33　LHD 林东模块化大型海洋潮流能发电机组系统

(三) 未来展望

与常规能源比较,潮流能有以下特点:① 潮流能是一种可再生的清洁能源;② 潮流能的能量密度较低(但远大于风能和太阳能),但总储量较大;③ 与海流能不同,潮流能是一种随时间、空间而变化的能源,但其变化有规律可循,并可提前预测预报;④ 潮流能发电不拦海建坝,且发电机组通常浸没在海中,对海洋生物影响较小,也不会对环境产生三废污染,不存在常规水电建设中困难较大的占用农田、移民安置等诸多问题;⑤ 与陆地电力建设相比,潮流能开发环境恶劣,一次性投资大,设备费用高,安装维护和电力输送等都存在一系列关键技术问题。

全世界潮流能的理论估算值约为 10^8 千瓦量级。利用中国沿海 130 个水道、航门的各种观测及分析资料,计算统计获得中国沿海潮流能的年平均功率理论值约为 1.4×10^7 千瓦。属于世界上功率密度最大的地区之一,其中辽宁、山东、浙江、福建和台湾沿海的海流能较为丰富,不少水道的能量密度为 15~30 千瓦/米^2,具有良好的开发值。特别是浙江的舟山群岛的金塘、龟山和西堠门水道,平均功率密度在 20 千瓦/米^2 以上,开发环境和条件很好。

(四) 最新进展

潮汐能的开发受限于对环境的影响以及可开发资源的限制,发展也是停滞不前,除了韩国最新建设的始华湖(Shihwa)之外没有新设备投入运营。

根据自然资源部国家海洋技术中心发布的《中国海洋能 2019 年度进展报告》,自 2017 年 5 月以来,在潮流能技术进展方面,共验收 6 个潮流能项目,新支持 3 个潮流能项目,总体技术接近国际先进水平,我国已成为世界上为数不多的掌握规模化潮流能开发利用技术的国家。

五、温差能开发装备

海水温差能是指海洋表层海水和深层海水之间水温差的热能,是海洋能的一种重要形式。海洋的表面把太阳的辐射能大部分转化为热水并储存在海洋的上层。另一方面,接近冰点的海水在不到 1 000 米的深度从极地缓慢地流向赤道。这样就在许多热带或亚热带海域终年形成 20℃ 以上的垂直海水温差,利用这一温差可以实现热力循环并发电。我国的可开发海洋温差能资源主要分布在北回归线以南广大的南海海域,具有非常优越的可开发海洋温差能资源。

(一) 全球发展态势

海洋温差发电(ocean thermal energy conversion,OTEC)的基本原理是利用海洋表面的温海水加热某些低沸点工质并使之汽化,或通过降压使海水汽化以驱动汽轮机发电。同时利用从海底提取的冷海水将做功后的乏汽冷凝,使之重新变为液体,形成系统循环。温差能、盐差能的利用由于其能量密度低、开发成本较高,至今为止没有成功商业化运营的案例。

海洋温差发电的概念是在 1881 年由法国人 J. D'Arsonval 提出的,由于当时技术条件的限制,大量的深海水提取需要消耗很大的泵功,加之海水温差较小系统效率低,海洋温差发电研究停滞不前。直到 20 世纪 70 年代第一次石油危机之后,以美国、日本为代表的发达国家为了寻找替代能源才真正把海洋温差发电的研究列入基础研究范围,海洋温差发电研究工作开始取得了实质性进展。

温差能发电系统可以通过制氢后将氢气输送回大陆,解决以往海上电力敷设需巨大投资的问题,随着能源紧缺和对可再生能源的日益重视,以及氢能源需求日益加大,使得开展海洋温差能的研究重新活跃,美国、日本、印度继续加大对海洋温差能的研究和资金投入。

佐贺大学海洋能源研究中心在 2002 年被"21 世纪 COH 计划"选中后,在 2003 年建成了新的实验据点——伊万里附属设施。目前正在利用 30 千瓦的发电装置进行实证性实验。如果再配上海水淡化装置的话,在发电的同时能得到淡水和深层水,它们可以作为矿泉水来饮用。电解后还能得到燃料电池用的氢。富有养分的深层水回灌海洋后还能形成新的渔场。海洋温差不仅能发电,在经济上还能带动很多相关产业。2005 年,印度 Kavaratti 岛利用海水温差进行海水淡化满足了岛上淡水的需要。美国洛克希德公司与美国能源部签署了建造一个由玻璃纤维与合成材料建造的管道原型合同。2009 年与美国海军研究用温差能解决关岛上海军陆战队用电和淡水的问题。

海洋温差能发电装置可以建设在岸上,也可以建设在海上。岸式温差能发电系统目前已有多个示范装置。岸式发电装置的优势是维护和修理简单,不受台风影响,长期使用经济性较好,如果抽取的海水可以用作其他用途,其经济性还可提高;其局限性是建厂位置条件苛刻,要求厂址附近有水深超过 800 米的热带海域以确保表深层海水间具有足够的温差,使用的冷水管包括水下竖直部分及陆上水平部分,长度较长,以及运转水泵需要较高能量。

海上温差能发电装置垂直于水面吸水,水管长度减短,海水在输运过程中的热损失也相应减少;但海上装置需要用锚固定,需要具备抗风浪的能力,且需要电缆将电力输送出去,这就增加了工程的难度和造价。船式温差能发电系统如图 11-34 所示,半潜式温差能发电系统如图 11-35 所示,全潜式温差能发电系统如图 11-36 所示。船式温差能发电装置的建造技术可参考造船技术,比较成熟,目前已经有示范工程。半潜式和全潜式海洋温差能装置目前还处于概念设计阶段。

(二) 我国发展现状

我国的可开发海洋温差能资源主要分布在北回归线以南广大的南海海域,除此之外,其他所有海域均不具备温差能的开发条件。与国外相比,我国在温差能开发利用技术在示范规模和净输出功率方面,还存在着明显的差距。

2006 年以来,我国海洋局第一海洋研究所在海洋温差能发电方面做了比较多的工作,重点开展了闭式海洋温差能发电循环系统的研究,其设计的"国海循环"方案的理论效率达到了 5.1%。2008 年,我国海洋局第一海洋研究所承担了十一五"国家科技支撑计

图 11-34   美国 Min-OTEC 船式温差能发电系统

图 11-35   美国洛克希德马丁公司构想的半潜式温差能发电系统

划"重点项目"15 千瓦海洋温差能关键技术与设备的研制",建成了利用电厂蒸汽余热加热工质进行热循环的温差能发电装置用以进行模拟研究。

(三) 未来展望

目前,人们对海洋温差能利用的总体趋势是由过去单一的发电逐步走向综合利用。事实上,温差能发电装置除了发电以外,还在制造淡水、空调制冷、海洋水产养殖以及制氢等方面有综合利用前景。在海洋温差发电过程中,如果将表面海水放入特殊的真空容器里使其迅速蒸发,然后用深层海水进行冷却可得到淡水,这对于解决水资源匮乏地区的淡水供应问题有重要意义。50 兆瓦规模的混合循环海洋温差能发电装置

图 11-36   美国洛克希德马丁公司构想的全潜式温差能发电系统

每天可以生产 6 200 立方米的淡水。由 OTEC 系统得到的寒冷海水还可为附近居民提供相当数量冷却水作为冷水空调。另外,海洋温差能发电装置还可以采用抽取的海水来养殖鱼贝类。当然,冷水空调系统和海水养殖系统所需要的海水量相比于一个海洋温差能发电厂来说是比较小的,因此当海水温差能装置发展到一定规模时,冷水空调系统和海水养殖系统因为可以利用的冷水有限,其附加值所占的比重就会降低。此外,科学家还设想用海上温差能发电装置产生的电力来分解海水制备氢气,并将氢气运送到岸上作为燃料使用。

(四) 最新进展

根据自然资源部国家海洋技术中心发布《中国海洋能 2019 年度进展报告》,自 2017年 5 月以来,在温差能技术进展方面,共验收 2 个温差能项目和 1 个盐差能项目,在核心装备方面未见大的进展。

第十二章　海洋施工装备

一、概念及范畴

　　世界贸易、能源需求、海洋环境保护等是推动海上施工装备发展的重要因素。海上施工装备是海洋开发过程中必不可少的工具，本书以海上施工装备中最为典型的三类船型——起重船、挖泥船、风电安装船为例，总结分析国内外相关技术产业的现状和趋势，以期为我国在该领域的未来发展提供参考。

二、全球发展态势

　　随着相关技术的发展以及市场需求的增长，对于海洋的开发、利用以及保护越来越受到各国的重视，也促进了各种海上施工装备的发展和应用。根据 Verified Market Research 的相关研究数据，截至 2018 年，全球疏浚市场价值超过了 103 亿美元，其中海外市场占比约 70%，预计未来的年复合增长率为 2.6%，在 2026 年达到 126 亿美元。海上起重市场随着沿海和深海工程的发展也在不断扩大。海上风电方面，全球的总装机容量已达到 40 吉瓦，且预计未来十年海上风电市场将快速增长，2030 年该数值可达到约 193 吉瓦，乐观估计 2050 年总装机容量将超过 500 吉瓦。

　　许多海上施工装备都是最先在欧洲发展起来的，相关的建造市场目前仍被欧洲船厂所主导[1]。欧洲大型造船集团设计和配套实力雄厚，经营方式灵活多样，有些公司既可以在自己船厂生产提供整船，为顾客提供定制服务，也可以为其他承包商或造船厂提供单个组件或套件，并与其他船厂进行共同设计和管理建造过程[2]。例如，荷兰 IHC Merwede 公司作为全球海上施工装备最具活力的供应商，其综合研发能力、设计建造技术和系统装备的专利技术方面都处于世界领先水平——全球第一艘采用 LNG 燃料推进的自航绞吸挖泥船 Spartacus 即由该公司建造；该公司建造的 5 000 吨起重船 Oleg Strashnov 可用于风电设备和油气平台的安装或拆卸。新加坡 Sembcorp Marine 公司最新建造的 Sleipnir 半潜式起重船总起重能力达到了 20 000 吨，为目前世界上最大的起重船[3]。丹麦 Knud E. Hansen A/S 公司在相关技术方面也颇有建树，其开发的新一代风电安装船可独立完成风机安装全过程，包括从打桩到连接件、塔筒安装以及最后机舱和叶片的安装，该船有 6 条桁架桩腿，即使其中一条出现问题仍能维持船舶正常工作，具有良好的安全性能[4]。

近年来,许多高新技术、新的设备和系统不断在海上施工装备市场中涌现,各类船型都有向着大型化、智能化和绿色环保化发展的趋势。在大型化方面,由于海上施工作业越来越走向深海,工程规模越来越大,对于施工装备也提出了更高要求,大型作业船舶因其作业效率高、应对气候能力强、稳定性好而成为势不可挡的发展趋势;在智能化方面,通过数字化和信息化技术的积累,在疏浚技术等领域逐步向智能化迈进,各国也在持续发展相关设备的电力驱动技术;在绿色环保化方面,随着"可持续发展"观念的日益深入,人们对于海洋环境的保护要求也逐渐加强,施工船舶在型线优化、废气排放、噪声抑制等方面都取得了不少进步和突破,LNG 等清洁燃料也在挖泥船、起重船上开始得到应用[5]。

三、我国发展现状

尽管我国在海上施工装备方面起步较晚,在设备核心技术方面仍然落后于欧美等发达国家,但发展前景非常广阔,经过半个多世纪的努力实现了快速发展,我国在挖泥船、起重船以及风电安装船等方面取得了巨大的进步,部分技术已经达到国际领先水平。

丰富的资源与庞大的市场需求促进了海上施工装备的发展。进入 21 世纪,我国在经济上增长快速,对外贸易量逐年增加,由此刺激了海运行业的快速发展。为了适应发展,我国掀起了一波港口航道建设高潮。根据交通部制定的发展规划,到 2020 年我国沿海港口的吞吐能力将达到 44 亿吨、集装箱码头吞吐能力达也将达到 1.7 亿 TEU、20 万吨级以上原油泊位的接卸能力达到 2.2 亿吨、矿石 15 万吨级以上大型接卸泊位能力达 2.1 亿吨[6]。根据 Future Market Insights 的报告预测,中国疏浚市场将从 2017 年的近 33.2 亿美元增长到 2022 年的近 38.0 亿美元,复合年增长率为 2.7%。

(一) 挖泥船

在挖泥船方面,至 2016 年我国已拥有挖泥船 1 000 艘左右,其中超过 80% 为国内自行设计建造,摆脱了对国外的依赖局面,尤其是进入 21 世纪以后,挖泥船建设井喷式增长,一大批具有自主知识产权、大型以上高技术高附加值挖泥船相继问世,填补了国内多项空白,不仅基本满足了国内需求,在出口方面也做出了新成效[2]。绞吸挖泥船从 1884 年美国人发明至今已有 130 多年历史,实现其定位、挖掘和输送三大功能的技术发生巨大变化,大致分为三个阶段:第一阶段是从 1884 年到 20 世纪 80 年代,以美国为代表,主要特征是在内河及湖泊区域作业,主要是挖淤泥,为小型装备,以半机械化为主;第二阶段是20 世纪 60 年代到 90 年代末,以欧洲为代表,随着运河开挖和沿海造地的兴起,作业区域达到近海,作业土质主要为硬质砂土和松碎岩石,基本实现全机械化,部分操作实现自动化,装备大型化发展;第三阶段从 21 世纪初开始,以我国为代表,作业区域拓展到远海,挖掘对象为坚硬岩礁,实现全自动化。2010 年由上海交通大学联合德国 VOSTA LMG 公司设计、由招商局重工(深圳)有限公司建造的"天鲸"号自航绞吸挖泥船挖掘效率为4 500 立方米/小时,总装机功率为 19 200 千瓦,绞刀功率为 4 200 千瓦,是当时亚洲第一、世界第三的自航绞吸挖泥船。通过"天鲸"号及几十艘大型绞吸挖泥船的成功建造,我国大型绞吸挖泥船设计建造实力得到突飞猛进的发展,自主创新能力显著提升,多项技术达世界领先水平。上海交通大学牵头联合国内各方力量经过多年探索实践,完成的"海上大型绞吸疏浚装备的自主研发与产业化"项目获得 2019 年度国家科技进步特等奖,解决了"海底高强度岩礁快速挖掘技术(挖得快)、顺应式钢桩台车定位技术(定得稳)、大通道高效疏浚输送技术(排得远)和多复杂系统优化集成技术(效率高)"4 项关键技术问题,年设计挖泥能力超过 10 亿立方米,形成了不同驱动形式、不同作业能力和不同定位方式等完整绞吸挖泥船船型系列,带动了疏浚行业装备技术与产业的高速发展,实现了我国大型绞吸挖泥船从"被封锁"到"出口管制"的历史性跨越。

(二) 起重船

与国外相比,国内的大型起重船市场发展才刚刚起步。随着国家能源战略的实施,深海油气田的勘探、开采进入具体实施阶段,关键装备的缺乏已对相关工程的实施产生严重的影响,大型起重船需求缺口非常大,市场前景较为看好[7]。中石油、中海油已加快相关装备的采购工作,同时,国内的设计研究机构、船舶建造企业经过近几年的发展,通过自主研发和引进、消化、吸收相结合的方式,在一些关键技术上已取得了突破性的进展,在大型起重船装备市场逐步形成了具有自主知识产权的核心产品。据《2015—2019 年中国起重船市场分析可行性研究报告》显示,我国目前 2 000 吨以上的起重船有 19 艘,2 000～3 000吨的有 6 艘,3 000～4 000 吨的有 6 艘,4 000～5 000 吨的有 5 艘,5 000 吨以上的有 2 艘。12 000 吨全回转起重船"振华 30"是世界最大的单臂架起重船,已经在港珠澳大桥建设中发挥重要作用。该起重船的多项技术属于行业一流、国际领先水平,在海工装备制造领域填补了多项技术空白。

(三) 风电安装船

在风电安装船方面,截至 2019 年 4 月初,国内投入使用的风电安装船共 22 艘,在建7 艘。中国船厂承接的风电安装船订单主要是面向国内市场。近年来,面向国内市场建造的风电安装船数量逐步增长,振华重工、韩通重工、黄埔文冲、厦船重工等国内船厂都纷纷投身该市场。其中,中船集团 708 所自主研发设计了我国首艘自升式海上风电安装船"海洋 38 号";武桥重工集团设计制造了国内首艘海上风电工程专用船"华尔辰号";振华重工设计并建造了国内首艘用于海上风电管桩施工安装的 800 吨全回转起重船"龙源振华1 号"[4]。建设与安装风机的核心关键之一在于吊装技术和专用安装船建造领域技术。较为成熟的海上风机吊装技术可分为分体法和整体法两种,两种方法各有优劣,目前运用最广泛的仍然是第一种传统吊装方法。专用安装船设计建造技术方面,中国船级社入级规范对自航自升式风电安装船设计建造的技术要点主要有① 桩腿设计,包括桩腿数量及结构形式的选择等;② 升降系统设计,主要是升降系统的安全可靠性设计;③ 吊机底座设计,包括吊机底座位置、形式、与船体的连接形式等[8]。然而,我国现役的海上风机安装船绝大多数并非为海上风电机组安装而特别设计的。与欧洲成熟国家相比,我国的风力发电技术还很不成熟,国内船东建造的风电安装船一般还处于第二和第三代之间,起重船或自升式安装平台的特点明显。目前国内建造的先进的第三代风电安装船的设计技术大部分还主要来自国外[9]。

四、发展面临的问题

尽管我国在绞吸挖泥船研发方面取得重大进展,但各类挖泥船装备的总体情况与国外相比还存在一定差距。

(1) 在开发与设计水平上:国内现有耙吸挖泥船的最大舱容量和绞刀功率与世界疏浚巨头还有一定差距,这两项参数是挖泥船较重要的参考指标之一。国产挖泥船舱容占比较低、载重量系数较低、推进效率较差,相关技术有待完善。

(2) 在生产制造上:国内挖泥船的生产制造周期较长,部分民营企业制造不规范,降低了船舶施工效率。

(3) 在配套设备和材料上:国内配套装备与机具和先进国家仍存在差距,机电设备和液压部件等尺寸大、重量大、使用性能较差,相关设备材料的研究进展较慢[10]。

五、未来展望

为积极响应国家海洋强国战略,提高对海洋资源的开发、管理能力,同时更好地迎合海上油气开发、清洁能源利用及海上废弃平台拆卸等市场需求,挖泥船、起重船和风电安装船等海上施工装备的发展方向主要有以下几点:

1. 装备大型化

从产业链来看,目前海上工程的建设规模越来越大,对海上施工装备作业能力的要求不断提高。大型挖泥船可有效降低疏浚成本、缩短工期和提高效率;大型风电安装船可安装大功率风机,降低海上风电运营成本。就起重船而言,其工作重心正转向废弃平台拆卸、大型海上桥梁工程和海上沉船打捞等对起重能力要求超过万吨的项目,而目前的局面是低起重能力有余,高起重能力不足,大型化是必然的发展趋势。

2. 作业水域深海化

深海是维护国家海洋权益的前沿,也是海洋资源开发利用的重点区域。随着海上油气开发逐渐向深海转移,相应的海上施工装备也应具备深海作业能力。我国在 2011 年初步形成具备 3 000 米水深作业能力的深水施工船队,包括海洋石油 201 深水起重铺管船、深水三用工作船等,以上装备已初步具备深水施工作业能力,但其概念设计、配套作业装备仍大量依赖进口[11]。

3. 智能化

从创新链来看,实现操作系统的智能化是海上施工装备的重点发展方向之一。目前,海上施工装备的作业过程主要依靠操作员凭经验手动控制,由于操控台仪表繁多,长时间的手动操作易使操作员疲劳,无法集中注意力进行精细化施工,且易受驾驶员情绪波动影响,操作失误率大。因此将人工智能技术应用到船上辅助操作,有助于确保施工的精度和安全性[12]。

4. 多功能化

海上施工装备大多造价昂贵,但使用工程安排可能较少,装备闲置不可避免。为尽量减少闲置率,提高装备的运营收入,在设计建造时往往会考虑多功能设置。例如,铺管船也会承担大型海上吊装工程;打捞船在承担海上沉船打捞之余,也会承接海上油气开发装备的海上吊装业务等。

5. 绿色环保化

由于海上施工或多或少会对海洋环境造成一定的负面影响,各国船级社等机构针对船舶的环境友好性要求也越来越高。新开发的海上施工装备在绿色环保方面都有不少具体的创新应用,例如,美国的"自由岛"号挖泥船加装了海龟偏针仪,避免疏浚过程中对海龟的伤害;D'Artagnan挖泥船的定位桩台车实现了免维护、免润滑,减少了润滑油的使用,对必须润滑的轴承也装有专门的滑油回收系统,尽可能减少对海洋环境的污染和破坏[2]。

面向未来,预计2035年我国将进入海上施工装备技术创新国家行列,在科技创新方面建立起海上施工装备技术创新体系,实现科技进步贡献率达到50%以上,科技成果转化率达到40%以上,整体水平接近发达国家[13];支撑产业方面形成较为完整的科研开发、总装制造、设备供应、技术服务等现代产业发展体系,基本掌握主力海上施工装备研发制造技术,工程装备关键系统和设备的配套率达到40%以上。到2050年,海上施工装备建设水平达到国际一流水准,科技进步贡献率和成果转化率分别提高至60%和50%,整体水平达到国际先进,并建立起完善的海洋工程与科研开发、制造、供应、服务现代产业体系,前瞻性技术开发能力大幅度提高。

参考文献

[1] 王凤云,王琼,罗超.大型起重船发展综述[C].中国船舶工业行业协会,2011:225-235.

[2] 刘厚恕.印象国内外疏浚装备[M].北京:国防工业出版社,2016.

[3] van Wijngaarden A M, Daniels N. Upgrading and conversion opportunities for floating offshore units[C]// Offshore Technology Conference, 2019.

[4] 张海亚,郑晨.海上风电安装船的发展趋势研究[J].船舶工程,2016,38(1):1-7.

[5] 蔡敬伟,苗静.全球挖泥船市场图谱[J].中国船检,2019(4):91-95.

[6] 武建中,卢志炎,盛晨兴.我国疏浚业的现状与展望[J].中国水运,2017(2):14-16.

[7] 康为夏,闵兵,李含苹.大型起重船的发展与市场前景[J].船舶,2009,20(6):13-17.

[8] 甄义省,邬卡佳,童波.自航自升式风电安装船总体设计[J].船舶工程,2019,41(6):18-23.

[9] 郝金凤,强兆新,石俊令.风电安装船功能及经济性分析[J].舰船科学技术,2014,36(5):49-54.

[10] 章文焯,付宗国,于宏斌.挖泥船与疏浚业发展现状及研究[J].机械工程师,2017(6):53-55.

[11] 周守为,李清平,朱海山,等.海洋能源勘探开发技术现状与展望[J].中国工程科学,2016,18(2):19-31.

[12] 魏长赟.无人挖泥挑战传统疏浚业[N].中国水运报,2019,29(4):3.

[13] "中国海洋工程与科技发展战略研究"项目综合组.海洋工程技术强国战略[J].中国工程科学,2016,18(2):1-9.

第十三章 海洋装备配套设备

一、概念及范畴

海洋装备配套设备指海洋装备平台和船舶的配套系统和设备,以及水下采油、施工、检测、维修等设备。按照配套设备的功能不同,大致可分为专用配套设备和通用配套设备。专用配套设备可分为承担不同专门功能的勘探设备、钻采设备、集输设备等。通用配套设备可分为动力及传动系统、电力系统、动力定位系统、通信导航系统、安全系统、系泊系统、甲板机械和舱室机械等。因篇幅所限,本章节内容仅涉及船舶常规动力系统装置、甲板机械、舱室机械、自主航行系统等部分通用配套设备。

(一) 船舶常规动力装置

船舶动力装置是船舶的核心设备,历经了多个演化和改进阶段,从最早的蒸汽机到混合动力装置,船舶动力装置逐渐向着高效、环保的方向演进。

1. 柴油机动力装置

柴油机动力装置是以柴油为燃料的内燃机,20 世纪 60 年代开始,柴油机动力装置全面取代蒸汽轮机,成为最主流的船舶动力装置,其技术成熟度也相对更高。其中,二冲程柴油机转速相对较低,可以直接驱动螺旋机进行工作,主要应用于大中型远洋运输船舶上。而四冲程柴油机转速较高,一般主要应用于小型运输船、客船、军舰和豪华游艇上。

2. 燃气轮机动力装置

燃气轮机动力装置是以油气作为燃料的动力装置,其突出的特点在于装置体积较小、重量轻、加速性能好,且运行过程中所产生的污染物远远少于柴油机动力装置。但是,燃气轮机动力装置也存在较多的缺点和不足,如燃气轮机的燃料(蒸馏油)价格非常昂贵、燃气轮机油耗较高、经济性不高等,因此很难在船舶当中得到普及。目前,只有少部分的高速客船和军用舰艇上配备了燃气轮机动力装置。

3. 电力推进装置

电力推进装置是以电动机做功来推动船舶运行的动力装置。目前,多数电力推进装置还需要配备柴油机或者燃气轮机产生电力能,为电动机提供能源。电力推进装置的特点在于安全性较高、可操作性强,船舶运行更稳定,并且经济环保。电力推进装置目前主要配备于豪华游船、海洋工程船和部分军事舰船等,具有非常广泛的推广和利用空间。

4. 混合动力装置

混合动力装置由电动组和主柴油机组成,通过联动形式为船舶提供动力。随着科学技术的不断发展,混合动力装置的运行状况更加稳定,两大动力能源能够稳定并车,使混合动力装置的应用越来越广泛,在许多船舶上都能够发现混合动力装置的身影。

(二) 甲板机械

甲板机械是指装设在甲板上,为保证船舶安全航行、锚系泊、装卸货、上下旅客的机械设备和装置,包括锚绞机、舵机、吊机、舱口盖、海上补给装置等。典型甲板机械按照船型配套,主要包括民船甲板机械和海工甲板机械。

(三) 舱室机械

船用舱室机械通常指在船舶舱室内配合主机运行的机电设备、船舶环保设备以及为乘员生活提供服务保障的机械设备或系统。主要包括船用污水处理装置、海水淡化装置、船用锅炉、空调装置及冷藏设备、泵阀类等设备。

(四) 自主航行系统/设备

自主航行系统作为自主航行船舶的顶层系统,一般包含自主航行决策系统、自主航行控制系统、态势感知系统、通导系统、综合自动化系统、船岸数据平台、船岸通信系统以及岸基运控中心等。

配套设备在海洋装备中的地位比船体要高得多,例如一艘造价数亿美元的 FPSO,船体造价不到总造价的 20%,80% 左右的造价被配套设备占据。如果我国海洋装备配套不能实现与海洋装备同步发展,只能长期徘徊在产业链的低端。因此,国内海洋装备企业提升核心技术能力,加快配套装备行业发展迫在眉睫。

二、船舶常规动力装置

(一) 全球发展态势

船用柴油机动力装置行业的发展受全球船舶产业影响,2017 年全球航运市场触底反弹,船用柴油机产量也恢复增长,2019 全球船用柴油机产量约 3 350 万马力,同比增长 7.0%。全球船用柴油机主要产自韩国、中国及日本。船用柴油机主要生产商为 MAN 公司和瓦锡兰(WARTSILA)公司,这两家公司已将超长冲程、高效、电控智能型柴油机作为其研发的重点方向,智能型柴油机的关键技术主要是电子调速器系统、电控燃油喷射系统、高压共轨燃油喷射系统、智能化电子控制系统等。

(二) 我国发展现状

2019 年,中国船用柴油机产量为 1 000.9 万千瓦,占全球三分之一左右,同比增长 2.2%。截至 2019 年 12 月,我国规模以上船舶企业完成工业总产值 4 860 亿元,同比增长 24.2%,其中船用柴油机(包括主机和辅机)的销售额大致占船舶总销售额的 20%,船用柴油机主机市场就达到 500 亿元左右。

总体而言,我国柴油机动力装置技术水平近年来显著提升,已经具备先进船用中速柴油机的研发能力,并初步具备低速机的研发能力,一批新产品正在开发,并陆续推向市场,沪东重机、大连船用柴油机厂等企业已进入世界十大造机企业行列。但是,国内造机企业较国际先进水平还有着一定的差距,企业综合竞争能力仍较弱。"十四五"期间,我国船用低速柴油机产业链上下游企业还需进一步加强合作,推动"国船用国机"的项目开展,提升自主研发、设计及制造能力,提高我国船用低速机的国际市场竞争力。

(三) 未来展望

常规电力推进装置基于其相对稳定的工作能力、经济环保等特点,在未来将会受到极大的普及和推广,以替代部分污染较为严重、性能低下的动力装置。通过对清洁能源的使用以替代柴油等燃料,进而进一步保证电力推进装置的环保性能。此外,电力推进装置还会继续加强对装置的经济性、操控性等方面的优化和改良,以提升电力推进装置的应用广泛度。

混合动力装置的设计和研发,主要是从柴油机动力装置的缺陷出发,试图通过集成其他动力装置的优点以提升柴油机动力装置的性能。但是,随着科学技术的不断发展,混合动力装置将面临更多的技术难题和发展任务。混合动力装置必须要加强对全新能源的寻求和探索,为动力装置提供源源不断的能源。

(四) 最新进展

2020 年 5 月,中国船舶集团全球发布船用双燃料低速机 WinGD X92DF。这是目前世界最大的船用双燃料低速机,由中国船舶旗下温特图尔发动机有限公司(WinGD)自主研发,上海中船三井造船柴油机有限公司建造,中船海洋动力技术服务有限公司保障,该机型成功研制是我国在船舶动力领域取得的重大突破。

WinGD X92DF 集超大功率、智能控制、绿色环保于一体,以优异的性能和排放指标引领世界同类型发动机。该型低速机在燃气模式下,采用奥拓循环原理,低压燃气进气技术,满足目前最严苛的 IMO Tier Ⅲ 排放标准。该机型配备的远程智能监控平台通过有效预判,实现远程支持,为其运行维护提供更加专业、智能、便捷、高效、可靠的用户体验。

三、甲板机械

(一) 全球发展态势

甲板机械的研发和生产主要集中在东亚和欧洲,东亚主要指日本、韩国和中国,欧洲主要指挪威、芬兰、德国、法国等,我国甲板机械面临的主要竞争对手是欧洲、日本和韩国。

1. 欧洲甲板机械发展态势

欧洲拥有强大的工业基础和世界领先的研发能力,甲板机械配套历史悠久,产品技术性能和质量优势明显。欧洲企业依托强大的甲板机械产品和系统集成能力,掌握核心配套,引领行业发展。通过收购形成跨国公司,以麦基嘉为例,旗下拥有众多甲板机械优质品牌和产品系列,通过产品组合形成竞争优势并占领甲板机械高端市场。另一方面,将价值链低端制造向东亚转移,由领先设备供应商逐步转型为客户提供增值和解决方案的全球服务商。欧洲主要甲板机械品牌、产品与服务如表13-1所示。

表13-1　欧洲主要甲板机械品牌、产品与服务

项　　目	品　　牌	国　家	主要产品与服务
甲板机械	康斯伯格	挪威	船舶、海工等各类甲板机械
	麦基嘉	芬兰	船舶、海工等各类甲板机械
	利勃海尔	德国	船用吊机、海事起重机
	BLM	法国	船舶与海工电动甲板机械
	ODIM	挪威	科考船绞车、工程船特种绞车

2. 日本、韩国甲板机械发展情况态势

日本、韩国甲板机械一直跟进欧洲领先技术,甲板机械以船舶配套为主,形成相对完整的船舶配套产业链,并大量向国外出口,海洋工程装备甲板机械发展相对滞后。日本、韩国甲板机械技术80%～90%来自欧洲,在消化和吸收基础上,掌握元器件核心技术,不断通过技术改造和自主创新,使日本、韩国的甲板机械设备可与欧洲抗衡。在引进欧洲先进技术的同时,实施保护性措施,如限制二次开发获得的技术对外转让、国内可以生产的设备限制进口等。日本、韩国主要甲板机械品牌、产品与服务如表13-2所示。

表13-2　日本、韩国主要甲板机械品牌、产品与服务

项　　目	品　　牌	国　家	主要产品与服务
甲板机械	石川岛播磨(IHI)	日本	锚绞机、船用吊机
	三菱重工(MHI)	日本	锚绞机、舵机、船用吊机
	川崎重工(KHI)	日本	锚绞机、舵机
	福岛	日本	锚绞机、海工绞车
	FLUTEK	韩国	锚绞机、舵机
	YOOWON	韩国	舵机

(二) 我国发展现状

经过多年发展,我国在甲板机械领域基本建立起较为完善的产业体系,可为内河船、近海船、远洋船舶及海洋工程船舶提供绝大多数配套设备。合并重组后的中国船舶集团有限公司拥有目前国内最大、最强的甲板机械研发、生产制造能力,旗下拥有第七〇四研究所、武汉船用机械有限责任公司、中船南京绿洲机器有限公司、华南船舶机械有限公司四家甲板机械厂商;中交集团旗下拥有上海振华重工(集团)股份有限公司,在大型特种甲板机械研发和生产制造商业拥有不俗的实力;民营企业方面,江苏政田重工股份有限公司、南通力威机械有限公司、无锡海核装备科技有限公司等。

1. 我国甲板机械发展特点

散货船、油船、集装箱船等主力船型甲板机械通过引进专利技术实现本土化配套。

LNG船锚绞机、雪龙号极地科考船甲板吊机等高技术、高附加值船舶甲板机械,通过引进技术消化吸收再创新实现配套。海洋工程装备甲板机械拥有自主知识产权,深海科考船收放系统、浮式平台定位绞车系统、多功能支持船拖带系统等自主品牌甲板机械逐步替代进口,实现规模配套。随着我国甲板机械研发和生产制造实力的增强,有实力的甲板机械厂商开始由单一设备供应商向系统集成供应商转变,并逐渐实现了国产典型甲板机械的集成配套,如海洋工程船甲板机械配套,风电安装船甲板机械配套等。

2. 我国甲板机械存在的差距

尽管经过多年发展我国甲板机械在各方面均取得了长足的进展,但是与世界一流水平相比,还存在差距,主要体现在:① 远洋船舶甲板机械多采用联合品牌生产,自主品牌市场认可度低。② 在技术水平方面,我国甲板机械产品可靠性、重量、效率等技术指标与国外同类产品存在差距。③ 在核心配套方面,我国甲板机械产品产业链不完善,核心元器件自主可控能力差,受制于人。④ 在规格系列方面,大型邮轮锚绞机等高端甲板机械国内处于空白。⑤ 在服务方面,我国甲板机械产品未建立起完善的全球服务网络和服务体系。

(三) 未来展望

展望未来,甲板机械发展面临四个方面的市场环境:一是全球航运市场低迷、油价持续下跌;二是船厂承接新船订单大幅下降;三是海洋工程装备市场明显萎缩;四是国际海事新标准、新规范持续出台。面对上述市场环境,航运业对船舶经济性、可靠性、环保性等方面要求不断提高,甲板机械未来将朝着绿色环保、智能化、系统集成方向发展。

1. 绿色环保

研发低速大扭矩永磁高效电机应用于海军舰船、大型救助船、大型邮轮等甲板机械。与液压甲板机械相比,永磁电动甲板机械具有绿色高效、低噪声振动、结构紧凑、使用维护安装方便等特点,符合节能环保的要求,已成为甲板机械技术的研发方向。越来越多的甲板机械厂商将甲板机械产品的研发重点转向减少产品生命周期的能源消耗,提供环境友好型解决方案。

2. 智能化

微电子数字技术的广泛应用,大大提高了甲板机械操作控制的自动化、智能化水平,集中控制和遥控程度大幅提高,使操作更加方便、安全。为适应智能船发展,数字化舵机、远程操控甲板吊机、自动靠离泊设备、三用工作船无人甲板机械系统等智能甲板机械逐步推向市场。

3. 系统集成

以满足实际需求为目标,持续开发领先的系统集成和智能解决方案,并研发集成化的甲板机械配套设备。如海洋科考船甲板机械系统、深海采矿水面支持系统、铺管船自动移船定位绞车系统、海上风电运维船甲板机械系统、深水多功能工程船甲板拖带系统、物探船布放回收系统等。

（四）最新进展

回顾近些年甲板机械在全球的发展,甲板机械技术在近些年取得了一定的发展,并展现出一些技术亮点。

为缩短技术研发周期,提高产品质量,降低新产品的研发风险,正在推进可靠性、虚拟设计与试验、低噪声振动等技术在锚绞机、舵机和甲板吊机等深化应用,带动了传统产品的提档升级。

国内外相关企业相继研发了为甲板机械配套的低速大扭矩永磁高效电机等驱动装置,应用于锚绞机、拖缆机等甲板机械产品。2020 年,武汉船用机械有限责任公司研制的国内首台采用永磁高效电机驱动的电动锚绞机取得船级社证书,该锚绞机性动态响应时间、过载能力、效率和用户实操体验感等指标超出预期。

四、舱室机械

（一）全球发展态势

纵观全球市场,舱室机械几乎由国外品牌主导垄断。国际上著名舱室机械品牌有英国汉姆沃斯(2012 年已被芬兰瓦锡兰公司收购)、瑞典阿法拉伐、美国约克等品牌。

1. 污水处理装置

就船用污水处理装置而言,它包括油污水和生活污水两大类,无论从技术还是市场来看,欧美国家企业技术及其研发的产品均占主导地位。国外船用油污水处理装置主要采用膜分离技术、吸附分离技术和其他污油水分离技术,而船舶生活污水处理装置主要采用生化法、物化法和电解法,如英国汉姆沃斯公司以生化法为原理的 ST 型装置,丹麦阿特拉斯公司以物化法为原理的 AWW 装置,美国以电解法为原理的 OMNIPURE 污水处理装置等。

2. 压载水处理

自 2017 年 9 月 8 日《国际船舶压载水及其沉积物控制和管理公约》形成及生效以来,凭借巨大的市场前景,吸引了国内外大量企业涌入压载水处理系统研制领域。截至 2020年底,获得 IMO 型式认可的压载水处理系统有 80 型之多,获得美国海岸警卫队(USCG)型式认可的也有 22 家企业共 25 型产品。尽管现有船舶的加装需求尚未大规模释放,但压载水处理系统市场已是一片"红海"。全球市场呈现以下三大特点:

一是全球船舶压载水处理系统品牌呈现百花齐放的局面。据不完全统计,目前有 45家船舶压载水处理系统品牌商具备供货业绩,包括 20 家欧洲企业、10 家中国企业、7 家韩国企业、4 家日本企业和 4 家美国企业。在业绩排名前十家企业中,欧洲 4 家(Erma First、Optimarin、Alfa Laval、Ocean Saver),韩国 2 家(TechCross、Panasia),中国 2 家(海德威、双瑞),日本 1 家(JFE Engineering),美国 1 家(Hyde Marine),前 10 家合计市场份额已经达到 90%。这说明压载水处理系统产业仍处于初级发展阶段,各个厂商之间并未形成较大的竞争力差距,各类品牌之间的竞争非常激烈,后期的竞争格局仍可能有较大变数。

二是各国船舶压载水处理系统厂商对不同市场的渗透存在差异。中国、日本、韩国等主要造船国家依托本国巨大的船舶总装建造市场,在新造船压载水处理系统市场的业绩比较突出,而欧洲压载水处理系统品牌商依托较为庞大的船东客户群,在现有船舶压载水处理系统市场的业绩相对较好。

三是紫外线方法和电解方法成为船舶压载水处理的主流技术。由于 2009 年以后,紫外线方法不再需要提交国际海事组织进行环境评估的认可,因此市场上采用紫外线方法为产品技术的厂家较多。此外,由于紫外线方法比电解方法更环保、安全,已成为最具市场前景的船舶压载水处理方法。目前,世界上船舶压载水处理系统研发企业以紫外线和电解方法为主。

在全球加紧研制推出压载水处理系统的同时,美国、荷兰和日本却有研究机构独辟蹊径,研发无压载水舱船舶,以期彻底解决压载水污染问题。美国密歇根大学推出了开放型水流箱设计理念,并成功研发出无压载水舱货船;日本研究机构提出的 V 形船身无压载水舱超大型油船(VLCC)设计;荷兰代尔夫特大学已在船企建造出单一结构船身型船舶,从试航检测来看,其性能基本达到了真正无压载水舱船舶的设计要求。我国相关企业也在进行着这方面尝试,如广州协尔达船舶设计有限公司成功研发出"无海水压载油船、化学品船、散货船";宁波东方船舶修造有限公司还将承建全球首艘无海水压载油船等。

(二) 我国发展现状

近十年,工信部以"高技术船舶科研计划项目"为依托,支持船用配套设备项目 40 项,重点围绕甲板机械、舱室机械、船舶操控设备、船舶环保设备和新型特种设备等设备的关键技术和产品研发持续投入,基本形成了船舶配套自主研发与产业化能力。在舱室机械方面,重点开展了大型货油泵系统、船用蝶式分离机、船舶中央冷却等关键配套设备研制,掌握了涡轮货油泵系统、液压潜液泵等液货装卸系统的设计、制造及试验关键技术,实现了大型货油泵系统在原油船、成品油船和化学品船等典型船型配套,船用蝶式分离机、冷却系统等舱室机械实现了规模配套。

1. 污水处理装置

目前,我国船用污水处理装置主要采用膜分离法、生化法、物化法研制。主要研究和生产单位有中国船舶集团第七〇四研究所、南京中船绿洲机器有限公司、江苏南极机械有限责任公司等;其中,第七〇四研究所成功研制了 MBR 系列序批式膜法生活污水处理装置、CYZ型油污水处理装置等,达到国际先进水平,成为我国高端船舶配套产品;南京中船绿洲机器有限公司引进英国汉姆沃斯公司生化法技术生产的 ST 系列船用生活污水处理装置得到中国船检、欧盟 EC 认证、美国海岸警备队、英国劳氏船级社等许多国家船检部门的认可,80%用于出口船舶;江苏南极机械有限责任公司采用生化法研制了 WCB 型生活污水处理装置,达到国际排放标准,获 CCS 型式认可证书、USCG 证书、EC 证书、BV 证书等。

总体而言,我国已基本具备三大主流船型污水处理设备自主配套能力,但是建造的主流船舶大部分采用国外品牌,即使国内一些产品已接近进口或国外产品水平,由于国产设备大部分缺乏可靠性指标,船东对国产设备的质量还存在一些担忧,首台套设备面临"上船难"困境,导致自主品牌产品装船率较低。

2. 压载水处理

近年来,国内对港口及海洋环境的保护意识越来越强,尤其是船舶压载水排放造成的环境污染及影响,引起了我们国家及地方政府的高度重视,并在相关政策规划中,把船舶压载水处理系统作为我国船舶配套业发展的重点产品之一。目前,我国约有 15 家船舶压载水处理系统产品通过 IMO 型式认可,尤其是青岛海德威和双瑞最具品牌和国际影响力,在 2019 年分别占全球市场 9.5% 和 6.5%。在技术方面,国内压载水处理系统技术与世界先进水平处于并跑阶段。

压载水处理系统是我国船舶工业少有的能够参与国际市场竞争并取得一定市场份额的自主品牌船舶配套产品,但是我国研发企业在船舶压载水处理系统所用到的余氯分析仪全部依赖进口,尚需突破该型设备结构设计和优化技术,相关指示剂和缓冲剂研制等关键技术。中国船舶配套企业在抓住即将到来的市场机遇的同时,更应把眼光放长远,关注产品质量、技术水平的提升与售后服务体系的完善,在发挥中国造船市场优势的基础上,进一步建立与中国造修船企业的密切协作,推进相关改装标准的联合制定,确保设备装船后实际处理效果的符合性;主动听取船东的反馈,把服务好船东作为生存和发展的第一要务,构建与主流船东的稳定合作关系,发挥品牌效应,带动脱硫系统、脱硝装置等其他配套产品装船,迎接终将到来的产业结构巨变。

(三) 未来展望

1. 污水处理装置

随着环保基础技术的不断发展及环保标准、法律法规的日益严格,在船舶高效绿色环保理念的驱使下,船用环保设备需求激增,船用污水处理装置有望迎来大规模的发展。未来将以污水处理装置、油水分离装置、舱底水处理装置实现了产业化配套为目标,提升本土化装船率。船舶固体、液体、废气垃圾处理技术发展均呈现出多元化及交叉化的趋势,已逐渐从单一污染物治理迈向综合治理的方向。

2. 压载水处理

2019 年 9 月 8 日开始,现有船舶压载水处理装置的安装市场正式启动。全球约有90 000 艘现有船舶尚未安装压载水处理系统,扣除不适用于压载水管理公约的船舶以及考虑到部分老旧船舶可能放弃安装而退出市场,预计未来 5 年全球约有 20 000 艘的现有船舶需要安装压载水处理系统,按照平均每艘船安装 2 套压载水处理系统计算,总需求约40 000 台(套),年均需求约 8 000 台(套),再加上每年 1 200 多艘的新造船安装需求,压载水处理系统的年均需要将超过 10 000 台(套),将给修船厂的船位带来很大压力。

2024 年之后压载水处理系统的市场需求主要集中在新造船领域,年均需求将从10 000 台(套)左右快速萎缩至 3 000 台(套)左右,呈现断崖式下滑。在众多厂商竞相扩大产能的背景下,随着市场需求的大幅萎缩,压载水处理系统产业也难以逃脱产能过剩的"魔咒",2024 年后的产能利用率可能不足 30%。可以预计,届时市场竞争将极为激烈,部分企业难免退出市场,产业很可能出现大规模的兼并重组。

(四) 最新进展

1. 污水处理装置

2019 年,中国船舶第七〇四所研制的分布式模块化智能污水处理装置成功中标崇明农村污水处理项目。2019 年 11 月,为减少环境污染,交通运输部海事局发布《内河船舶法定检验技术规则(2019)》,2020 年 6 月 1 日起正式实施,规定新建内河船舶需配备生活污水处理或贮存装置。

2. 压载水处理

2018 年 4 月,青岛双瑞 BalClor® 船舶压载水管理系统全球首获挪威船级社(DNVGL)代表挪威海事管理主管机关(NMA)颁发的基于 IMO 新 G8&G9 导则的型式认可证书。

2018 年 11 月,青岛海德威科技有限公司获得中国第 2 家,同时也是全球第 12 家的压载水处理系统的 USCG 型式认可证书。

2019 年 1 月,上海海洋大学船舶压载水检测实验室获 DNV GL 认证;同年 6 月,该校船舶压载水检测实验室获 USCG 认可资质,这是我国第一家在压载水检测领域获得国际认可的实验室,也标志着我国的船舶压载水检测实验室迈入国际一流的压载水实验室行列。

2019 年 3 月,青岛双瑞公司压载水产品获 CCS 代表中国海事主管机关颁发的 IMO 新 G8 型式认可证书。2019 年 4 月,青岛双瑞公司压载水管理系统基于 IMO 新 G8 的型式认可报告通过了 IMO MEPC 批准,并作为 IMO MEPC 74 次会议文件正式向全球发布,属全球首例,夯实了该产品在全球压载水处理领域的技术领先地位。2019 年 8 月,青岛双瑞 BalClor® 船舶压载水管理系统成功获得了韩国船级社 KR 新 G8 型式认可证书,成为韩国以外全球首家获得 KR 基于新 G8 导则型式认可的压载水处理设备厂商。

2020 年 10 月,进出境船舶压载水检测实验室联盟在江阴成立。作为我国压载水领域首个实验室联合体,拟将压载水检测实验室联盟建设成为全国压载水检测新技术研发和培训基地、全国压载水研究协同创新联盟基地以及全国压载水检测技术支撑平台、全国压载水管理策略咨询平台、全国压载水检测公共服务平台。

2021 年 1 月,海德威海洋卫士压载水处理系统(BWMS)正式取得由日本国土交通省认定颁发的型式认可证书。该证书完全基于国际海事组织(IMO)最新 BWMS 规则〔BWMSCode MEPC 300(72)〕,由此,海德威也成为国内首家取得日本政府最新型式认可证书(基于最新 BWMS 规则)的压载水处理系统厂家。

五、自主航行系统/设备

(一)全球发展态势

当前,全球范围内搭载有较为完整的自主航行系统的无人船已不在少数,包括罗罗公司的"Falco"号轮渡、瓦锡兰公司的"Folgefonn"号客货船、ABB 公司的"Suomenlinna"号客轮渡、康士伯公司的"Yara Birkeland"号货船、美国中型水面无人艇"海上猎人"号"Sea Hunter"以及国内首艘无人驾驶自主航行系统试验船"智腾"号,上述无人船舶的自主航行系统均已进入测试验证阶段,在自动避碰、航速与航线设计优化、自主循迹、自动靠离泊以及远程遥控等功能测试过程中,积累了大量自主航行试验数据,为未来自主航行系统的成熟及大规模应用打下坚实的基础。将自主航行系统与大数据、物联网、云共享、人工智能、增强视觉等前沿技术相结合,以提高船舶的感知精度、决策运营效率、降低能源消耗等已成为当前全球各国自主航行系统的发展趋势。

(二) 我国发展现状

目前,国内搭载有自主航行系统的船舶主要包括由武汉理工大学与珠海云洲智能有限公司联合打造的自主航行货船"筋斗云"号、中国船舶集团第七〇四研究所与青岛智慧航海科技有限公司合作设计研发的自主航行系统试验船"智腾"号、300TEU 自主航行散货船"智飞"号等。总体来看,尽管国内相关高校、企业与科研机构已经在自主航行系统的研究领域取得了一些成果,配套的试验验证平台也已在逐步搭建中,但自主航行系统的部分关键技术仍需进一步突破。

动力定位系统作为自主航行系统的重要组成部分,决定着自主航行系统功能实现的稳定性与可靠性,然而其核心技术仍牢牢掌握在康士伯等传统国际大厂手中,国内相关高校或企业的自研成果还与之有一定差距,这将逐渐成为自主航行系统急需突破的技术瓶颈,也是自主航行系统要做到完全自主可控必须面对的问题。

此外,自主航行系统核心设备及元器件的国产化替代也是当前急需解决的问题,当前国产元器件及设备如可编程逻辑控制器、红外摄像头、高精度 GPS 等,其可靠性及精度水平仍不及国外,为保证自主航行系统的安全与可靠,不得不选用相关进口设备。

在产业发展方面,由于自主航行系统所带来的经济效益仍不明显,造价又较为昂贵,船东方面接受度较低,距离大规模产业化还相距甚远,当前仍需依赖国家相关机构或政策的支持与引导,支撑相关科研技术的攻关,以保证自主航行系统的落地与成熟应用。

(三) 未来展望

在民用领域,目前对自主航行系统有着迫切需求的是消防船、抢险船等特殊作业船舶,主要客户为各大港口集团(特别是交接危化货品的港口集团),消防局,救捞局等,在近海危险环境中使用无人驾驶船舶代替有人船舶将成为未来几年内无人船的重要应用领域。此外,人工智能算法与态势感知系统、航行决策系统的结合,将是自主航行系统未来最为重要的发展趋势,可为作战指挥员提供增强感知、自主/辅助决策、精准控制等功能。

无人船自主航行系统目前在国内外均处于研发阶段,尚无成熟产品。全球各国研发的自主航行系统正逐渐与增强现实(AR)技术、人工智能(AI)技术、高速通信技术、新能源技术等深度融合,从而达到综合显示、精确感知、自动避碰、高速通信、节能减排等目的。通过自主航行系统的发展带动全船各系统及设备的智能化与无人化,甚至带动整个船舶行业的智能化水平,应该是当前我国在自主航行系统研发应用过程中应当沿用的正确思路。

此外,自主航行系统各设备的国产化替代、无人船集群任务场景下自主航行系统的设计研发、船舶模型及参数的分析计算、自主航行船配套港口设施建设等都是当前尚未解决的难题。

(四) 最新进展

2020年10月19日,韩国三星重工在其巨济造船厂附近海域对一艘长38米的300吨级实船"SAMSUNG T-8"号成功进行了远程自主航行测试。三星重工自主研发的远程自主航行系统(samsung autonomous ship, SAS)可以实时分析安装在船舶上的雷达、全球定位系统(GPS)、船舶自动识别系统(automatic identification system, AIS)等航海通信设备的信号,并识别周边船舶及障碍物。该系统可根据船舶航行特点,对船舶碰撞危险度(collision risk index, CRI)进行评估,找出最佳避碰路径,并通过推进及转向装置自动控制,使船舶可以独自安全航行至目的地。"SAMSUNG T-8"号所搭载的自主航行系统除了具有常规的自主航行与远程遥控功能外,还配备了一套基于增强现实(AR)技术的辅助航行系统,以监控船舶运行状态及周围环境态势,并计划进一步结合人工智能(AI)以及超高速移动通信技术,实现更为先进的自主航行系统。

2020年11月底,挪威船厂VARD宣布已将世界首艘纯电动自主航行集装箱船"Yara Birkeland"号交付。"Yara Birkeland"号最大的亮点是使用纯电动和无人驾驶技术,在保证节能减排的同时,利用安装于船舶的全球定位系统、雷达、摄像机和传感器等部件,实现在航道中的自动避让,并在到达终点时实现自行靠泊。该船将在挪威Horten港口附近的指定区域进一步测试开发自主航行系统,逐渐从有人操作过渡到自主操作,计划将在2022年实现完全自主航行。

2021年6月测试运营的国内首艘自主航行集装箱船"智飞"号,搭载了由交通运输部水运科学研究院、智慧航海(青岛)科技有限公司、中国船舶第七〇四研究所等多家科研机构和企业完全自主研发的自主航行系统。该系统采用中国船舶第七〇四所研发的大容量直流综合电力推进系统,首次在同一船舶上实现直流化、智能化两大技术跨越,具有人工驾驶、远程遥控驾驶和无人自主航行三种驾驶模式,能够实现航行环境智能感知认知、自主循迹、航线自主规划、智能避碰、自动靠离泊和远程遥控驾驶。通过5G、卫星通信等多网多模通信系统,可以与港口、航运、海事、航保等岸基生产、服务、调度控制、监管等机构、设施实现协同。此外,"智飞"号还将配备船舶航行辅助系统,以便在人工驾驶模式下为驾驶员提供信息、环境认知、避碰决策、安全预警等全方位的辅助支持。

第十四章　海洋安全保障装备

一、概念及范畴

海洋安全保障装备是指以满足海域管控为目的、维护保障国家海洋安全和权益相关的海洋装备。海洋安全保障装备包含海域感知装备和海上维权装备两大类别。要实现我国海上安全通道及重点海域管控,首先要能保证对海域的长期、连续、无缝的监控,海域感知能力是海洋安全的重要前提和基础支撑。但要达到海域管控的目的,仅有感知是不够的,还要具备海上维权能力,在感知到相关海上信息后能够及时进行行动,具备应对处置能力。

海域感知装备主要指用于掌握与海域相关的、可能影响国家安全、安保、经济或环境的目标及环境信息的装备,包括海洋监视预警装备和海洋环境观测装备,前者主要针对海洋目标,后者主要针对海上环境。

海上维权装备主要指以海军、海警力量为主的海上维权执法力量所使用的装备,包括海上维权执法平台装备、监视取证装备以及武器装备等。

二、全球发展态势

(一)海域感知装备

海域感知装备的主要作用是提供海洋信息的获取、传输、处理与服务能力,支撑国家战略利益空间拓展。为应对日益多样和复杂的海上形势,面对隐身舰船、新型安静型潜艇、海上无人系统等新兴威胁和高威胁目标,欧美等国积极探索新型海上感知手段和技术,研发新装备,推进重大装备的试验和部署,提高复杂环境下对各种目标和环境的感知理解能力。

1.海洋监视预警装备

海洋监视预警装备是保障国家海洋安全的重要装备,主要用来获取管控海域内水面、水下等各类有人目标信息和无人目标信息。加强海洋监视预警装备能力水平,将有利于海上力量及时掌握不同目标的位置、动态、意图等。目前的海洋监视预警装备系统已集成应用了由卫星组成的天基监测预警系统、由飞机和无人机组成的空基监视系统、由固定监测站和雷达站组成的岸基监视预警系统以及由水面/水下移动和固定平台组成的海基监视预警系统。其中,天基、空基、岸基装备技术成熟,应用广泛,而水下预警探测装备和系统出现较晚,目前在世界各国的重视下正处在快速发展阶段。

在水下预警探测方面,各国在监视预警装备发展上特别强调关键海域的反潜与监视能力,以美国为代表等国家正大力发展水下监视预警技术和装备。美国自 20 世纪 50 年代开始发展水下固定监视系统,在挪威海、格陵兰至英国、美国东海岸、第一岛链、阿留申至夏威夷群岛、美国西海岸等大西洋和太平洋海域建立了固定式水下监视系统(sound surveillance underwater system,SOSUS)[1];为扩大远海海域潜艇监测预警范围,弥补固定式水下监视系统的不足,美国海军又研制了拖线阵监视系统(surveillance towed array sensor system,SURTASS),并将其装备于海洋监视船,与固定式水下警戒系统逐步形成了综合水下监视系统(integrated undersea surveillance system,IUSS)[2]。20 世纪 80 年代,随着国际形势变化和技术发展,美国研制了采用光纤传输、局域网等先进信息技术的固定分布式系统(fixed distributed system,FDS)升级 SOSUS 系统,提高对低噪声潜艇的探测能力。为适应海上作战重点的战略变化,美国先后研制了先进可部署系统(advanced deployable system,ADS)[3]、可部署分布式自主系统(deployable autonomous distributed system,DADS)[4],用于濒海环境反潜,便于快速、灵活、大面积部署。

美国在不断拓展、部署更加先进的海底水听器阵列的同时,通过综合集成快速发展的无人系统装备,构建新型网络化无人化海域探测系统,向分布式、一体化的水下预警探测网络方向发展,比较典型的项目有广域海网(seaweb)、近海水下持续监视网(persistent littoral undersea surveillance network,PLUSNet)、深海对抗(deep sea operations program,DSOP)项目、分布式敏捷反潜(distributed agile submarine hunting,DASH)项目等。广域海网(Seaweb)是一种包含固定节点、移动节点以及网关节点,并通过水声通信链路连接而成的海底水声传感器网络[5]。近海水下持续监视网(PLUSNet)是美国海军研究办公室提出的、由多型、多个水下无人装备组成的近海反潜探测网络,系统中包含不同类型水下装备,包括 UUV、潜标、浮标、水声传感阵等,利用潜艇垂直发射筒布放回收,实现对近海环境中安静型常规潜艇等目标的监视,2013 年至 2015 年已成功完成各项海上测试工作,目前已进入小规模部署阶段[6]。深海对抗(DSOP)项目由美国国防高级研究计划局(DARPA)2010 年启动,旨在利用部署于海底或海底附近的传感器网络,构建可对部署区域上方海域的安静型潜艇进行探测识别的深海预警系统,该系统利用在深海分布式部署的声学和非声学传感器来提升深海区域的反潜监测能力,以在深海区域有效保护美国航母战斗群[5]。同样由 DARPA 开展的分布式敏捷反潜(DASH)项目,是美海军首型覆盖深、浅海域,移动式与固定式结合的全方位广域反潜探测网络,具备执行保护航母打击群、保护海上通道、区域清除和大范围海上监视等任务的能力。DASH 由深海反潜子系统和浅海反潜子系统构成,两套系统通过在探测区域、探测方式上的互补来提高整体探测能力[7]。深海反潜子系统采用声学探测方式,由可靠声学路径转换系统(transformational reliable acoustic path system,TRAPS)和潜艇风险控制系统(submarine hold at risk,SHARK)组成,其中 TRAPS 通过部署于海底的固定被动式声学传感器从下向上探测广阔范围内的敌方潜艇和水下无人航行器,该系统作为深海固定监视系统为美反潜指挥补充了全球范围内灵活、快速的广域监视信息。美海军信息作战系统司令部于 2019 年 6 月

21 日授予 Leidos 公司 7 280 万美元合同,用于研发可靠声学路径转换系统(TRAPS),合同工作预计于 2022 年 6 月完成。而 SHARK 则是一种集成主动声纳系统的深海反潜无人航行器,主要实现对初步探测到的潜艇的跟踪。浅海子系统采用非声探测手段,一般由无人机搭载分布式移动传感器,自上而下对广阔的浅层大陆架区域进行探测[7]。

为进一步加强对大范围关键海域的监视预警能力,发达国家融合集成海域感知装备,加强海洋信息资源共享。通过将包括传感器、数据链、指挥控制系统等在内的海域感知装备集成,并依靠先进高效的多源异构信息融合技术建立功能更加先进、适应对关键海域大量目标监控的海上集成监视系统,由系统统一规划信息资源分发,确保不同海上力量及时准确获取所需要的相关信息,实现对大范围关键海域以及海上不同目标的实时监视和预警。由美国开发的综合性海域感知系统——海岸监视系统(coastal surveillance systems,CSS)通过整合各类传感器和数据,获取不同来源的大量数据信息,并通过数据融合建立了不同的专门数据库,在此基础上创建完整的海域感知图像,实现了为海上力量提供有关沿海区域内目标活动实时信息的目的[8]。

2. 海洋环境观测装备

海洋环境观测装备主要针对海洋气象、水文、地理环境等信息进行海洋观测,提供海洋环境信息保障,支撑海洋权益保护以及维权行动。世界各海洋强国长期关注和发展现代海洋观测技术,提升海洋观测和预报能力,海洋环境观测装备向着综合性立体观测、全方位精细化信息感知方向发展。

目前的海洋环境观测装备已发展成为包括卫星遥感、浮标阵列、海洋水文/气象观测站、水下剖面、海底观测网络和科学考察船的全球化观测网络[9]。从 20 世纪 80 年代后期发展至今,已经形成了多个覆盖全球或部分区域的海洋观测系统,典型代表有全球海洋观测系统(GOOS)、全球海洋实时观测网(Argo)、美国近海海洋观测实验室(coastal ocean observation lab,COOL)和加拿大"海王星"海底观测网(NEPTUNE-Canada)等。全球海洋观测系统(GOOS)从空、天、岸、海、水下等不同空间的平台对海洋各个区域进行综合立体观测[10];全球海洋实时观测网(Argo)建立的是一个实时、高分辨率的全球海洋中、上层监测系统[11]。除上述全球化海洋观测系统外,区域性的海洋观测系统也得到了广泛应用,各海洋国家相继在关键海区建立了长期运行的多参数立体实时监测网,通过在应用中逐步完善海洋长时间序列综合参数采集和应用能力,为海洋生态、生物资源、环境监测、预报预警等方面提供数据资料[11]。

未来,在各个国家的需求基础上,海洋环境观测装备将进一步向观测计划或系统综合交叉融合的方向发展,深度发掘海洋大数据信息。

(二) 海上维权装备

海上维权装备是保障海上维权执法能力发挥的基础。面对复杂困难的海上维权形势,世界各海洋强国均建立了强大的海上力量,并通过不断加强在海上装备建设方面的投入,持续提升海上维权装备水平,强化海上维权执法能力,维护国家海洋权益。

1. 平台装备

平台装备是海上维权执法的基础,也是日常海上维权行动的主体。

在海警装备方面,各海洋国家通过完善海上维权装备体系,建造专业维权执法平台,提升海上维权和处置能力。目前美、日、韩等国家都建设了强大的海警力量,装备了数量众多的先进海警平台装备。其中,美国的海岸警卫队拥有全球最强并且装备体系最完善的海警力量,各级别大中型舰船两百多艘、飞机两百多架。近年来在新的国际形势下,美国海岸警卫队不断进行现代化技术和装备升级,装备新型先进装备,例如全球鹰无人机、倾转旋翼无人机、C-130J战术运输机等[8]。另外,美国海岸警卫队还通过与海军合作,加强了与国家军事力量之间的联系,在非战时海上任务行动中发挥了重要作用,提升了国家整体军事实力。作为一支准军事部队,日本海上保安厅是日本主要的海上执法力量,目前拥有七百余艘各型执法舰船、近百架飞机,配备先进维权执法装备,敷岛型巡视船和"秋津岛"号新型大型巡逻船是日本海上保安厅的两艘最大级别的巡逻船,另外还配备了"昭洋"号测量船、新式高速巡逻艇(速度可达70节)等新型平台装备,有效支撑了其海上的维权执法行动。韩国海警目前约有三百艘公务舰艇以及少量巡逻机和直升机,由于韩国和日本的独岛主权争议问题,多年来韩国海警力量不断强化警备,逐步加快了其维权执法平台以及配套装备的更新步伐,还将可搭载舰载直升机的5 000吨"三峰号"警备舰、1 000吨和500吨警备艇组成联合巡逻警备队[12],提升海上主权维护能力。

在海军装备方面,各国积极推进装备研发,实施装备升级,提升装备水平和体系作战能力。美国继续推进主战平台更新换代和无人系统装备应用,海上平台装备发展有序推进。2019年,美国海军签署了同时采购"福特"级核动力航母3号舰和4号舰的合同,同年授出"弗吉尼亚"级第五批9艘攻击型潜艇的采购合同;2019年美国海军发布下一代护卫舰征求建议书,明确下一代护卫舰能力需求。在新型无人舰艇建设方面,2019年美国海军授出4艘"虎鲸"超大型无人潜航器制造合同,并测试了新型反水雷无人水面艇,此外美国海军还宣布将在未来5年订购10艘大型水面无人舰艇。日本加速装备建造、升级主战舰艇,增强海上作战能力,其新型水面舰艇和潜艇陆续服役和下水,包括"朝日"级驱逐舰、新型"摩耶"级"宙斯盾"驱逐舰以及"苍龙"级潜艇,同时日本着手下一代潜艇研制、积极推进航母改装,加速获取先进关键海上平台,另外日本还建造了新型护卫舰和巡逻舰,引进舰载无人直升机,充实强化近海作战能力和海上监视能力。韩国积极开展新型水面舰发展,2021年第二艘"独岛"级两栖攻击舰入列,对轻型舰艇进行升级换代,并计划研发和生产新一代"宙斯盾"型驱逐舰。

在海洋维权新型装备方面,各海洋大国正在通过应用无人化智能化装备,增强海上维权能力。近年来,各国更加重视海洋权益,进一步发展各种高科技装备,尤其是美国、日本、韩国的海岸警卫力量,已经开始配置各类先进无人装备并应用于海洋维权实际行动[13]。无人装备的应用,增强了海岸警卫力量在长时间监控、应对复杂情况的能力,在有人装备的能力构成基础上,为海洋维权力量提升提供了新途径。

美国海岸警卫队在2000年左右开始规划、试验、测试和使用不同类型的无人机。2017年采用"扫描鹰"无人机执行完整的巡逻任务,并破获了重大海上走私案件,在大范围情报侦察方面发挥了重要作用[14];2020年前后,在全部"传奇级"国家安全巡逻舰上配备无人机。美国海岸警卫队还提出了无人机发展应用策略,涵盖远程、中程、近程无人机。美国海岸警卫队同样关注海上无人系统,包括无人水面艇、无人水下航行器。美国海岸警卫队在 2009 年使用无人水下航行器开展沉没渔船的水下调查；2017 年，在北极测试了部分海上无人系统，相关系统重点提高对海域的感知能力并成为未来的力量"倍增器"；在 2020 年测试了基于在役 7 米级拦截艇改造的无人水面艇，通过集成 SMART 自治系统来提供多无人水面艇集群和任务协同能力。通过安装无人装备，美国海岸警卫队的执勤执法能力获得了显著提升。

日本海上保安厅的相关装备与美国海岸警卫队相近，除了大型舰艇、舰载直升机，无人装备亦列装和使用。日本海上保安厅 2011 年采购了"探索者"自主水下航行器，用于海上搜索、营救、调查作业；2016 年以来在四个区域装备并使用了波浪滑翔机，用于高效构建日本海洋状况的观测网络，为海上行动提供侦察监测数据和实时信息；2018 年将波浪滑翔机扩展应用到了第 9 区域，体现了海洋监测方面的良好应用能力；近年来装备了无人艇，在一些海上对抗行动投入应用[15]，利用部署配备有多类测量仪器的无人测量船，来收集海底地形数据。此外，日本还考虑利用无人机对其周边海域进行海上巡逻，2020 年完成了"海洋卫士"无人机飞行验证，测试了海上广域监视、执行海上保安任务（如搜索、救援、灾难反应、海上执法）等能力。

韩国海警积极探索无人装备应用，用于增强海上力量。2017 年完成了 TR-60 倾转旋翼无人机的飞行试验和舰载降落测试。据报道[15]，为应对海上渔业冲突，韩国海警拟购置大中型无人机来执行渔业巡航和监视任务。2017 年，韩国海警订购了"海眼猎鹰"水下机器人，用于海底调查和研究。

2. 监视取证装备

监视取证装备主要用于在海上维权执法过程中对目标进行探测、识别和跟踪，并记录其行动过程，达到目标监视和取证目的。通过为海上维权执法力量提供快速、准确、全面的海上目标信息，掌握目标完整的行动过程，支撑海上维权执法行动的正规性和合法性。为加强海上维权力量的监视和取证能力水平，各国海警在不同的水面平台上均配备了先进的监视取证装备，主要包括雷达装备、光电装备以及水下探测监视装备。雷达装备是海上平台使用十分广泛的目探测监视装备，能够在较大海上范围内对目标进行发现和监视。光电装备体积小、重量轻，是舰船常备装备，主要用于目标探测和识别，并对目标进行监视取证，常见的有可见光/红外相机、热成像仪、微光夜视仪、光电跟踪仪、激光测距仪等。水下探测监视装备主要是利用声学手段对控制范围内的水下目标进行探测和监视。

在光电装备方面，美国海岸警卫队在水面舰艇平台装备了 12DS-MAR 监视取证系统，该系统使用了高灵敏度前视红外传感器和微光日间相机，在执法快艇上装备了 SeaFLIR 系统用于夜间导航、探测监视空中、水面以及海岸目标[8,16]。荷兰开发了"了望台"跟踪系统，利用高质量可见光和红外图像实现较差能见度条件下对海上目标的三维探测和监视[8]。

3. 武器装备

此部分的武器装备主要指装备于海警力量，用于日常海上维权执法的武器。各国海警力量为提高海洋维权执法过程中的处置和对抗能力，均配备了武器装备，以提高维权行动威慑力。一般来说，海上维权武器装备可大致分为致命性武器和非致命性武器。

在海上维权行动中使用的致命性武器主要有中、小口径机枪、舰炮等，各国海警力量均有配备。美国海岸警卫队舰艇根据需求配备有 76 毫米、57 毫米、25 毫米等不同口径的舰炮，以及不同口径的机枪。日本海上保安厅舰艇配备有 20 毫米到 40 毫米不同口径的机炮和小口径机枪。

非致命性武器是一种不同于传统武器，采用软杀伤手段令敌方战斗力减弱或丧失，同时尽量降低对人和设备设施的破坏程度，不直接导致致命性人员死亡、装备毁灭和生态环境破坏[17]。典型的非致命性武器有强声、强光、水炮、催泪弹、橡皮子弹以等武器装备。海警舰船上常使用水炮、强声、强光等应对海上维权执法中遇到的非法行为。

三、我国发展现状

（一）海域感知装备

我国海洋监视预警装备经过几十年的跨越式发展和转型，装备体系持续优化，逐步构建起包含岸、海、空、天、水下各类平台，涵盖信息获取、传输和处理各个方面的完整海洋监视预警装备体系，初步具备了近海多维预警探测能力，深远海探测能力持续提升，有力支撑领海常态化护航，能够为维护国家周边海域权益和保证地区安全提供支撑。在水下预警探测方面，正逐步实现对近海、远海、深海的水下目标监视预警，但随着安静型潜艇以及新质水下力量 UUV 等的发展，我们需要加快建设水下预警探测装备，提升水下预警探测能力，协助海上力量掌握水下目标态势，掌控国家周边主权海域[5]。

在海洋环境观测装备方面，多年来我国一直向海洋立体观测方向发展，经过多年的建设发展，我国在近海初步建立了海洋环境立体观测系统[18]。海洋环境观测装备包含以遥感卫星组成的天基观测装备，以航空平台组成的空基观测装备，以浮标、潜标、水下监测站、科考船等组成的海基观测装备，以及近年来飞速发展的水下滑翔机、水下航行器等水下移动观测装备等。同时，我国还组织实施了大批海洋调查研究项目，如近海海洋环境综合调查、西北太平洋海洋环境调查与研究、热带西太平洋海洋环流与海气相互作用调查研究、中国实时海洋观测网计划等，积累了大量基础数据资料，初步构成了中国 Argo 观测网框架[19]。

通过一系列海洋建设项目的开展，我们将飞速发展的信息技术、智能技术与海洋活动和装备深度结合，并整合了各类海洋信息资源，向着实现海洋信息透彻感知、通信泛在随行、数据充分共享、应用服务智能发展[20]。我们通过提升海域信息感知能力，有效提高了海洋活动决策的科学性、精准性和时效性，为海洋资源开发和生态保护、海洋灾害监测和预报、大洋和极地科考、国民经济和国防建设、海洋维权执法等提供有力支撑，这样才能实现认识海洋、经略海洋的战略目标。

（二）海上维权装备

在海洋维权执法平台装备中，海军平台装备近年来发展迅速，无论是性能、数量，都有了大幅度提升，海上实力日益强大，作战体系日益完善，逐步缩短了与海洋军事强国的差距。

作为海上维权执法主要力量的海警，其平台能力建设也有了长足进步。随着大批新型舰艇不断列装,中国海警部队不断发展壮大,舰艇吨位数已经居于世界各国海警前列[21],海警装备技术水平也显著提升。目前千吨级以上海警船、万吨级海警船以及其他新型舰艇不断服役,与周边国家海上执法舰船相比,在速度、续航力、耐冲撞性能、适航性等方面都有较大优势。在航空执法平台方面,部分海警船可在船艉部署直升机,这是海警船舶的重大进步,大大加强了我国海上维权能力;同时,海警还装备了部分海上巡逻机,用以大范围海上目标搜索监视,有效提高了海洋维权执法中对海上目标的监控范围和精度。未来通过建设发展新型飞机,进一步提升周边海域长时间巡航能力,对增强我海上维权形势掌控能力将起到很好的支撑作用。

在海上监视取证装备方面,随着海洋维权执法力度的不断加大和执法监视范围的不断增加,使海洋执法装备水平不断提升,海警舰船所配备的雷达、声学、光电以及跟踪取证等系统基本满足搜索监视、调查取证等必要功能,未来将装备更先进的遥感设备、深海测量设备、远距离监视监测设备等,会进一步提高海上执法力量实施中远程执法的能力。目前我国的海警舰船在发现、监视、处置海上目标等方面已经具备了一定的能力水平。

在海上维权武器装备方面,我国海警舰船配备了舰炮、机枪,以及大口径水炮、强声、强光等非致命性武器,有效提升了我国海上维权处置和威慑能力。

(三) 面临问题

1. 海域感知装备体系顶层设计不完善,信息共享不充分

由于我国海域感知装备体系顶层设计尚不完善,海洋信息资源共享开放的机制还有不足,"自建自用"仍然存在。不同领域间信息系统未完全互通,信息传输准确性和时效性差、信息承载量有限,难以满足任务需要;大量低质、冗余、模糊的数据占用了有限的存储和传输资源,使得信息交换效率不高[22]。另外,与国际海洋组织、国外海上安全机构或单位信息交换渠道有限,难以满足不同机构与其他国家海上力量联合组织海上行动任务的需要[23]。

2. 海域感知装备能力还有不足

虽然我国海域感知装备相关技术领域快速发展,但海洋感知装备仍有部分能力存在不足。在海域感知装备能力方面,主要是远海海域感知装备手段相对单一、覆盖范围有限、网络能力不足;水下观测系统相关设备、传感器等还存在功耗高、稳定性和可靠性、数据处理和环境数据运用等方面与美日等国还存在差距[24];另外,在海洋信息通信保障、信息智能化分析处理设备方面,还需结合智能技术提升大数据分析和挖掘能力,以满足未来海洋全维、立体、连续的信息保障需求[22]。

3. 海上维权装备体系化水平还需提高

近几年我国海警舰船规模发展迅速,但体系化水平还需提高。虽然目前我国海警舰船的数量规模可观,但海警平台设备型号多样、技术标准、信息化系统标准不一致,未形成标准化、系列化,使用和保障压力大,制约了海警平台体系化水平的提升[25]。同时,海警航空装备较少,尽管各海区海警逐步配备了多型飞机,但高性能、长航程、多用途的大中型飞机较为缺乏;另外,海警小艇规划欠缺,配套专业船(如测量船等)偏少,使得装备体系的

整体性存在缺陷[14]。因此海上维权装备体系化建设还需要进一步加强,通过合理规划任务分工使整体能力最优[26]。

4. 智能化海上维权装备发展亟须加强

在海上维权装备智能化方面,相较于一些海洋强国在海洋维权领域对无人装备的研制与应用,我国相关装备对人员的依赖程度仍较高,智能化水平还需进一步提高。对于"急难险重"的任务和复杂环境,人员现场处置亟需装备能力支持,而我国执法区域面积广阔,缺少成体系的智能化无人装备,如应对海上恶劣天气的长航时无人机[27,28],具备快速抵近侦察打击能力的无人船[29],可执行水下打捞、取证、侦察任务的水下无人航行器等[30]。

5. 海上维权应对水下、空中新型目标的管控处置能力较弱

随着世界海洋装备和技术的发展,新型海洋目标层出不穷,使得海上维权中所面对的目标对象也快速变化,新型舰船和无人装备等大量应用,特别是在面对无人机、水下无人航行器等无人装备方面,我们应对水下和空中新型无人目标的管控处置能力不足,缺乏能覆盖全海域的水下低慢小目标处置装备,缺乏空中航行器打击装备,无法对来自水下和空中的可疑目标实施有效警告、驱离打击或制控。

四、未来展望

(一) 海域感知装备

未来,我们应该加快海上无人系统应用,构建新型海域感知装备系统。海上无人系统的发展为广阔海洋的探测感知提供了一种全新的手段。海上无人系统所具有的自主性、持续性、环境适应性等独特优势,能够弥补有人平台面对复杂海上环境的缺陷,也能够弥补水下固定探测阵列在范围上的不足。通过将海上无人系统与水下固定式探测网络结合,形成固定或移动相结合的分布式海洋探测系统,将有效提升海洋感知装备的任务范围和灵活性。通过在关键海域布放携带有效探测载荷的海上无人系统[24],能够快速部署形成探测能力,加速新型海域感知装备系统的构建。

我们还应该加强装备技术研发和创新应用,发展新的颠覆性能力。在关键传感器器件、水声大数据平台、水声理论等基础技术的研究基础上,加强对新型海域感知装备和技术的研发,创新应用传统技术原理;加大研发如通信与探测一体化海底光缆等新型海域感知装备技术,研究应用协同水声探测技术[31],攻关激光、磁、重力、地声等水下非声探测技术,研制非声探测装备,发展新的颠覆性能力,以弥补水下探测手段不足。

同时,还需要融合发展海洋感知体系,促进海洋信息资源共享。我国海上信息共享体系和相关制度机制建立较晚。2016 年国家提出建设互联互通的数字海洋系统,促进海洋信息共享,完善联合协调机制[32,33]。随着"云、物、大、智、移"等高新信息技术逐渐成熟并得到应用,将促进海域感知迅猛发展,未来海域感知装备将向着实现多源异类海洋信息的高效汇集、有效融合、深度挖掘方向进步,在实时感知能力提升的同时,还能具备可追溯、可预测的全时态势感知能力,获得全时全域海域态势感知信息。

（二）海上维权装备

我们应积极应用海上无人装备，提升海上维权能力。我们应从海上维权任务需求、执法环境等方面，分析海上无人维权装备的发展需求，同时，深入研究使用无人装备后的海上维权样式，提出海上维权无人装备使命任务、使用方式以及能力要求等；同时，需借助军民技术发展成果，提出海上维权无人装备发展规划，并根据海上维权斗争环境开展有人或无人协同、集群协同、跨域协同等重难点技术攻关。我们还要开展典型海上维权无人装备研制，包括无人船、无人机、无人水下航行器等，逐步构建海上维权无人装备体系，提升国家海上维权执法能力。

除此之外，我们还要重视发展海上维权非致命性武器，提升海上维权震慑能力；以提升针对域外海上力量的处置能力为目的，规划非致命性震慑装备发展方向，发展具有震慑作用的非致命性海上维权装备。确保在"不升级、不失控"的前提下，探索从警告、驱离到制裁的震慑手段。加强非致命性武器装备的技术体制研究，依托海警平台，发展激光、红外或可见光、声学等非致命性定向能武器装备技术，研究采用如激光致盲、红外或可见光炫目、强声拒止等维权方式，在不造成致命伤害的前提下合法维护海上权益[34]。

（三）最新进展

1. 万吨级海警船装备入列

2012年之前，我国巡航执法船不能满足高强度的海上巡逻、执法的需要，为此必须建造吨位更大、综合能力更强、数量更多的海上巡航执法船。2015年底，我国具有先进功能的首艘大型万吨海警船装备入列，后续又入列一艘后，目前共装备两艘万吨海警船。万吨海警船技术性能好，续航力长，航速快，操纵性能好，为维护我国海洋主权提供了立体执法新平台；同时，还可以指挥中小型海警船与直升机协同作战，从而成为我国海上维权力量的中流砥柱，提高对我管辖海域及大陆架经济带等方面的管辖和执法能力。

2. 无人系统协同组网技术快速发展

无人系统协同组网技术将提升海域大范围持久监视侦察和维权执法能力。无人系统可应用于复杂海洋环境下，不存在人员伤亡、适应多种海洋状况、使用成本相对较低，通过携带不同种类的载荷可完成不同的海洋维权任务。2019年，中国航天科技集团公司联合哈尔滨工业大学、北京航空航天大学开展了无人系统组网协同探测演示验证，演示了无人水面艇、无人机、无人潜航器等多种无人平台的编队协同，以及无人系统组网协同对水下目标、复杂环境海洋水文地理信息的探测，实现了无人系统的集成应用，初步具备了海域无人系统跨域组网协同能力。近几年，多家科研院所和高校等也陆续开展了海上无人系统协同组网演示，为未来水面、水下、空中无人系统集成应用于海域感知与海上维权提供了参考。

3. 海上平台装备体系加速完善

2000年以后，海上装备发展速度大幅度提升，新型潜艇、导弹护卫舰、驱逐舰、登陆舰陆续入役，国产航空母舰、万吨新型大驱下水，不但填补了海军装备的大量空白，而且在数量上也实现了飞跃。目前我国海军装备体系已涵盖战略打击、水下攻击、远海作战、航母打击、两栖登陆、近海防御、综合保障7个作战群[35]，并且组成有舰载直升机、反潜巡逻作战、预警指挥、远海作战、对海突击、远距离支援掩护、制空作战等空中作战力量[36]，显示出了我国海军装备正从平台对抗向体系化的对抗转型，在作战要求上正在从机械化向信息化转型，在使用上正在从数量型向质量型转型。同时也折射出我国军工企业，特别是造船工业的能力和支撑。

参考文献

［1］王鲁军,王青翠,王南.美国水下预警探测体系建设及其启示[J].声学与电子工程,2015(1)：49-52.

［2］董春鹏.基于水下信息系统的水中兵器作战使用方法研究[J].鱼雷技术,2016,24(004)：289-293.

［3］Warrod J. Sensor Networks for Network-Centric Warfare[C]//Network Centric Warfare Conference. Virginia：IEEE,2000.

［4］Jones M L. Connecting the Underwater Battlespace[C]//UDT Europe,France,2004.

［5］高琳,张永峰.美国水下信息系统发展现状分析[J].科技创新与应用,2018,000(019)：84-86.

［6］谢伟,陶浩,龚俊斌,等.海上无人系统集群发展现状及关键技术研究进展[J].中国舰船研究,2021,16(1)：7-17,31.

［7］杨智栋,李荣融,蔡卫军,等.国外水下预置武器发展及关键技术[J].水下无人系统学报,2018,26(06)：13-18.

［8］潘诚.海洋维权执法的科技支撑体系研究[D].青岛：中国海洋大学,2014.

［9］张健.基于多核的海洋观测软件系统设计与实现[D].中国海洋大学,2013.

［10］麻常雷,高艳波.多系统集成的全球地球观测系统与全球海洋观测系统[J].海洋技术,2006(03)：41-44+50.

［11］李健,陈荣裕,王盛安,等.国际海洋观测技术发展趋势与中国深海台站建设实践[J].热带海洋学报,2012,31(02)：123-133.

［12］朱建庚.韩国海上执法机制探析[J].太平洋学报,2009(10)：75-86.

［13］孟祥尧,马焱,曹渊,等.海洋维权无人装备发展研究[J].中国工程科学,2020,22(6)：49-55.

［14］朱连利.浅析海警部队高科技装备的现实需求与发展趋势[J].公安海警学院学报,2018,17(6)：38-44.

［15］欧阳华,张子君.武警部队新型领导指挥体制研究[J].国防,2018,39(8)：45-51.

［16］张东辉,孙彦锋,王佳轶,等.舰载红外搜索与跟踪系统的发展[J].舰船电子工程,2008,28(3)：29-32.

［17］韩爱国.国外先进武器装备及关键技术[M].西安：西北工业大学出版社,2007.

［18］陈令新,王巧宁,孙西艳.海洋环境分析监测技术[M].北京：科学出版社,2018.

［19］陈连增,雷波.中国海洋科学技术发展70年[J].海洋学报,2019,41(10)：3-22.

［20］王志文.综合施策推进海洋信息经济发展[J].浙江经济,2018(15)：62.

［21］朱连利.浅析海警部队高科技装备的现实需求与发展趋势[J].公安海警学院学报,2018,17(06)：38-44.

［22］何友,周伟.海上信息感知大数据技术[J].指挥信息系统与技术,2018,9(2)：1-7.

［23］徐海,刘明辉,石健.打造军民融合的海上维权体系[J].中国电子科学研究院学报,2018(2)：214-217.

［24］盛军德.水下预警探测体系建设初探[J].国防,2017(12)：37-41.

［25］李佑华.中国海警装备体系建设的思考[J].公安海警学院学报,2016(3)：56-59.

［26］何中文,辛凯.从装备体系角度看中国海警船艇装备未来发展[C].北京：2015年中国造船工程学会

优秀学术论文集,2016.

[27] 张智睿,齐明鑫.海警舰船信息化装备发展浅探[J].公安海警学院学报,2020,19(4)：33-39.

[28] 杨建.海上维权巡航保障关键技术研究与实现[D].上海：上海海洋大学(硕士学位论文),2018.

[29] 孙斌,果翊宇.新形势下南海权益护持创新手段研究—以无人水面航行器为例[J].国防科技,2016,
37(1)：43-46.

[30] 王效禹,李培志.中国海警应对海上恐怖威胁策略研究[J].武警学院学报,2017,33(1)：92-96.

[31] 钟宏伟,冯炜云,徐翔.美国水下机动无人系统能力发展新构想[J].舰船科学技术,2017,39(12)：
1-5.

[32] 张春雪.习近平关于军民融合发展的重要论述研究[D].长春：长春理工大学,2019.

[33] 王伟海,姜峰.推进海洋领域军民融合深度发展[J].中国国情国力,2018(10)：26-28.

[34] 徐海,刘明辉,石健.打造军民融合的海上维权体系[J].中国电子科学研究院学报,2018,13(2)：
214-217,226.

[35] 胡波.南海阅兵释放的海军发展信号[J].时代报告,2018(4)：38-40.

[36] 魏岳江.人民海军的五次海上阅兵[J].中国军转民,2019(4)：81-83.

展望篇

第十五章　中国海洋装备发展展望

一、海洋装备科技创新发展总体思路

(一) 指导思想

紧紧围绕"发展海洋经济,建设海洋强国"的国家战略任务和建设世界造船强国的宏伟目标,以科技创新为引擎,瞄准世界先进水平,以建设海洋强国为导向,立足科技创新,完善研发创新体系,依托重大工程与重大项目进行高端产品的自主研发,突破核心技术,形成海洋装备自主设计、建造和工程总承包能力,从而全面提升我国海洋装备产业的发展层次、质量和效益,实现我国海洋装备产业科技创新与跨越发展。

(二) 发展原则

(1) 依靠创新驱动,转变发展动力。由依靠物质要素驱动向依靠创新驱动转变,以产品创新,制造技术创新,生产模式、管理模式和商业模式创新支撑产业发展,加速创新模式从跟随向并行、直到向引领转变,使原始创新和集成创新的技术和产品不断涌现。

(2) 强调内涵发展,转变发展方式。由外延式扩张向内涵式发展转变,建立工业化和信息化"两化"深度融合的集约式发展模式和创新现代建造模式(3.0 时代现代建造模式),更加注重发展的质量、效益和效率,走高效、绿色、可持续的发展道路。

(3) 壮大优强企业,提高竞争能力。瞄准世界一流企业,通过创新引领,占领世界造船技术前沿,促进海洋装备、专用设备设计制造技术和技术标准达到世界先进水平。打造具有强大创新能力、较强盈利能力、优质高效、国际化程度高的大型优强企业,并引领我国海洋装备产业整体国际竞争力的提升。

(4) 制造服务融合,加快产业转型。制造业的发展前景必然是与服务业相融合,制造性服务业,服务性制造业,以及技术性服务业是制造业和服务业融合发展的必然结果。以互联网+来促进海工装备产业制造和服务两大板块的融合,有效延伸产业链,大力发展"四新"经济,培育新的经济增长点。

(5) 强化需求牵引,调整产品结构。全领域打造国际知名品牌和商标,形成技术经济性和环境协调性优良的系列化产品。重点发展技术含量高、市场潜力大的海洋工程装备及高技术船舶,并开始关注海洋可再生能源开发装备的研制,努力提高海洋工程装备配套能力,推动海洋工程装备产品结构优化升级。

（三）发展目标

未来 20 年,我国船舶与海洋装备产业应紧紧围绕海洋强国战略和建设世界造船强国的宏伟目标,充分发挥市场机制作用,顺应世界造船与海工竞争新发展,船舶与海洋工程科技新趋势,强化创新驱动,以结构调整转型升级为主线,以海洋工程装备和高技术船舶及其配套设备自主化、品牌化为主攻方向,以推进数字化、网络化、智能化制造为突破口,不断提高产业发展层次、质量和效益,力争到 2035 年成为世界海洋工程装备和高技术船舶领先国家,实现船舶与海工装备产业由大到强的质的飞跃。

1. 2025 年海洋装备科技创新目标

力争到 2025 年,基本形成自主化海洋装备产业的设计制造体系,基本满足国家海洋资源开发的战略需要。具体目标是主流海洋装备实现自主化、系列化和品牌化,深海装备自主设计和总包建造取得突破,核心装备配套能力明显提升,基本形成健全的研发、设计、制造和管理体系以及相应的标准体系,创新能力显著增强,国际竞争力进一步提升。深海半潜式钻井平台、钻井船等形成系列化,深海浮式生产储卸装置(FPSO)、半潜式生产平台等实现自主设计和总承包,水下生产系统基本具备设计制造能力,升降锁紧系统、深水锚泊系统、动力定位系统、大功率电站系统等实现自主设计制造和应用深海工程装备试验、检测平台基本建成。

1) 研发设计技术

建设若干具有世界先进水平的工程研究中心、工程实验室、工程技术中心和重点实验室,形成完整的产品及共性技术研发、公共测试和试验技术、测试与认证等技术体系,基本掌握主力海洋装备的研发和设计技术。

2) 总装建造技术

以数字化、网络化、智能化技术为主线,持续向设计、生产、管理等各领域渗透,通过两化深度融合促进海工装备生产设计、壳舾涂等作业的自动化、智能化水平,显著提升企业海工装备的建造效率和质量。形成完整的总装建造技术体系,建立智能车间并向智能工厂发展,全面掌握主力海洋装备的制造技术,基本具备新型海洋装备的自主建造能力。

3) 项目管理技术

工程项目管理软件和综合信息化网络平台的开发和推广应用。构建完整的海洋工程项目组织及管理体系,包括进度计划控制系统、材料设备管理及追溯、质量管理和 HSE 管理体系、文档管理、成本控制,以及海洋工程完工管理等子系统,基本掌握国际海洋工程项目 EPCI 总承包关键技术。

4) 配套设备技术

建设若干海洋工程装备配套设备专业厂家,形成完整的设备配套设计、制造、销售和服务体系;突破核心配套设备的关键技术,重点实现钻井包、水下立管、发电机组、中央控制等核心装备的国产化,具备 1 500 米级水下生产系统与专用系统的设备配套能力。

2. 2030 年海洋装备科技创新目标

未来 10 年,在海洋工程装备方面,随着深水、超深水油气和矿产资源开采力度的加大,世界海洋工程装备市场需求持续保持稳定增长,深水海洋工程装备逐渐成为海洋装备的主力。

经过 10 年的努力,我国将拥有完备的科研开发、总装建造、设备供应、技术服务产业体系,拥有 3~5 家世界一流的海洋装备企业,拥有主力海洋装备的自主品牌,引领世界新型海洋装备研发和制造技术的发展以及具有完备的产业创新体系,我国海洋装备制造业的产业规模、创新能力和综合竞争力将处于世界领先地位。

1) 研发设计技术

拥有 3~5 家世界顶尖水平的工程研究中心、工程实验室、工程技术中心和重点实验室,拥有完整的产品及共性技术研发、公共测试和试验技术、测试与认证等技术体系,引领世界主力海洋工程装备的研发和设计技术,掌握新型海洋工程装备的设计和建造技术,创新能力位居世界前列。

2) 总装建造技术

数字化、网络化、智能化技术在海洋装备制造业中广泛应用,先进制造技术与 IT 技术深度融合的"智能船厂"建成,其生产能力和竞争力大幅提升:两化深度融合显著提升企业海洋装备的建造效率和质量。引领主力海洋装备的制造技术发展,掌握新型海洋装备的自主建造技术和全面建立现代海工建造模式。

3) 项目管理技术

工程项目管理软件和综合信息化网络平台的广泛应用,形成高效的项目管理与成本控制体系,具备国际一流的海洋工程项目 EPCI 总承包能力,具备 BT(建设—移交)和 BOT(建设—运营—移交)项目管理的能力。

4) 设备配套技术

拥有 5~10 家世界先进的海洋工程专用系统与设备研发与制造中心,掌握具有自主知识产权的海洋油气勘探、开发和生产设备的核心技术,国内海洋油气勘探与开发专用系统和设备达到国际先进水平。实现海洋工程钻井包、立管、发电机组、中央控制等核心装备的自主品牌,掌握 3 000 米水深水下生产系统设计、制造、测试和安装等关键技术,并构筑海工配套设备服务链,形成全球化的海工配套设备生产性服务业。

3. 2035 年海洋装备发展目标

作为中国十大重点发展领域之一的海洋工程装备和高技术船舶制造业,展望到 2035 年,应全面形成科研开发、总装建造、设备供应、技术服务创新体系。海洋装备前沿科技领域原创性研究获得全面支撑,拥有几个布局合理的世界级海洋装备重大产业基地,整体国际影响力和市场地位显著提高,达到高端船舶与海洋工程制造强国方阵先进水平,进入第一方阵。具体表现如下:

1) 科技实力位居世界前列

全面具备主要高新技术的深水海洋工程装备和海工船舶自主设计和建造能力,主力海洋工程装备引领国际市场需求,形成若干知名品牌的海洋工程装备技术服务企业。

2) 产业结构优化升级

环渤海湾、长江三角洲和珠江三角洲造船基地主要企业基本退出传统低端造船市场,向高端船舶和海洋工程装备企业和技术服务型企业转变。

3) 向智能工厂转化

形成"互联网+船舶与海洋工程"与云计算、大数据、物联网等高度融合的新型现代化船舶与海洋工程智能制造企业。

4) 配套能力大幅提高

突破钻井系统、水下装备、系统集成等核心关键技术,形成一批具有自主知识产权的国际知名品牌配套产品,国产化配套率达到80%。

二、海洋装备未来十年重点发展方向

根据产业发展阶段、发展基础和条件,未来十年海洋装备发展方向与重点主要在以下几个方面:

1. 海洋资源开发装备

海洋资源包括海洋油气资源以及矿产资源、海洋生物资源、海水化学资源、海洋能源等。海洋资源开发装备就是各类海洋资源探、开采、储存、加工等方面的装备。

深海探测装备:重点发展深海物探船、工程物察船等水面海洋资源勘探装备;大力发展载人深潜器、无人潜水器等水下探测装备;推进海洋观测网络及技术、海洋传感技术研究及产业化。

海洋油气资源开发装备:重点提升自升式钻井平台、半潜式钻井平台等主流装备技术能力,加快技术提升步伐;大力发展液化天然气浮式生产储卸装置(LNG-FPSO)、深水立柱式平台(SPAR)、张力腿平台(TLP)等新型装备研发水平,形成产业化能力。

海上作业保障装备:重点开展半潜运输船、起重铺管船、风车安装船、多用途工作船、平台供应船等海上工程辅助及工程施工类装备开发,加快深海水下应急作业装备及系统开发和应用。

其他海洋资源开发装备:重点瞄准针对未来海洋资源开发需求,开展海底金属矿产勘探开发装备、天然气水合物等开采装备、波浪能/潮流能等海洋可再生能源开发装备等新型海洋资源开发装备前瞻性研究,形成技术储备。

2. 海洋空间资源开发装备

海洋空间资源是指与海洋开发利用有关的海上、海中和海底的地理区域的总称。将海面、海中和海底空间进行综合利用的装备可统称为海洋空间资源开发装备,要及早布局积极开展这方面的研究。

深海空间站:突破超大潜深作业与居住型深海空间站关键技术,具备载人自主航行、长周期自给及水下能源中继等基础功能,可集成若干专用模块(海洋资源的探测模块、水下钻井模块、平台水下安装模块、水下检测/维护/维修模块),携带各类水下作业装备,实施深海探测与资源开发作业。

海洋大型浮式结构物:以南海开发为主要目标,结合南海岛礁建设,通过突破海上大型浮体平台核心关键技术,按照能源供给、物资储存补给、生产生活、资源开发利用、飞机起降等不同功能需要,依托典型岛礁开展浮式平台研究,设计和建设。

3. 综合试验检测平台

综合试验检测平台是海洋装备总体及配套设备研发设计的基础,是创新的源泉和发展的动力。应尽早开展研究,并分布开展建设工作。

数值水池：以缩小我国在船舶设计理论、技术水平方面与国际领先水平的差距为目标，通过分阶段实施，建立能够实际指导船舶和海工研发、设计的数值水池。

海上试验场：以系统解决我国海洋工程装备关键配套设备自主化及产业化根本问题为目标，通过建设海洋工程装备海上试验场，实现对各类平台设备及水下设备的耐久性和可靠性试验，加快我国海洋工程装备国产化进程。

4. 核心配套装备

配套领域下一步发展的重点：一是推动优势配套产品集成化、智能化、模块化发展，掌握核心设计制造技术；二是加快海工配套自主品牌产品开发和产业化。

（1）动力系统：重点推进船用低中速集油机自主研制，船用双燃料/纯气体发动机研制突破总体设计技术、制造技术、实验验证技术突破高压共轨燃油喷射系统、智能化电控系统、ECR系统、SR装置等柴油机关键部件和系统，实现集成供应；推进新型推进装置、发电机、电站、电力推进装置等电动及传动装置研制，形成成套供应能力

（2）机电控制设备：以智能化，模块化和系统集成为重点突破方向，提高甲板机械、胞室设备、通导设备等配套设备的标准化和通用性，实现设备的智能化控制和维护，自动化操作等。

（3）海工装备专用系统设备：提高钻井系统、动力定位系统、单点系泊系统、水下铺管系统等海洋工程专用系统设备研制水平，形成产业化能力。

（4）水下生产系统及关键设备：重点突破水下采油井口、采油树、管汇、跨接管、海底管线和立管等水下生产系统技术与关键水下产品及控制系统技术，实现产业化应用。

5. 高技术船舶

船舶领域下一步发展的重点：一是实现产品绿色化智能化，二是实现产品结构的高端化。

（1）高技术高附加值船舶。抓住技术复杂船型需求持续活跃的有利时机，快速提升大型LNG船、大型双燃料动力船等产品的设计建造水平，打造高端品牌；突破豪华邮轮设计建造技术；积极开展北极新航道船舶、新能源船舶等的研制。

（2）超级节能环保船舶。通过突破船体线型设计技术、结构优化技术、减阻降耗技术、高推进技术，排放控制技术，能源及可再生能源利用技术等，研制其有领先水平的节能环保船，大幅减低船舶的能耗和排放水平2.0智能船。通过突破自动化技术，计算机技术，网络通信技术，物联网技术等信息技术在船舶上的应用关键技术，提高船舶的智能化水平。

三、须优先部署的基础研究和关键技术

1. 深水勘探钻井装备

主要有深水半潜式钻井平台、大型深水钻井船（自主品牌）、自升式钻井平台（自主品牌和系列化）、浮式钻井生产储卸装置（FDPSO）等，其发展方向为深水化、大型化，其关键技术包括平台/水动力性能及结构分析技术；钻井平台（船）总体设计技术；钻井平台（船）系统集成技术。

2. 生产储卸装备

有深水浮式生产储卸装置(FPSO)、浮式天然气生产储卸装置(LNG‐FPSO)、浮式天然气储卸和再气化装置(LNG‐FSRU)、深水半潜式生产平台、深水张力腿(TLP)平台、深水立柱式(SPAR)平台等,其发展方向为深水化、大型化、模块化和智能化,其关键技术包括作业性能分析及评估技术;LNG 船再气化系统技术;TLP/SPAR 平台设计建造和安装调试技术。

3. 海洋工程船

自主品牌的超大型半潜工程船、自主品牌深水铺管船和多缆物探船、大型超吊高浮吊、海上固定平台拆装双体船、深潜作业支持母船,发展方向为大型化、深水化、绿色化,高安全度和舒适度,其关键技术包括半潜船潜浮系统设计;铺管系统设计和制造;多缆物探装置的设计和制造;超高吊的安全稳定性保障技术;海上固定平台的绿色安全拆装技术。

4. 水下生产系统

水下生产系统包括水下生产系统、控制系统、安防系统、铺管系统以及水下采油树,混输增压泵、脐带缆、水下立管、水下阀门、防喷器等,其发展方向为深水化、可靠化、环保化,其关键技术包括水下生产系统的标准体系;水下生产系统关键件的设计制造、安装与测试技术;支持深水水下生产系统的材料技术。

5. 海工配套和系统

主要有配套设备和各类系统,具体有钻井设备、钻井工具、单点系泊系统、动力定位系统、深海锚泊系统、海洋平台电站、甲板机械、油气水处理设备,其发展方向为高效化、自动化、智能化,其关键技术包括钻完井配套设备与系统技术;油气生产模块设计和集成技术;系泊系统设计和制造安装技术;大型电站设备与中控系统集成技术。

6. 重点制造技术研究

1) 智能制造

加快推进新一代信息技术与制造技术融合发展,推动互联网与制造业融合,打造互联网＋高端船舶产业的新业态;大力发展智能制造,以智能船厂为发展方向,提升制造业数字化、网络化、智能化水平;整合产品全生命周期数据,形成面向组织生产全过程的决策服务信息,实现从"制造"向"制造＋服务"的转型升级。

"十四五"期间软硬两手抓,硬件方面应大幅提高关键工艺装备的数控化率,并积极引进研发各类工业机器人;软件方面则要加快构建由云计算、物联网、大数据支持的网络化协同制造公共服务平台,促进还有装备企业通过互联网与产业链各个环节紧密协同,促进生产,加强质量控制、物流和运营管理系统的全面互联互通。具体途径可优选企业,实施智能制造试点示范工程。

2) 绿色制造

围绕造绿色船舶和绿色制造体系,要大力支持高效节能环保新工艺和新装备,如绿色涂装、低烟尘高效焊接、精密切割等技术;减少废弃物和污染物的产生,实现清洁生产;推进传统设备以节能降耗为重点的技术创新和技术改进,如空压机节能化改造,照明系统升级换代,开发资源回收利用技术,如中水回收利用、废热回收利用等;要引入互联网技术和构建节能减排数据库来掌控资源和能源的消耗状态,最终形成"互联网＋"的绿色海洋装备体系。

参考文献

[1] 吴有生,曾晓光,徐晓丽,等.海洋运载装备技术与产业发展研究[J].中国工程科学,2020,22(6)：10-18.

[2] "中国工程科技2035发展战略研究"项目组.中国工程科技2035发展战略·综合报告[M].北京：科学出版社,2019：13-20.

[3] 李洁瑶,曹宇波.全球客滚船市场展望[J].中国船检,2019(10)：78-83.

[4] "中国工程科技2035发展战略研究"海洋领域课题组.中国海洋工程科技2035发展战略研究[J].中国工程科学,2017,19(1)：108-117.

[5] 严新平.智能船舶的研究现状与发展趋势[J].交通与港航,2016,3(1)：25-28.

[6] 林维猛,黄闽芳.我国内贸集装箱航运发展展望[J].集装箱化,2020,31(1)：9-12.

[7] 严新平,刘佳仑,范爱龙,等.智能船舶技术发展与趋势简述[J].船舶工程,2020,42(3)：15-20.

[8] 王艳波,金伟.船舶通信导航技术及发展趋势分析与研究[J].信息通信,2020(2)：214-215.

[9] 钱步娄,李锡斌.船舶电气自动化系统的保障技术及其应用[J].船舶物资与市场,2019(11)：45-46.

[10] 李源.最新船舶技术盘点[J].中国船检,2016(1)：92-95.

[11] 王雷,万正权,汪雪良,等.液化天然气运输船关键技术研究综述[J].舰船科学技术,2015,37(6)：1-5.

[12] 郭显亭.世界LNG运输船发展全景图[J].中国船检,2018(6)：90-97.

[13] 王卓.IMO框架下我国船舶检验法律制度研究[D/OL].哈尔滨：哈尔滨工程大学,2011[2020-5-27].https://kns.cnki.net/kcms/detail/detail.aspx?dbcode=CMFD&dbname=CMFD2012&filename=1012264592.nh&v=vGm0rykkAPO%25mmd2B4Bsi8N8Os%25mmd2BI9skg8S0CyJwQDBkfmwi02gQjz9gCoXr%25mmd2FpEmN%25mmd2FRpDi.

[14] 文轩.大船集团成功交付全球首艘超大型智能原油船[J].航海,2019(4)：6.

[15] 裴永兴.我国液化气船舶的现状与安全控制[J].世界海运,2007(2)：20-22.

[16] 秦琦.LNG船技术发展新脉动[J].中国船检,2019(8)：23-29.

[17] 吕龙德.合同签订 豪华邮轮"中国造"任重道远[J].广东造船,2018,37(6)：5-8.

[18] 施秀芬.中国能否实现"邮轮梦"[J].珠江水运,2017(13)：31-32.

[19] 邢丹.豪华邮轮建造：谁的盛宴[J].中国船检,2016(9)：43-46.

[20] 陈建榕.豪华邮轮本土制造梦想逐步实现[J].广东造船,2016,35(4)：10-11.

[21] 桂雪琴.外高桥发力豪华邮轮建造[J].船舶物资与市场,2016(1)：16-19.

[22] 陈波.豪华邮轮设计流行趋势[J].中国船检,2011(3)：54-58+123.

[23] "中国工程科技2035发展战略研究"项目组.中国工程科技2035发展战略·机械与运载领域报告[M].北京：科学出版社,2019.

[24] "中国工程科技2035发展战略研究"项目组.中国工程科技2035发展战略·航天与海洋领域报告[M].北京：科学出版社,2020.

[25] 靳文国.对世界海洋油气资源现状及勘探的研究[J].科技与企业,2014(11)：161.

[26] 杨金华.全球深水钻井现状与前景[J].环球石油,2014,(1)：46-50.

[27] 谢彬,张爱霞,段梦兰.中国南海深水油气田开发工程模式及平台选型[J].石油学报,2007,28(1)：115-118.

[28] 朱江.铸海-中国海洋钻井装备飞跃发展30年[M].北京：科学出版社,2015.

[29] 刘健.深水钻井装备国产化关键问题分析集[C]//海洋强国发展战略论坛会议论文,珠海,2019：131-139.

[30] 孙宝江,曹式敬,李昊,等.深水钻井技术装备现状及发展趋势[J].石油钻探技术,2011(2)：8-15.

[31] Gustavsson F, Eriksen R. Selecting the field development concept for Ormen Lange [C]//2003 Offshore Technology Conference, Houston, Texas, 2003：OTC 15307.

[32] 金晓剑.FPSO最佳实践与推荐做法[M].东营：中国石油大学出版社,2012.

[33] 董星亮.深水钻井重大事故防控技术研究进展与展望[J].中国海上油气,2018,30(2)：112-115.

[34] Ganielsen H K, Andreassen G. The commercial advantages and limitations-Onshore versus Offshore LNG import facilities[C]//The 2009 Offshore Technology Conference：OTC 19551.

[35] 王春升,陈国龙,石云,等.南海流花深水油田群开发工程方案研究[J].中国海上油气,2020,32(3)：143-151.

[36] 李志刚,安维峥.我国水下油气生产系统装备工程技术进展与展望[J].中国海上油气,2020,32(2)：134-141.

[37] 朱海山,李达,魏澈,等.南海陵水17-2深水气田开发工程方案研究[J].中国海上油气,2018,30(4)：170-177.

[38] 殷志明,张红生,周建良,等.深水钻井井喷事故情景构建及应急能力评估[J].石油钻采工艺,2015,37(1)：166-171.

[39] 潘红磊,王祖纲.国外海上溢油应急反应与治理技术分析[J].中国安全生产科学技术,2010：65-67.

[40] 曹俊,胡震,刘涛,等.深海潜水器装备体系现状及发展分析[J].中国造船,2020,61(1)：204-218.

[41] 钟广法.海底峡谷科学深潜考察研究现状[J].地球科学进展,2019,34(11)：1111-1119.

[42] 杜志元,杨磊,陈云赛,等.我国与美国潜水器的发展和对比[J].海洋开发与管理.2019,36(10)：55-60.

[43] 潘诚.海洋维权执法的科技支撑体系研究[D].青岛：中国海洋大学,2014.

[44] Chen J, Zhang Q F, Zhang A Q, et al. Sea trial and free-fall hydrodynamic research of a 7000-meter lander, OCEANS 2015 — MTS/IEEE Washington[C]// Washington DC, IEEE：2015.

[45] Wang Y, Feng J C, Li X S, et al. Large scale experimental evaluation to methane hydrate dissociation below quadruple point in sandy sediment[J]. Apply Energy, 2016, 162：372-381.